厚生労働省認定教材	
認定番号	第58857号
改定承認年月日	令和2年2月4日
訓練の種類	普通職業訓練
訓練課程名	普通課程

溶接実技教科書

独立行政法人 高齢・障害・求職者雇用支援機構
職業能力開発総合大学校 基盤整備センター 編

は し が き

　本書は職業能力開発促進法に定める普通職業訓練に関する基準に準拠し，溶接部門における専攻実技「器工具使用法」「各種溶接法」「試験・検査」等の教科書として編集したものです。

　作成にあたっては，内容の記述をできるだけ平易にし，専門知識を系統的に学習できるように構成してあります。

　本書は職業能力開発施設での教材としての活用や，さらに広く溶接分野の知識・技能の習得を志す人々にも活用していただければ幸いです。

　なお，本書は次の方々のご協力により改定したもので，その労に対し深く謝意を表します。

〈監 修 委 員〉
　中 島　　均　　　　職業能力開発総合大学校
　藤 井 信 之　　　　職業能力開発総合大学校

〈執 筆 委 員〉
　石 﨑 英 雄　　　　日立工業専修学校
　成 願 茂 利　　　　一般社団法人 軽金属溶接協会
　　　　　　　　（委員名は五十音順，所属は改定当時のものです）

令和2年2月

　　　　　　　　　　　　独立行政法人 高齢・障害・求職者雇用支援機構
　　　　　　　　　　　　職業能力開発総合大学校 基盤整備センター

目　　　次

1. 工　具
1.1　一般作業用工具

番号	名　　称	用　　途	関連知識
1	スパナ （a）両口スパナ （b）片口スパナ （c）めがねレンチ （d）モンキレンチ（アジャストレンチ） （e）六角棒スパナ （f）ソケットレンチ（ボックスレンチ） （g）パイプレンチ	ボルト，ナットの締付け，又は取外しに使用する。 　めがねレンチは，ボルトやナットの周囲を完全に抱きかかえるようにして回すので，スパナに比べて使いやすい。 　モンキレンチは，調整ねじを回すことによって，その口径を自由に調整し，各種のボルトやナットに使用する。 　六角棒スパナは，六角穴付きボルトの締付け，又は取外しに使用する。 　ソケットレンチは，ソケットとハンドルを変えることにより，いろいろな大きさのボルトやナットに使用することができる。 　スパナの入らない狭い場所などのボルト，ナットの締付け，又は取外しに使用する。 　パイプレンチは，管や継手類のねじ込み，又は取外しなどに使用する。	材料は軟鋼又は硬鋼で，口幅が一定のものと，口幅の調整ができるものがある。 　大きさは口幅一定のものは口幅寸法で，調整のできるモンキレンチ，パイプレンチなどは，全長で表す。
2	ねじ回し（ドライバ） （a）ねじ回し（マイナスドライバ） （b）十字ねじ回し（プラスドライバ）	主として，小ねじなど頭に溝のあるねじ類の締付け，取外しに使用する。	大きさは全長で表す。
3	ペンチ	主として，銅線，鉄線の曲げ及び切断に使用する。	
4	コンビネーションプライヤ	ねじ部品の軽い締付け，又は取外しに使用する。 　物をつかむ場合にも使用する。	ボルトやナットを回したりすると，プライヤを破損させたり，ボルトやナットの角をつぶしたりするので注意する。
5	バイスプライヤ	部品組立てのとき，接合部を仮にくわえ，締め付ける。手万力やパイプレンチの代用として使用する。	プライヤと手万力を合わせたような機能を持ち，二重レバーによってつかむ力が非常に強い。

1.2　測定作業用工具

番号	名　称	用　途	関　連　知　識
1	スケール （a）鋼製直尺 （b）かね尺（さし金） （c）鋼製巻尺	鋼製又はステンレス製の直尺で，長さを測定するのに使用する。 　かね（曲）尺は金属製の直角に曲がったものさしで，長さの測定と直角を書くのに使用する。 　屈曲自在で，伸ばして直尺と同様に使用する。	一般に，厚さ1〜1.5mm，幅25mm，長さ150，300，600，1,000mmがある。 　大工金（だいくがね）ともいう。 　焼入れ鋼を使用しているので伸縮がなく，布製巻尺より正確である。 　写真の形状のものをコンベックスルールともいう。
2	パス （a）外パス （b）内パス	外パスは丸削りしたものの外径や厚さなどの測定に使用する。 　内パスは円筒の内径や，溝幅などの測定に使用する。	
3	ノギス	長さや内径・外径の測定に使用する。デプス付きのものは，溝や穴の深さを測定するのに使用する。	副尺によって，本尺の目盛以下の細かい寸法まで読み取ることができる（通常0.05mmまで）。 　デジタル表示式もある。
4	ハイトゲージ	バーニヤの目盛により0.02mm単位の高さの測定，又はけがきに使用する。	用途により，次の3種類がある。 HB形：軽量で測定に適し，バーニヤが調整できる。 HM形：頑丈で，けがきに適し，スライダが溝形で比較的長い。 HT形：本尺が移動できる。 　デジタル表示式もある。
5	マイクロメータ スタンダードゲージ	主として，外径や長さを測定するときに使用する。 　スタンダードゲージは，目盛誤差を検査するときに使用する。	一般に使用されるものは，外側マイクロメータで，25mmから500mmまで，25mmとびに20種類あり，それぞれ1種類の測定範囲が25mm以内である。また，0.01mmまで読み取れる。 　デジタル表示式もある。
6	ダイヤルゲージとダイヤルゲージスタンド	0.01mm又は0.001mm単位の比較測定，平行度の測定，機械の精度検査など，その使用範囲は極めて広い。	一般にダイヤルゲージは，スタンドに取り付けて使用する。 　ダイヤルゲージスタンドは，ベースに強力磁石が使用されているので，鉄鋼部分に固定できる。

番号	名　称	用　途	関　連　知　識
7	スコヤ（直角定規） （a）平　　　（b）台付き	直角面のけがきや，工作物の直角度・平面度を検査するときに使用する。	スコヤは，二辺のなす角が正しく直角であるばかりでなく，各面は正しい平行平面に仕上げられている。
8	スチールプロトラクタ	半円状の薄鋼板に 0°〜180° の目盛が刻んであり，角度の測定及びけがきに使用する。	
9	ユニバーサル・ベベル・プロトラクタ	角度の測定に使用する。	バーニヤ付きのプロトラクタで，角度を 5 分単位に読み取ることができる。
10	すきまゲージ	シクネスゲージともいう。組立て製品・部品のすきまに，1 枚又は数枚を重ねて差し込んで，狭いすきまを測定するのに使用する。	すきまゲージの一種に三角ゲージがある。溶接のルート間隔を調べるのに使用する。
11	アールゲージ	ラジアルゲージともいう。製品や工作物のアール部分の測定に使用する。	
12	精密水準器 角形　　　　　平形	角形と平形がある。気泡管によって水平を検査するもので，主に機械を据え付けるときの水平出しに使用する。	感度により，次の 3 種類に分けられる（JIS B 7510：1993）。 ［mm/m］ 1 種：感度 = 0.02 2 種：感度 = 0.05 3 種：感度 = 0.1 角形は垂直も測定できる。
13	溶接ゲージ	余盛寸法の測定や溶接前加工の測定に使用する。 　余盛高さ，脚長，すみ肉のど厚，ベベル開先角度，ルート間隔，ルート面の高さ，板厚ほか。	応用測定として，すきま，小径穴，丸棒径，段差，目違い長さ，一般角度などの測定が可能である。 出所：新潟精機（株）

1.3 仕上げ作業用工具

番号	名　　称	用　　途	関　連　知　識
1	定盤 （a）けがき定盤 （b）擦合わせ定盤	けがきをする工作物を水平に置くのに使用する鋳鉄製の台である。 　きさげ仕上げの平面度を検査するのに使用する。	鋳鉄製で平削り盤仕上げのものが多く使用される。 　擦合わせ定盤は，けがき定盤と同様鋳鉄製であるが，多くは正方形で，裏にはリブを鋳出して，ひずみが起こらないようにしてある。表面は高い精度に仕上げられ，一般にきさげの跡が残っている。
2	平行台（パラレルブロック）	主として，工作物を水平に置く台として使用する。	2個1組になっている。
3	Ｖブロック	薬研台（やげん）ともいう。Ｖ形90°の溝に丸棒などの工作物を載せ，水平に支持する台で，主として，けがきのときに使用する。	2個1組になっている。
4	ます形Ｖブロック（金ますブロック）	各面が直角六面体に仕上げられ，上部のクランプで各種形状の工作物を固定することができるので，水平線及び直角線のけがきに便利である。	鋳鉄製で，各面は直角に仕上げてある。
5	アングルプレート（イケール）	ペンガラスともいう。薄物の工作物を垂直に保持するとき，又はチャックや万力では取り付けられない異形の工作物の取付けに使用する。	
6	けがき針	けがき作業で直線を引いたり，目印を付けたりするときに使用する。平らなところは，はぜ組みのとき，はぜ起こしに使用する。	直径約3〜5mmの工具鋼丸棒の先をとがらせて，焼きを入れたものである。

番号	名　称	用　途	関　連　知　識
7	トースカン	定盤上を滑らせて，工作物の面に水平線をけがきするほか，工作物の心出しをするときに使用する。	針の先の，まっすぐなほうは平行線のけがきに使用し，曲がっているほうは検査に使用する。
8	スケールホルダ	スケールを垂直に立てる台で，トースカンの針先の高さを寸法に合わせるときに使用する。	
9	コンパス（a）コンパス（b）スプリングコンパス（c）片パス（d）ビームコンパス	けがき作業で工作物の面に，円や円弧をけがいたり，線を分割したりするときに使用する。 普通形のものと，スプリングの付いたものがある。 片パスは丸棒の中心のけがきや，端面からの寸法をけがくときなどに使用する。 大径の円や円弧のけがきに使用する。	焼入れしたコンパスの先端は，荒けがきには 45°，精密けがきには 30° に正しく仕上げられている。 荒けがき用　45° 精密けがき用　30°
10	センタポンチ	けがき線上の要所にマークを付けたり，穴あけ位置を打刻したりするときに使用する。	5 mm　60° 先端だけ焼入れして使用する。
11	片手ハンマ	はつり作業など打撃をするときに使用する。 　打撃面は，平らで柄と平行のものがよい。ペン先（半球状部）は，かしめ作業などに使用する。	ハンマの大きさは，頭部の重さで表される。一般に 0.45kg（1 ポンド）程度のものが使われる。頭部は硬鋼を鍛造して焼入れされている。
12	プラスチックハンマ	工作物の取付け，組立て等で，工作物に打撃跡を付けないようにするために使用する。	打撃部のプラスチックが割れたりして傷んだときは，プラスチックだけ交換できる。ほかにゴム，銅，鉛ハンマ等がある。

番号	名　　　称	用　　　途	関　連　知　識
13	たがね （a）平たがね （b）えぼしたがね	平たがねは，平らな面のはつりや，薄板の切断に使用する。 えぼしたがねは，平面の荒はつり，及び溝や穴を掘るときに使用する。	刃先角 表
14	万力（バイス） （a）横万力 （b）シャコ万力（C形クランプ） （c）手万力 （d）平行クランプ （e）ハンドバイス	作業台に取り付けて，主に手仕上げ及び組立作業のとき，工作物をくわえるのに使用する。 シャコ万力は，薄板を重ねて加工するときや，工作物をアングルプレートに取り付けるときのように，工作物を一時仮締めするのに使用する。 手万力は，薄板や小物部品をつかんだり，仮締めするのに使用する。 平行クランプは，アームが上下にスライドして，素早く締め付けることができる。 薄板の重ねやアングル，H型材との重ね加工に使用する。一度，締付け幅を固定すれば，片手で何度でも操作が可能である。	横万力は口の開きが常に平行である。 横万力の大きさ（標準）

刃先角

工作物の材質	刃先の角度 [°]
銅	25 〜 30
鋳鉄・青銅	40 〜 60
軟　　鋼	50
硬　　鋼	60 〜 70

横万力の大きさ（標準）

あごの幅 [mm]	口の開き [mm]	口の深さ [mm]	質　量 [kg]
75	110	75	6.5
100	140	85	11.2
125	175	95	16.3
150	210	100	22.5

番号	名称	用途	関連知識
15	鉄工やすり 平形 半丸形 丸形 角形 三角形	主として，金属を手作業で仕上げるときに使用する。	断面の形状から平形・半丸形・丸形・角形・三角形の5種類があり，目の種類は，原則として複目（単目もある）である。また，目の荒さから荒目・中目・細目・油目に分けられる。 穂先　面　こば　こみ　やすりの長さ 新しいやすりは軟らかい金属から使っていく。
16	やすり柄	やすりのこみに打ち込んで使用する。	
17	ワイヤブラシ	やすりの目に詰まった切りくずを落としたり，さびを落とすのに使用する。 　また，溶接部の清掃用としても多く使用する。	アルミニウム溶接部の清掃の場合，ステンレス製ワイヤブラシを使用する。
18	ハンドタップ 1番タップ 2番タップ 3番タップ	シャンクの四角部にハンドルを付けて，主に手作業によってめねじを立てるのに使用する。	1番タップは先タップといわれ，先端の9山がテーパになっており，ねじ下穴に食い込みやすくなっている。 　2番タップは中タップといい，先端の5山ぐらいがテーパであり，3番タップは上げタップともいい，先端1.5山だけテーパとしたもので，ねじの最後の仕上げをする。
19	タップハンドル	タップ又はリーマなどを回すのに使用する補助具である。	
20	ダイス 13×1.75　3 丸割りダイス	丸棒，パイプにねじを切る工具である。	本体に割りがあり，多少ねじ径を調整できるのが，丸割りダイスである。 　丸割りダイスは，食付き部分のねじ山を3山，ねじれを斜めに切り落としてある。 　丸割りダイスのほかに，むくダイス，管の外周のねじ切りに使用する替え刃ダイスがある。
21	ダイスハンドル	ダイスを回すための補助具である。	

番号	名　　称	用　　途	関　連　知　識
22	金切りのこ （a）固定式 （b）調整式	主として棒・板・管などの金属・ビニル管を切断するのに使用する。	固定式のフレームは，一定の長さののこ刃以外には使えない。 　調整式は，のこ刃の長さに応じてフレームの長さが変えられる。
23	溶接専用ペンチ 	溶接ワイヤの切断，電極棒の突出し長さの調整や，小物部品をつかむのに使用する。	

出所：(株) タイムケミカル

1.4 電動・空圧工具，機械工作作業用工具

番号	名　称	用　途	関　連　知　識
1	電気ドリル	金属，その他の工作物の穴あけに使用する。	電気ドリルの能力は，チャックに取り付けることのできる最大の太さで表し，5，6.5，10，13，20，25，32，45mm などがある。
2	電気ディスクグラインダ（ベビーサンダ）	管の切断面や溶接部分の仕上げなど表面仕上げに使用する。	質量は2kg ぐらいで軽く，といしの径は100mm 程度である。　といしを取り替える場合には，特別教育（自由研削といし）を修了した者が行う。
3	切断用電気工具　（a）電気ハンドシャ	小さな2個の刃のうち，下刃がプレートに固定され，上刃が速く小さく上下運動して連続的に板金を直線，又は曲線状に切断する。	
	（b）電気ニブラ	パンチとダイにより連続的に打ち抜くことによって，板金を直線又は曲線状に切断する。	ダイのホルダ部が挿入できる直径30mm 以上の穴をあらかじめあけておけば，窓抜きもできる。
4	エアグラインダ	金属加工物の面取りから表面仕上げの研削まで広く使用される。	空気圧力は 0.6MPa に保つことが必要である。　圧力が 0.4～0.45MPa に低下すれば能力はほぼ半減する。
5	エアダスタ	機械及び部品等の汚れ(切りくず，ちり等) の清掃に使用する。	
6	ドリル　（a）テーパシャンクドリル　（b）ストレートシャンクドリル	工作物の穴あけに使用する。	テーパシャンクドリルは，柄がモールステーパになっていて，主軸テーパ穴に直接又はスリーブやソケットを介して差し込んで使用する。　ストレートシャンクドリルは，ドリルチャックにくわえて，直径13mm 以下の穴あけに使用する。

番号	名　　　称	用　　　途	関　連　知　識
7	ドリルチャック	ボール盤，旋盤，電気ドリルなどの主軸に取り付け，主として，ストレートシャンクドリルの保持具として使用する。	旋盤作業のときは，心押し台に取り付けて使用する。
8	スリーブ	工作機械の主軸テーパ穴と，工具のテーパ柄が合わないときの補助具として使用する。	
9	ソケット	工作機械の主軸の長さが不足している場合，及び工具の交換がひんぱんに行われる場合に使用する。	
10	ドリフト	ボール盤の主軸や，スリーブ及びソケットに差し込まれたきりなどの工具を抜くときに使用する。	
11	チャックハンドル	ドリルチャックのつめを開閉するために，それぞれのチャック専用で使用する。	

1.5 板金・製缶作業用工具

番号	名　　称	用　　途	関　連　知　識
1	金切りばさみ （a）直刃 （b）やなぎ刃 （c）えぐり刃 （d）電気ばさみ	板金切断用手工具として最も多く使用される。 　直刃は直線及び，滑らかで大きな曲線の切断に使用される。 　やなぎ刃は曲線・直線の切断に使用される。 　えぐり刃は平板の円形，内側の穴抜き切断に使用される。 　切断用手工具のほか電気ばさみもある。	はさみによる切断 けがき線　　けがき線　　けがき線
2	木ハンマ （a）からみ　（b）くぼみ（いも）　（c）両丸	折曲げ，絞り加工，ひずみ取りなど板金成形加工に広く使用する。	堅いかしの木で作られ，大きさは打撃面の寸法で表す。
3	板金ハンマ （a）からかみ （b）こしき （c）えぼし （d）おたふく（ならし） （e）いも	各種板金加工に使用する。	大きさは打撃面の寸法で表す。 　板金ハンマは加工に最も適した形状のものを選ぶ。例えば，いもハンマは打出しに適しており，おたふくハンマはひずみ取りに適している。からかみハンマは最も一般的な用途に使用する。
4	つかみばし	はぜ組みや針金巻きなどに使用する。	
5	鍛造ばし （a）丸はし （b）角はし （c）平はし	鍛造作業で，材料をつかむのに使用する。	火ばし，やっとこなどともいわれる。 　工作物の形状に適合したはしを使用する。

番号	名　　　称	用　　　途	関　連　知　識
6	はちの巣	鍛造作業などで，各種の溝や穴を利用して，材料の曲げ，押さえ，切断などの加工をするのに使用する。	
7	大ハンマ （a）両口 （b）片口	鍛造作業などで，大きな力で打撃を加えるときに使用する。	大ハンマは，先手ハンマ，両手ハンマともいわれる。硬鋼で作られ，打撃面に焼入れが施され，大きさは頭部の質量［kg］で表し，4.5，6.7，9kgのものが主に使用される。

1.6 溶接作業用工具

番号	名　　称	用　　途	関　連　知　識
1	安全器 調整ねじ 流出部バルブ　スプリング 流入部バルブ 流入管 検水器　逆止弁 水位調節バルブ （a）水封式安全器 逆止弁　閉塞弁　焼結金属 アセチレン （b）乾式安全器	アセチレン溶接作業において，逆火や逆流による爆発を防止するために使用する。	
2	酸素調整器 低圧圧力計 安全バルブ　高圧圧力計 ガス放出 バルブ ガスホース 継手　圧力調整 ハンドル	酸素充てん圧力を，使用圧力に減圧するために使用する。	調整器は JIS B 6803：2015 でその性能が定められ，酸素用は S1 〜 S3 まで9種が定められている。 　酸素の充てん圧力は 35℃ で14.7MPa，19.6MPa 以下である。
3	アセチレン調整器 低圧圧力計　高圧圧力計 圧力調整ハンドル　取付金具 ホース取付口	溶解アセチレン充てん圧力を，使用圧力に減圧するために使用する。	溶解アセチレンの充てん圧力は，15℃ で 1.5MPa 以下，充填量 7.2kg のものが多い。
4	導管 （a）酸素ホース（青色） （b）アセチレンホース（赤色） （c）ホースバンド	導管はアセチレン発生器，又は酸素容器から吹管までガスを送るのに使用する。 　ホースバンドは発生器，調整器，吹管と，ガスホースの接合部を締め付けるために使用する。	導管には鋼管も使用されるが，銅を使用してはならない。 　ガスホースは布入り良質のゴム製とし，最高使用圧力，摩擦，衝撃，火花の飛散などに対して容易に破損することがなく，容易に屈曲するものがよい。 　ホースバンドの代用として針金，溶接棒は絶対に使用しない。

番号	名　　　称	用　　　途	関　連　知　識
5	吹管（低圧吹管） （a）A形溶接器（不変圧式） （b）B形溶接器（可変圧式）	A形とB形の違いは不変圧式か可変圧式の違いである。導管を通じて送られてくる酸素とアセチレンを混合噴出し，これに点火し高温の火炎を作り，溶接作業や加熱作業などに使用する。 　低圧吹管はアセチレン圧力が7kPa未満で使用される。	不変圧式と可変圧式の相違 <table><tr><td>形式 項目</td><td>不変圧式</td><td>可変圧式</td></tr><tr><td>代表的形式</td><td>ドイツ式</td><td>フランス式</td></tr><tr><td>JIS規格</td><td>A形</td><td>B形</td></tr><tr><td>針弁 （ニードバルブ）</td><td>なし</td><td>あり</td></tr><tr><td>酸素の調整</td><td>酸素調整器で行う</td><td>吹管の針弁で行える</td></tr><tr><td>火口番号</td><td>溶接可能な鋼板の厚み</td><td>1時間に消費するアセチレンの量</td></tr></table> 中圧吹管－アセチレン圧力が，7～130kPa程度で使用される。
6	ガス切断器 （a）1形切断器 （b）3形切断器	赤熱された鋼と酸素との間に起こる急激な化学作用，すなわち鋼の燃焼を利用して切断を行うのに使用する。	ガス切断器には，1形と3形がある。 　1形と3形には1号，2号，3号があり，各号にはそれぞれ数字の火口番号が付けられている。 火口番号と板厚（JIS B 6801：2003） | 号数	火口番号	最大切断板厚〔mm〕 1形	最大切断板厚〔mm〕 3形
1号	1	7	7
	2	15	15
	3	20	20
2号	1	15	20
	2	25	30
	3	50	50
3号	4	80	80
	5	150	150
	6	200	200	
7	点火ライタ 	吹管に点火するときに使用する。	点火の際，所定の点火ライタ以外は絶対使用しない。形状は各種ある。
8	バルブハンドル 	酸素，アセチレン容器の元バルブの開閉に使用する。	一端が酸素用，他端がアセチレン用になっている。
9	掃除針 	ガス溶接又は切断火口の掃除に使用する。	火口口径に合った各サイズのものを組み合わせて1組としている。
10	スラグハンマ 	溶接部の清掃，及びスラグの除去に使用する。	主にスラグの除去に使用する。清掃用としてはワイヤブラシを多く使用する。
11	溶接棒ホルダ 	ホルダはアーク溶接棒を保持するために使用する。	ホルダは絶縁ホルダ（安全ホルダ）を使用し，できるだけ軽いことが望ましい。

1.7 保 護 具

番号	名　　　称	用　　　途	関　連　知　識
1	防じんめがね	機械切削作業，研削作業，研磨作業，グラインダ作業，アーク溶接作業等における目及び顔面の保護具として使用する。	
2	防じんマスク	粉じん，ヒューム等の吸入により生じるじん肺，神経機能障害等の疾病を予防するために使用する。	
3	耳栓	騒音の害を防止するために使用する。	低音から高音までを遮断するものと，主として高音を遮断するもので，会話域程度の低音を比較的通すものがある。
4	遮光めがね	ガス溶接作業のとき，目を保護するために使用する。	形状及びガラスの色等，各種ある。アセチレン・酸素の消費量に応じて，遮光度番号4程度のものを使用する。
5	アーク溶接用保護具 （b）ヘルメット形溶接面 （a）ハンドシールド形溶接面 （c）安全靴　　（d）帽子 （e）足カバー　（f）腕カバー　（g）皮前掛け　（h）溶接用皮製保護手袋	アークは非常に強い光と熱を発生するため，作業者の身体を保護するために各種保護具を使用する。ハンドシールド形溶接面等はフィルタプレートを用いて強い光から眼等を保護するために使用する。 　安全靴，帽子，足カバー，腕カバー，皮前掛け，皮製保護手袋は防熱及び絶縁のために使用する。	保護具はアーク溶接中，スパッタによるやけどを防ぎ，着衣の燃焼を防ぐためにも有効である。ヘルメット形溶接面は，足場の上で作業するなど体が不安定な場合，又は立向，上向溶接の場合に適し，ハンドシールド形溶接面は地上作業で広い視野を必要とする場合に適している。 　アーク点弧と同時に自動遮光する液晶タイプの溶接面もある。

番号	名　　称	用　　途	関　連　知　識
6	遮光カーテン	溶接作業では，紫外線その他，目に有害な光線が発生する。これらの光線を他の作業場に拡散させないよう遮光するために使用する。	
7	電動ファン付き呼吸用保護具	顔面とのすきまから粉じんの侵入を防ぐために使用する。	出所：山本光学（株）

2．安 全 作 業

作業名	安全作業の心がけ	主眼点	

番号	作業順序	手 順 と 要 点	図 解
1	一般安全心得	1．安全が十分に確保された清潔な作業衣を着用する。 2．作業前に個々の作業の安全心得を確認した後，作業に入る。 3．必要な保護具は，その機能を点検し，必ず着用する。 4．機械，工具，ジグは使用前に点検し，正しい用途以外には使用しない。また，不良のものは使用しない。 5．工具，ジグは油をよく拭き取り，機械の上や作業台のふちなど落下しやすい場所に置かない。 6．作業を中断して作業場を離れる場合は整理，整頓し，安全を十分に確認する。 7．使用後の機械，工具，ジグは，清掃，手入れ，点検した後で所定の場所に保管する。 8．油ボロや可燃性のものは，火災や爆発の原因にならないように所定の容器に収める。	
2	ガス溶接の安全作業	1．ガス容器は，火気から十分離れた位置に，転倒防止処置を行って保管する。 2．圧力調整器やホース，吹管は故障や不備のないものを使用する。 3．各接続箇所に油脂やほこりが付着していないことを確かめるとともに，ガス漏れがないことを点検する。 4．作業場近くに引火性の物質のないことを確認する。 5．点火には専用点火ライタを使用する。 6．表2．1−1を参考にして，作業に合った遮光度番号の遮光めがね（JIS相当品）を使用する。 7．適切な保護具を使用する。	
3	アーク溶接の安全作業	1．電撃（感電）の発生しない状態を確認する。 2．溶接のスパッタによる引火や爆発を発生させないよう，作業場近くには可燃性物質を置かない。 3．高温のアーク熱やスパッタなどから身を守るため，JIS相当の保護具を着用する。 4．強い紫外線や可視光を含むアーク光に対し，溶接作業者は表2．1−1に示すJIS相当のフィルタプレートを付けた溶接用保護面を使用し，周辺の作業者に対しても適当な遮光カーテンなどを設置する。 5．溶接作業では，溶接ヒュームが発生するため，ヒュームが発生しにくい溶接条件，方法を選択するとともに，局所排気装置や溶接ヒュームに対応した呼吸用保護具を使用する。 6．屋内作業場の床等を，毎日1回以上水洗又は超高性能（HEPA）フィルタ付き真空掃除機によって清掃する。	

表2.1-1　使用標準（JIS T 8141：2016）

| 遮光度番号 | アーク溶接・切断作業 | | | ガス溶接・切断作業 | | | |
| | 被覆アーク溶接[アンペア] | ガスシールドアーク溶接[アンペア] | アークエアガウジング[アンペア] | 溶接及びろう付(1) | | | プラズマジェット切断[アンペア] |
				重金属の溶接及びろう付	放射フラックス(3)による溶接（軽金属）	酸素切断(2)[L]	
1.2	散乱光又は側射光を受ける作業			散乱光又は側射光を受ける作業			
1.4							
1.7							
2							
2.5							
3							
4	—			70以下	70以下（4d）	—	
5	30以下			70を超え200まで	70を超え200まで（5d）	900を超え2000まで	
6		—	—	200を超え800まで	200を超え800まで（6d）	2000を超え4000まで	
7	35を超え75まで			800を超えた場合	800を超えた場合（7d）	4000を超え8000まで	—
8							
9	75を超え200まで	100以下					
10			125を超え225まで				
11		100を超え300まで					150以下
12	200を超え400まで		225を超え350まで	—	—	—	150を超え250まで
13		300を超え500まで					250を超え400まで
14	400を超えた場合		350を超えた場合				
15	—	500を超えた場合					—
16							

注　(1)　1時間当たりのアセチレン使用量［L］

　　(2)　1時間当たりの酸素の使用量［L］

　　(3)　ガス溶接及びろう付の際にフラックスを使用する場合ナトリウム589nmの強い光が放射される。この波長を選択的に吸収するフィルタ（dと名付ける）を組み合わせて使用する。

　　　例　4dとは，遮光度番号4にdフィルタを重ねたもの。

注記　遮光度番号の大きいフィルタ（おおむね10以上）を使用する作業においては，必要な遮光度番号より小さい番号のものを2枚組み合わせて，それに相当させて使用するのが好ましい。1枚のフィルタを2枚にする場合の換算は，次の式による。

$$N = (n_1 + n_2) - 1$$

　　　ここに，　N：1枚の場合の遮光度番号

　　　　　　　　n_1, n_2：2枚の各々の遮光度番号

　　　例　10の遮光度番号のものを2枚にする場合　　　$10 = (8 + 3) - 1$，$10 = (7 + 4) - 1$　など

作業名	溶接作業の準備	主眼点	保護具のつけ方及び溶接用清掃工具の準備

	材料及び器工具など
	溶接用保護具一式 溶接用清掃工具一式

図2.2-1　保護具のつけ方（被覆アーク溶接の例）

番号	作業順序	要　　　点	図　　　解
1	準備する	1．各溶接法に応じて溶接面（ヘルメット形又はハンドシールド形），フィルタプレート，遮光めがね及びカバープレート，皮手袋，前掛け，腕カバー，足カバーなどの保護具を点検する。 2．片手ハンマ，平たがね，ワイヤブラシ，スラグハンマなどの溶接用清掃工具を点検する（図2.2-2）。	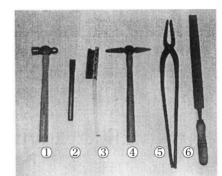
2	保護具をつける	1．保護具を図2.2-1に示すように着用する。 2．各保護具は作業のじゃまにならないように，しっかりと確実につける。 3．溶接面からフィルタプレートを外し，汚れをよく拭き取り，図2.2-3のようにカバープレートを前後に挟む。 4．フィルタプレートを溶接面に入れ，板ばねで押さえる。	

①	②	③	④	⑤	⑥
片手ハンマ	平たがね	ワイヤブラシ	スラグハンマ	金ばし	平やすり

図2.2-2　溶接用清掃工具一式

備考	1．保護具は，いずれも耐熱性で，よく乾燥した柔軟で丈夫なものを着用し，作業中は常に身体の安全を保つよう注意する。 2．フィルタプレートについては，溶接法及び使用電流に適した番号のものを使用する（表2.1-1参照）。 3．フィルタプレートを溶接面に装着した際，すきまから光が漏れるおそれがあるので，ファイバパッキンなどにより，漏れを防ぐ。 4．溶接用器工具及び保護具が破損したときは，速やかに修理又は交換し，いつも完全な状態で作業を行うように心がける。 　なお，上記保護具は必ず JIS で規定されたものを使用する。

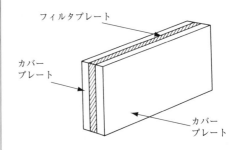

図2.2-3　フィルタプレートの使い方

3．ガス溶接作業			番号	No．3．1
作業名	ガス溶接装置の取扱い	主眼点	溶解アセチレン使用の場合	

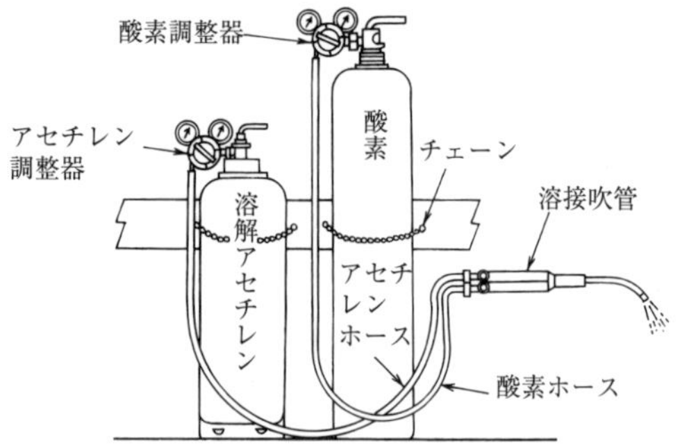

図3．1－1　溶解アセチレンを用いた溶接装置

材料及び器工具など

酸素ボンベ
アセチレンボンベ
石けん水
ガス溶接装置一式
　（酸素容器，溶解アセチレン容器，ガスホース，ホースバンド，酸素調整器，アセチレン調整器，吹管，調整器締付けレンチ，石けん水容器，容器弁開閉レンチ）

番号	作業順序	要　　点	図　　解
1	容器を固定する	安全な場所を選び，チェーンなどで固定する（図3．1－1）。 転倒防止のためしっかりと確実に固定する。 アセチレン容器は，必ず立てて使用しなければならない。	
2	①酸素調整器を取り付ける（図3．1－2）	1．容器の調整器取付口を向かって左側に向ける。 2．調整器取付口のごみを吹き払うため，専用レンチで静かにバルブを1～2回開閉し，ガスを放出する（空吹かし）。 3．調整器のパッキンの有無，損傷を確かめる。 4．袋ナットをねじ込み，調整器安全バルブの放出方向が容器の肩に向かないようにし，ほぼ垂直になるように締め付ける。	①高圧圧力計 ②低圧圧力計 ③圧力調整ハンドル ④ガス放出バルブ ⑤ガスホース継手 ⑥安全バルブ 図3．1－2　酸素調整器
	②アセチレン調整器を取り付ける（図3．1－3）	1．容器の調整器取付口を向かって左側に向ける。 2．調整器取付口のごみ，ほこり等を清潔なウエスでふき，除去する。 　アセチレンの空吹かしは，火災の危険があるので特に注意する。 3．容器バルブのパッキンの有無，損傷を確かめる。 4．クランプで確実に取り付ける。	
3	調整器にガスホースを取り付ける	1．根元までしっかり差し込む。 　入りにくい場合は石けん水をつける。ホース内部を削ったり，油類は絶対に使用しない。 2．差し込んだらホースバンドで確実に締め付ける。	①高圧圧力計 ②低圧圧力計 ③圧力調整ハンドル ④ガス放出バルブ ⑤ガスホース継手 ⑥ガス取出口 ⑦クランプ
4	容器バルブを開く	1．調整器の圧力調整ハンドルが完全に緩んでいることを確かめる。 2．調整器の右側（又は左側）に位置して，容器バルブを静かに開く。 　酸素は全開にするが，アセチレンは1.5回転以上は開かない。また，レンチはアセチレン容器バルブに取り付けたままにしておく。	図3．1－3　アセチレン調整器
5	調整器及びガスホース内のほこりを吹き飛ばす	調整ハンドルを軽く締め，ガスを放出して，調整器及びガスホース内のほこりを取り除く。 　放出バルブのあるものは，放出バルブを閉じておく。	

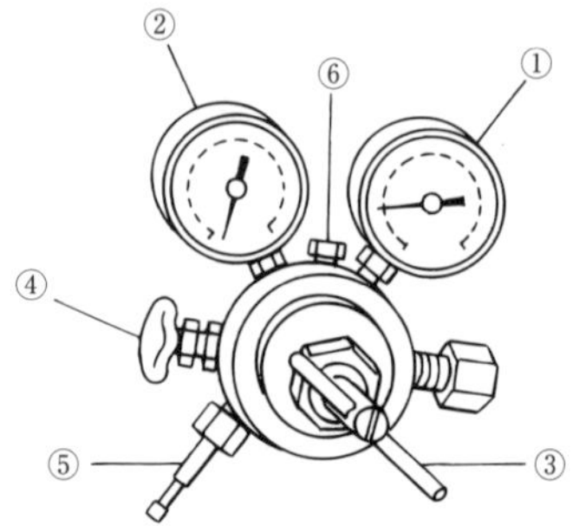

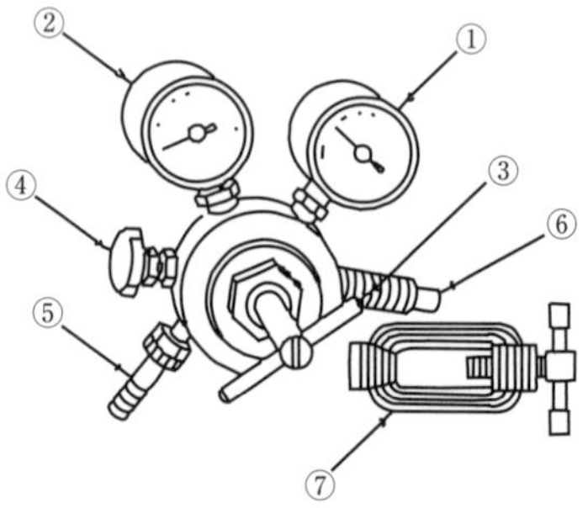

番号	作業順序	要　　　点	図　　　解
6	吹管にホースを取り付ける	酸素ホースを先に取り付け，吸込みを調べてからアセチレンホースを取り付ける。	表3．1－1　火口と酸素圧力 （a）　A形1号（ドイツ式）
7	圧力を調整する （放出バルブのないもの）	1．調整ハンドルを締め，所定の酸素圧力に調整する（表3．1－1）。 　　いったん圧力を上げると，一度調整器内のガスを抜かなければ，ハンドルを緩めてもゲージの針は下がらないので注意を要する。 2．アセチレン圧力は酸素圧力の約1/10にする。	
8	ガス漏れを点検する	1．容器バルブの周囲，調整器取付口，ガスホース取付口部，圧力調整ハンドル根元のガス漏れを石けん水で調べる。 2．ガス漏れがあった場合，直ちに適切な処置を行う。	（b）　B形0号（フランス式）
9	装置類を取り外す	1．アセチレン容器バルブ，酸素容器バルブを閉じる。 2．吹管のアセチレンバルブ，酸素バルブを開き，吹管及びガスホース内のガスを放出する。 3．アセチレン及び酸素の調整器の1次圧及び2次圧がゼロになったのを確認した後，アセチレン及び酸素バルブを閉じる。 4．調整器の圧力調整ハンドルを完全に緩める。 5．吹管，ガスホース，調整器の順に取り外す。 6．容器バルブのガス漏れを石けん水で調べる。	

表3．1－1　火口と酸素圧力

（a）　A形1号（ドイツ式）

火口番号	酸素圧力〔MPa〕	孔径〔mm〕	白心の長さ〔mm〕
1	0.1	0.7	5
2	0.15	0.9	8
3	0.18	1.1	10
5	0.2	1.4	13
7	0.23	1.6	14

（b）　B形0号（フランス式）

火口番号	酸素圧力〔MPa〕	孔径〔mm〕	白心の長さ〔mm〕
50	0.08	0.7	7
70	0.1	0.8	8
100	0.12	0.9	10
140	0.15	1.0	11
200	0.2	1.2	12

備考

●容器，調整器，ガスホース取扱い上の一般的注意

　ガス容器の貯蔵，運搬，取扱い，調整器，ガスホースの取扱い上，多くの注意事項があるが，根本となるのは次のとおりである。

（1）酸素は非常に高圧（35℃，14.7MPa）で充てんされていること。

（2）酸素は支燃性で，ほかの燃焼を助けること（油類と接触するとその発火温度を下げ自然発火させるため，油類を使用したり，油じみた手や油の付いた手袋等で取り扱ってはならない）。

（3）アセチレンは分解爆発の危険があること（0.13MPa以下の圧力で使用のこと）。

（4）アセチレンは可燃性のガスで，空気又は酸素との混合ガスの爆発範囲が非常に広いこと。

（5）アセチレンの発火温度（305℃）が低いこと。

（6）アセチレンは銅又は，その合金と接触して爆発性化合物を作ること。

　このため溶接装置を取り扱う場合，これらを十分理解し，慎重に取り扱わねばならない。

作業名	ガス溶接の火炎調整	主眼点	標準炎の作り方

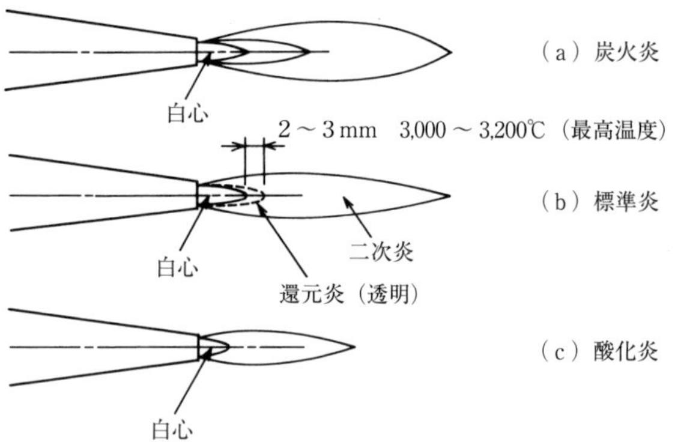

図3.2−1　火炎の種類

（a）炭火炎
白心
2〜3mm　3,000〜3,200℃（最高温度）
（b）標準炎
白心
二次炎
還元炎（透明）
（c）酸化炎
白心

材料及び器工具など

酸素ボンベ
アセチレンボンベ
ガス溶接装置一式
ガス溶接用保護具一式
ガス溶接用工具一式

番号	作業順序	要　　　点	図　　　解
	JIS A 形不変圧式吹管（ドイツ式吹管，図3.2−4）		
1	点火する	1．アセチレン調整バルブを約1/2回転程度開く。 2．コックを70°〜80°倒しながら開いてから専用ライタで点火する。その後コックを全開にする（図3.2−2）。	 70°〜80° 図3.2−2　点火時のコック操作
2	炎を調整する	アセチレン調整バルブを調節して標準炎にする。 　アセチレンの量は調整バルブで調整できるが，酸素の調整はできないので，調整器調整ハンドルの調整によって，適正な標準炎を作る（図3.2−1）。	
3	消火する	1．コックを閉じる。 2．アセチレン調整バルブを締める。	
	JIS B 形可変圧式吹管（フランス式吹管，図3.2−5）		
1	吹管の吸込みを調べる	1．酸素ホースを酸素ホース取付口に取り付け，ホースバンドで締める。ジョイント式カプラの場合は，接続部カプラがカチッと音がするまで接続する。 　このとき，アセチレンホースは接続しない。 2．予熱酸素バルブを1回転以上開き，酸素を出す。 　次に，アセチレンバルブを1回転以上開き，アセチレンホース取付口に手の甲又は平を当てて，吸込みを確認する。吸込みが確認できれば，吹管インジェクタが正常であると判断できる。 　続いて，切断酸素バルブを開き，吸込みを確認する。吸込みがないと，インジェクタの異常，スラグ，ゴミ等の詰まり，火口取付け不良等が考えられ，逆火の原因となるので注意が必要である。 3．異常がなければ，アセチレンホースをアセチレンホース取付口に取り付け，ホースバンドで締める。 　ジョイント式カプラの場合は，接続部カプラがカチッと音がするまで接続する。	 火口 アセチレン 水面 図3.2−3　アセチレン流量の調整
2	点火する	1．アセチレンバルブを1/2回転程度開き，アセチレンを出す。 　火口を水面に近づけたとき，水面がわずかにへこむ程度が目安となる（図3.2−3）。その後，専用ライタで点火する。 2．酸素調整バルブを1/4回転程度開き，酸素を出す。 　ガス流速が大きすぎると点火しなかったり，火炎の足切れが起こりやすいので，バルブの開きを小さくする。	

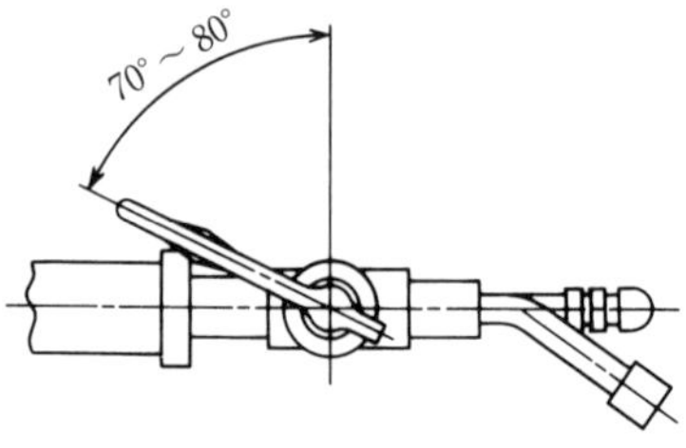

番号	作業順序	要　　　点	図　　　解
3	炎を調整する	酸素をさらに出し，確実に標準炎に調整する。 　火炎が弱すぎるときは，アセチレンをさらに出し，いったん炭化炎にし，次に酸素を出して標準炎にする。 　火炎が強すぎるときは，まず酸素をしぼり，いったん炭化炎にし，次にアセチレンをしぼり標準炎に調節する。	
4	消火する	酸素バルブを閉じ，次にアセチレンバルブを閉じて消火する。 　長時間の作業では，火口が過熱状態になっているので，消火後酸素を少し出しながら水中で冷却する方法もある。	

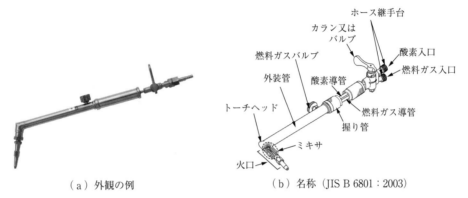

（a）外観の例　　　　　　　　　　　　　（b）名称（JIS B 6801：2003）

図3.2－4　ドイツ式吹管

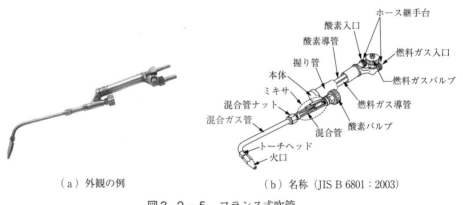

（a）外観の例　　　　　　　　　　　　　（b）名称（JIS B 6801：2003）

図3.2－5　フランス式吹管

●火炎調整の重要性

　標準炎で溶接した場合は，溶接金属は炎の化学的影響を受けず，良好な溶着金属が得られる。ガス溶接作業において，「炎が最も重要な役割を果たす」といってもよい。良い溶接結果を得るためには，炎の調整に細心の注意を払う必要がある。

　炭化炎と標準炎の区別は明らかであるが，酸化炎と標準炎の区別がつきにくい。極端な酸化炎は音によって区別できる。すなわち，酸化炎のときに高い音となる。ごくわずかな酸素過剰炎は，さらに区別しにくいので，いったん炭化炎を作ってから，慎重な操作によって標準炎を作る必要がある。鋼板を溶かしたとき，火花が発生する場合は酸化炎である。

【安全衛生】
1．点火を行う際は，周囲に十分注意を払う。
2．火のついている状態で，調整器調整ハンドルを操作するときは，火炎が容器や調整器の方向に向かないように注意する。

（出所）
図3.2－4（a），図3.2－5（a）：日酸 TANAKA（株）提供

番号		No. 3.3
作業名	ガス溶接による鋳鉄のビード溶接　主眼点	ビードの置き方

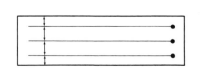

図3.3-1　吹管と溶接棒の保持角度

材料及び器工具など

鋳鉄板又は軟鋼板（t 6.0×80×150)
鋳鉄溶接棒（φ5.0）
鋳鉄用溶剤
ガス溶接装置一式
火口：JIS A形 5 番
　　　JIS B形 225 番
ガス溶接用保護具一式
ガス溶接用工具一式
グラインダ

番号	作業順序	要　　　点	図　　　解
1	準備する	1．溶接装置の準備をする。 2．母材に溶接線をけがく（図3.3-2）。 3．溶接棒の黒皮をグラインダで除く。 4．保護具を着用する。	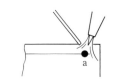 図3.3-2　母材の形状
2	姿勢を整える	1．溶接台の正面に位置する。 2．ガスホースに余裕をもたせ，作業の支障にならないようにセットする。 3．吹管は軽く握り，ひじは身体から離して保持する。	図3.3-3　始端部
3	ビードを置く	1．母材全体が赤みをおびる程度まで予熱する。火炎は標準炎，又は少しアセチレン過剰炎（還元炎）にする。 　　鋳鉄の溶接には予熱と溶接後の後熱の実施が推奨される。予熱には 500 〜 600℃に全体を均一に徐々に加熱できるように炉で行ったほうがよい。後熱も炉を用い，600℃ぐらいに1時間程度加熱保持した後，炉冷する。 2．始点aより加熱する（図3.3-3）。 3．溶接棒は母材加熱中に先端を火炎に近づけ，赤熱したら溶剤を付ける。 4．母材の溶融状態は，図3.3-4の①→②→③のように変化してくる。③のように溶融池が適当な大きさになり，わずかに母材表面より沈むような状態になったら，溶接棒を溶融池に突き入れて，溶融する（図3.3-1）。 5．吹管は軽い楕円運動を行いながら，また溶接棒は溶融池先端に浸し，溶かしながら進む。 　　溶接棒は引きずるような感じで動かす（図3.3-5）。 6．溶接棒は，ときどき上げて溶剤を付け，接合部に補充する。 　　溶融金属（溶接中アークの熱で溶融した金属）の流動性が大きいので，横に広がらないように注意する。 7．溶接が終わったら消火する。	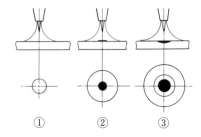 図3.3-4　母材の溶融状態  図3.3-5　吹管と棒の操作
4	検査する	次のことについて調べる（図3.3-6）。 1．ビードの幅，高さ，波形は均一であるか。 2．ブローホール，ピット及び割れなどがないか。	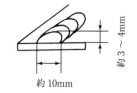 図3.3-6　ビード形状

備考	1．溶剤として一般には，ほう酸，ほう砂，炭酸ソーダなどの混合物が用いられる。 2．ほう砂の融点は740℃くらいである。 3．溶剤を湯で溶かし，溶接棒並びに母材に塗って使用してもよい。 4．鋳鉄板がないときは，軟鋼板を使用してもよい。 5．溶融池の表面に酸化鉄ができるので，ときどき溶接棒でかき出す。酸化鉄は巣の原因になる。

作業名	ステンレス鋼のトーチろう付	主眼点	銀ろう付

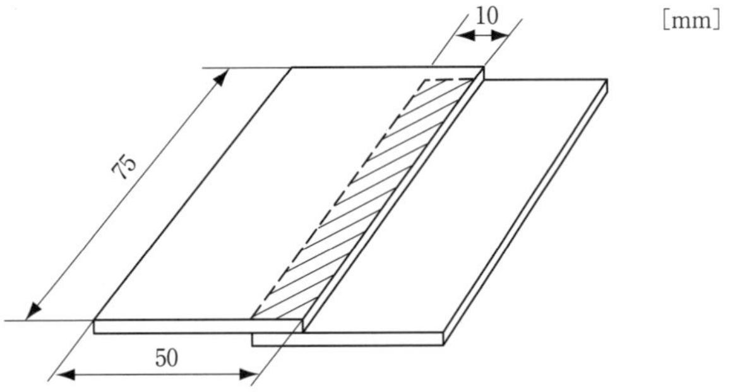

ステンレス鋼板（SUS304）
〔t 2.0×75×50（2枚）〕
銀ろう棒（φ2.0　BAg‐1）
銀ろう用フラックス
ガス溶接装置
ガス溶接用工具一式
溶接用保護具一式
サンドペーパー
ワイヤブラシ

図3.4－1　重ねろう付継手

番号	作業順序	要　点	図　解
1	準備する	ガス溶接装置を準備する。 母材の寸法は図3.4－1のとおりとする。	
2	接合部を清浄する	母材の接合部及びその周辺をワイヤブラシで清浄にした後，接合部をサンドペーパーで加工する。 　接合部のサンドペーパー加工は，ワイヤブラシで除去できない汚れやスケールを除去するだけでなく，ろう付した継手の強度を高める効果がある。	 （a）高濃度　　（b）低濃度 図3.4－2　ろう付用フラックスの濃度
3	接合部にフラックスを塗布する	1．フラックスに水を加え適度のねばり状態にする（図3.4－2）。 　濃度が高く，ねばりの大きいフラックスを使用すると，少々のオーバーヒートや母材の不均一加熱に対して適正なろう付温度状態を保つことが容易であるが，ボイドなどの欠陥を発生しやすい。一方，濃度が低く，ねばりの小さいものでは，全く逆の状態となる。 2．接合部に薄くフラックスを塗布する。	 図3.4－3　継手のセット状態
4	継手をセットする	接合面を密着させ，加熱により間隙（げき）が広がらないようセットする（図3.4－3）。	
5	予熱する	1．ガス溶接トーチに点火し，中性炎に調整する。 2．接合部及び接合部から各10～15mmの範囲を全体が均一な温度になるよう，まんべんなく加熱する（図3.4－4）。	 図3.4－4　継手の予熱
6	フラックスの溶融を確認する	塗布したフラックスが全体に溶融し，透明の液体状態になるのを確認する（図3.4－5）。 　フラックスが溶融する温度は，ろう材が溶融する温度よりわずかに低い温度であり，ろう付温度の目安となる。すなわち，フラックスが溶融した後しばらく加熱したときが適正なろう付温度である。	
7	継手部の予熱温度を確かめる	フラックスが溶融した後，しばらく加熱した時点で火炎を遠ざけた継手部にろう材を接触させ，ろう材が溶融して薄く広がるようであれば適正な予熱温度である。	図3.4－5　フラックスの溶融

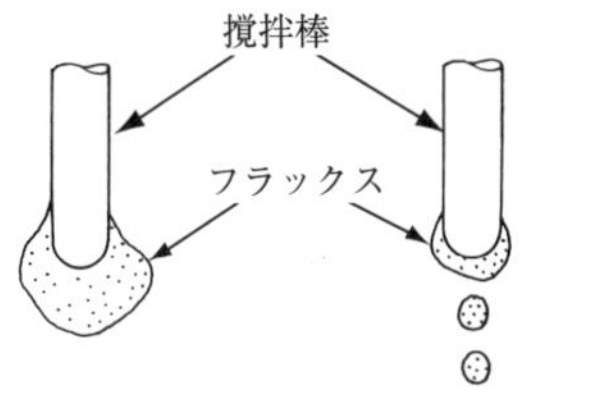

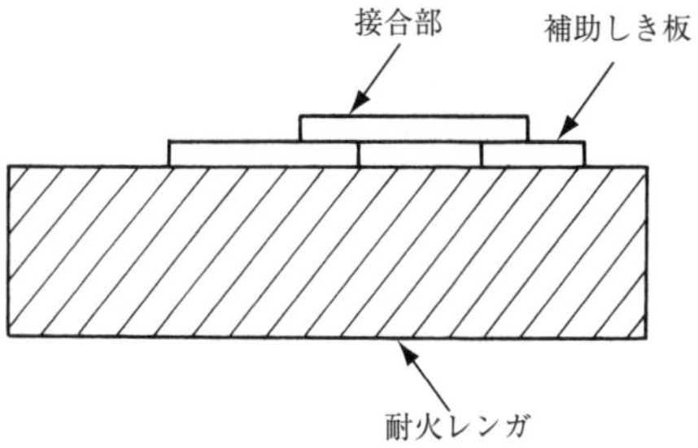

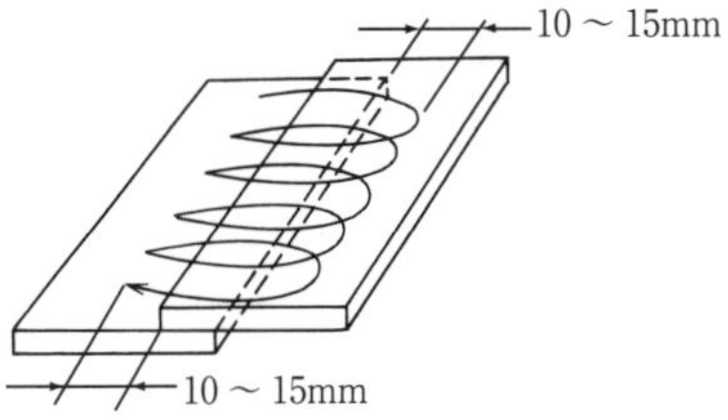

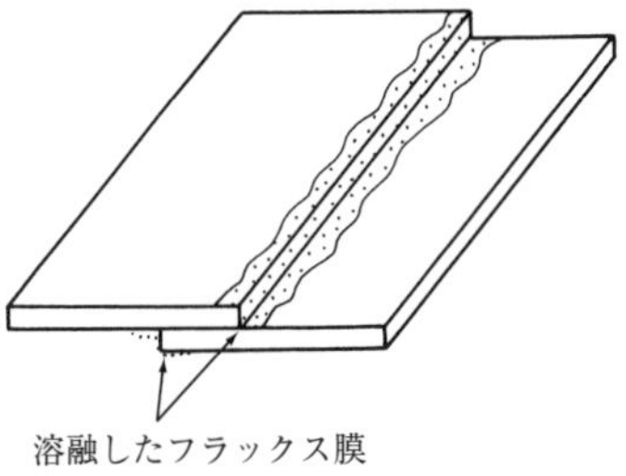

番号	作業順序	要　　　　　点	図　　　解
8	ろう材を添加する	1．ろう材に直接火炎を当てない状態で，継手にろう材を接触させて添加する。 2．ろう材添加後，ろう材周辺の母材及び継手部を加熱し，継手全体にろう材が広がるのを確認する。 3．ろう材の1回の添加で継手全体にろう材が行き渡らない場合には，ろう材を必要に応じて添加し，2．の操作を繰り返す。	
9	接合部を冷却する	ろう材が継手全体に回ったことを確認したら加熱をやめ，接合部を冷却する。	
10	残留フラックスを除去する	接合材を温水につけ，ワイヤブラシなどで継手部周辺の残留フラックスを除去する。	
11	検査する	次のことについて調べる。 （1）継手全体にろう材が薄く回り，接合部周辺にまでにじみ出ているか。 （2）ろう材全体に焼損して変色した部分がないか。 （3）フラックスの残留はないか。	

備考

　　銀ろう付は，アルミニウムやマグネシウム及びそれらの合金材料以外の金属材料の接合に利用できるが，ろう材の成分により，ろう付温度の異なる各種のものがあり，用途に応じて使い分けるとよい。

【安全衛生】
　　ろう付作業では有害な金属蒸気やヒュームが発生するため，特に換気や防じんマスクの着用を心がける。

番号		No. 3.5
作業名	軟鋼板のトーチろう付	主眼点	黄銅ろうによる流しろう付

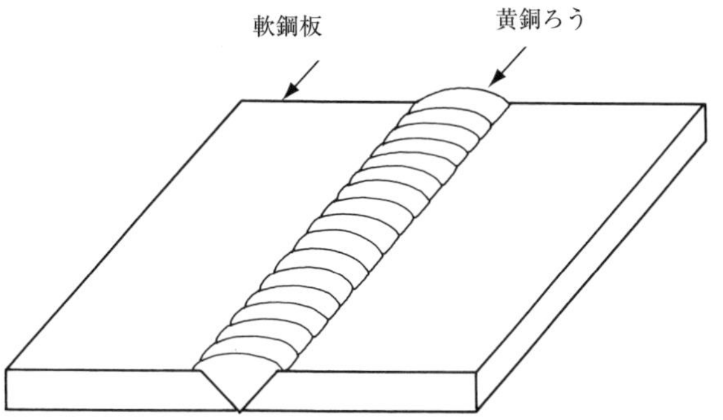

図3.5-1　流しろう付継手

	材料及び器工具など
	軟鋼板（t 3.2×75×150） 黄銅ろう付棒（フラックス付き） 〔φ2.0〕 ガス溶接装置 ガス溶接用工具一式 溶接用保護具一式 サンドペーパー ワイヤブラシ ディスクグラインダ やすり

番号	作業順序	要　　点	図　　解
1	準備する	ガス溶接装置を準備する。	
2	開先を加工する	ディスクグラインダや，やすりを使用し，図3.5-2のような継手に開先を加工する。	
3	接合部を清浄する	No.3.4の作業順序2参照。	
4	継手をセットする	ルート面を密着させ，材料が動かないようにセットする（図3.5-3）。	
5	予熱する	1．ガス溶接トーチに点火し，中性炎に調節する。 2．接合部及び接合部から各10～15mmの範囲を全体が800～900℃になるよう，まんべんなく加熱する。	
6	継手部の予熱温度を確かめる	加熱した母材の継手部にフラックス付きろう材を接触させ，フラックスが溶けるとともに，ろう材も溶融して薄く広がるようであれば，適正な予熱温度である。	
7	ろう材を添加する	ろう材に直接火炎を当てない状態で，継手にろう材を接触させ，継手全体に薄く，ろう材が広がり図3.5-4の状態にする。 No.3.4の作業順序8参照。	
8	継手開先部に肉盛りする	継手部周辺を加熱し，既に盛り金したろう材表面が溶融し始めた時点で，ガス溶接と同様の方法でろう材を溶かし，開先部を埋める。 図3.5-5の斜線部が肉盛りされた状態を示す。	
9	接合部を冷却する	開先部の肉盛りが終了した時点（図3.5-1）で加熱をやめ，接合部を冷却する。	
10	スラグを除去する	接合部を温水につけ，ワイヤブラシ等で継手部及び継手部周辺のスラグを除去する。	
11	検査する	次のことについて調べる。 （1）継手裏面にろう材が薄くにじみ出し，良好なろう付が行われているか。 （2）肉盛りしたろう材と母材のなじみが良好か。 （3）スラグの残留がないか。	

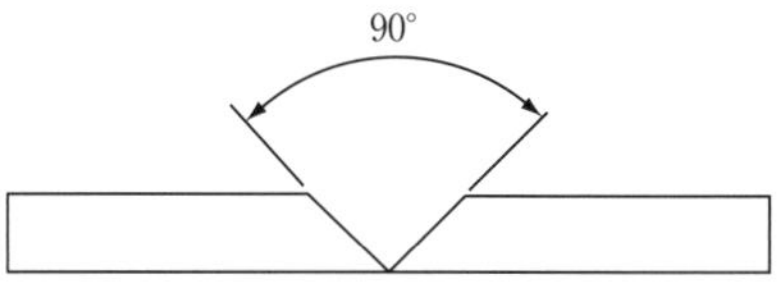

図3.5-2　流しろう付における継手状態
（板厚によっては0.5～1mmのルートフェースを取る）

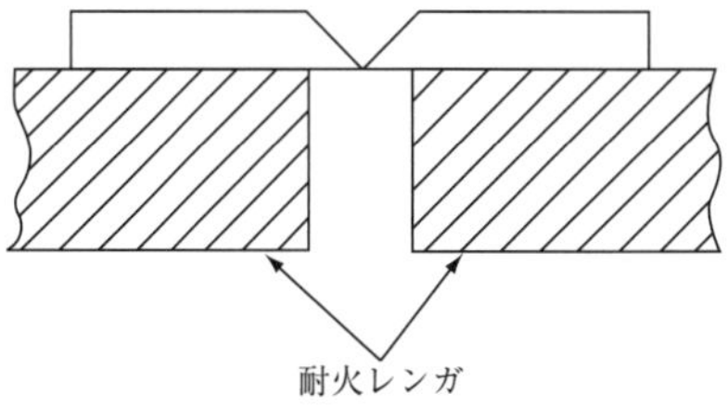

図3.5-3　継手のセット状態

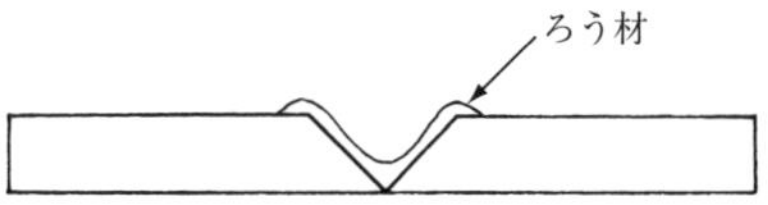

図3.5-4　継手部へのろう材の塗布状態

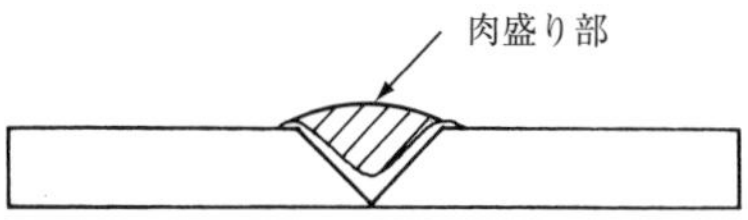

図3.5-5　流しろう付された継手断面

備考	黄銅ろうによる流しろう付は，銅及び銅合金や炭素鋼，合金鋼，鋳鉄などの接合に利用できる。 【安全衛生】 　No.3.4の備考に同じ。

| 作業名 | 手動ガス切断器の取扱い | 主眼点 | 装置の取扱いとガス炎の調節 |

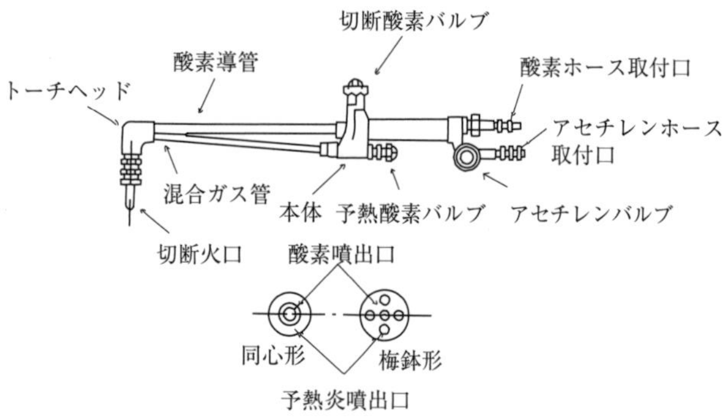

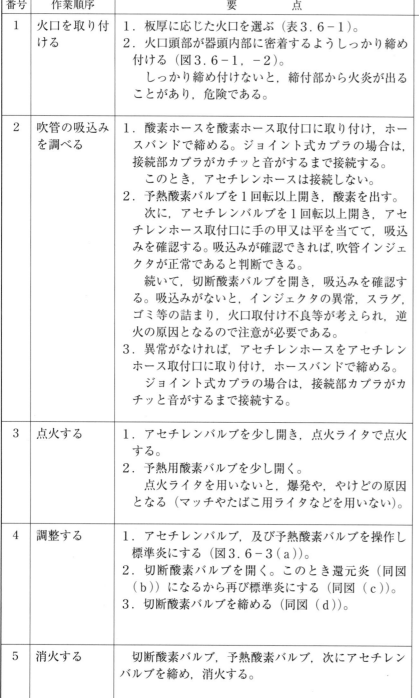

図3.6-1 1形切断吹管の構造

材料及び器工具など

酸素ボンベ
アセチレンボンベ
酸素用圧力調整器
アセチレン用圧力調整器
ガス切断用吹管（フランス式1形切断吹管）
ガス切断用工具一式（点火ライタ，火口掃除針）
ガス漏れ点検用石鹸水又はリークチェッカー

番号	作業順序	要　　点	図　　解
1	火口を取り付ける	1．板厚に応じた火口を選ぶ（表3.6-1）。 2．火口頭部が器頭内部に密着するようしっかり締め付ける（図3.6-1，-2）。 　　しっかり締め付けないと，締付部から火炎が出ることがあり，危険である。	表3.6-1　切断条件
2	吹管の吸込みを調べる	1．酸素ホースを酸素ホース取付口に取り付け，ホースバンドで締める。ジョイント式カプラの場合は，接続部カプラがカチッと音がするまで接続する。 　　このとき，アセチレンホースは接続しない。 2．予熱酸素バルブを1回転以上開き，酸素を出す。 　　次に，アセチレンバルブを1回転以上開き，アセチレンホース取付口に手の甲又は平を当てて，吸込みを確認する。吸込みが確認できれば，吹管インジェクタが正常であると判断できる。 　　続いて，切断酸素バルブを開き，吸込みを確認する。吸込みがないと，インジェクタの異常，スラグ，ゴミ等の詰まり，火口取付け不良等が考えられ，逆火の原因となるので注意が必要である。 3．異常がなければ，アセチレンホースをアセチレンホース取付口に取り付け，ホースバンドで締める。 　　ジョイント式カプラの場合は，接続部カプラがカチッと音がするまで接続する。	
3	点火する	1．アセチレンバルブを少し開き，点火ライタで点火する。 2．予熱用酸素バルブを少し開く。 　　点火ライタを用いないと，爆発や，やけどの原因となる（マッチやたばこ用ライタなどを用いない）。	
4	調整する	1．アセチレンバルブ，及び予熱酸素バルブを操作し標準炎にする（図3.6-3（a））。 2．切断酸素バルブを開く。このとき還元炎（同図（b））になるから再び標準炎にする（同図（c））。 3．切断酸素バルブを締める（同図（d））。	
5	消火する	切断酸素バルブ，予熱酸素バルブ，次にアセチレンバルブを締め，消火する。	

表3.6-1　切断条件

板厚 [mm]	火口 No.	火口 穴径	酸素圧力 [MPa]	切断速度 [mm/min]
3～15	1	0.9	0.3	430～480
20～30	2	1.2	0.3	350～390
35～40	3	1.5	0.35	300～330
50～60	4	1.9	0.4	260～280
75～100	5	2.2	0.45	190～210
125～150	6	2.6	0.5	130～140

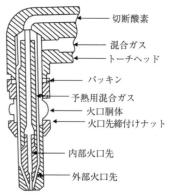

図3.6-2　1形火口断面詳細

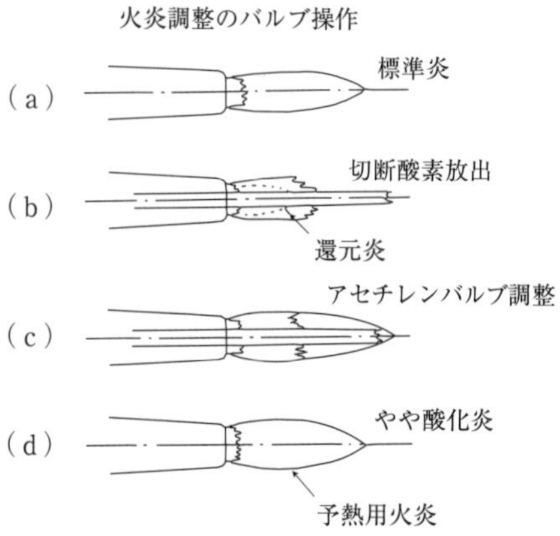

火炎調整のバルブ操作

（a）標準炎

（b）切断酸素放出／還元炎

（c）アセチレンバルブ調整

（d）やや酸化炎／予熱用火炎

図3.6-3　切断吹管の火炎調整

番号	作業順序	要　　点	図　　解
6	掃除する	白心や切断酸素気流が乱れていたり，炎の状態が悪いときは，いったん消火して掃除針で掃除し，再び点火して調整する。 　ガス切断の場合，スラグやスパッタが火口に付着しやすく，消火した後は掃除することが望ましい。	
7	繰り返す	1．作業順序3，4，5を繰り返し，点火，火炎調節，消火を行う。 2．火口の過熱は予熱酸素バルブ，切断酸素バルブを少し開き，酸素を出しながら水中に入れて冷却する。 　酸素を出しながら冷却しないと火口に水が入り，逆火の原因となる。	

備

考

1．火口の掃除は，定められた掃除針で，わずかに酸素を出しながら静かに行い，火口の穴を拡大しないように気をつける。
2．火炎は，標準炎白心の先端部に近い外炎が最も高温となる（アセチレンを用いた場合には約3,000〜3,200℃）。
3．液化石油ガスは，点火のとき，ガスバブルをあまり開きすぎると点火しにくい場合がある。初めに少し開き，酸素を出して点火した後，さらにガスと酸素を交互に出して調整するとよい。

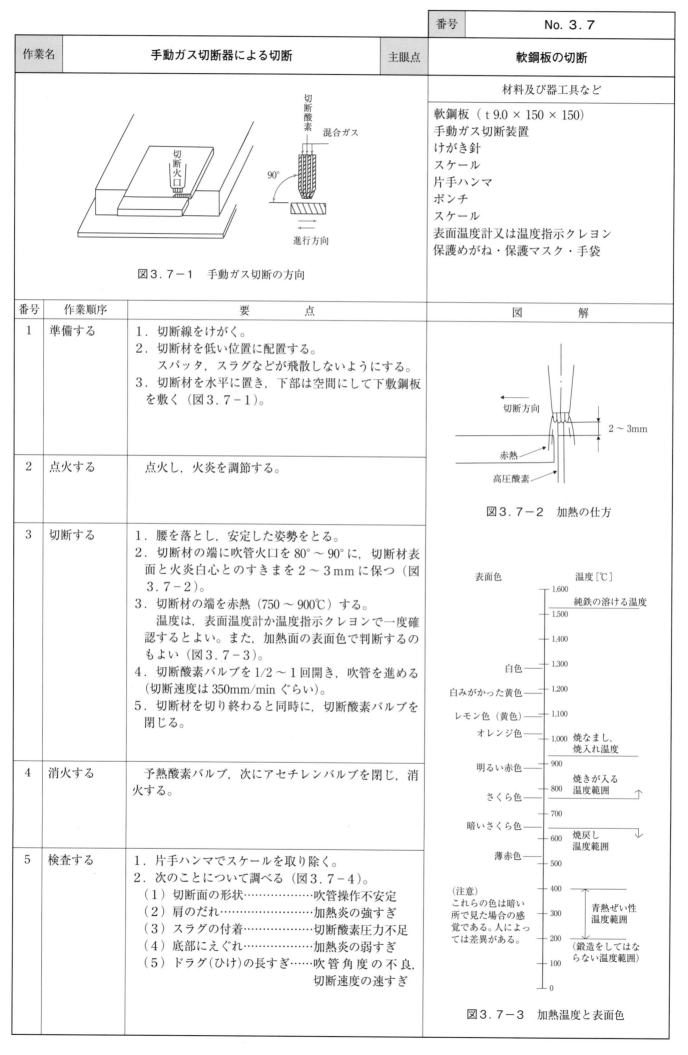

			番号	No. 3.7
作業名	手動ガス切断器による切断	主眼点	軟鋼板の切断	

材料及び器工具など

軟鋼板（t 9.0 × 150 × 150）
手動ガス切断装置
けがき針
スケール
片手ハンマ
ポンチ
スケール
表面温度計又は温度指示クレヨン
保護めがね・保護マスク・手袋

図3.7-1　手動ガス切断の方向

番号	作業順序	要　点	図　解
1	準備する	1．切断線をけがく。 2．切断材を低い位置に配置する。 　　スパッタ，スラグなどが飛散しないようにする。 3．切断材を水平に置き，下部は空間にして下敷鋼板を敷く（図3.7-1）。	切断方向 2～3mm 赤熱 高圧酸素 図3.7-2　加熱の仕方
2	点火する	点火し，火炎を調節する。	
3	切断する	1．腰を落とし，安定した姿勢をとる。 2．切断材の端に吹管火口を80°～90°に，切断材表面と火炎白心とのすきまを2～3mmに保つ（図3.7-2）。 3．切断材の端を赤熱（750～900℃）する。 　　温度は，表面温度計か温度指示クレヨンで一度確認するとよい。また，加熱面の表面色で判断するのもよい（図3.7-3）。 4．切断酸素バルブを1/2～1回開き，吹管を進める（切断速度は350mm/minぐらい）。 5．切断材を切り終わると同時に，切断酸素バルブを閉じる。	表面色　　　温度〔℃〕 純鉄の溶ける温度 白色 白みがかった黄色 レモン色（黄色） オレンジ色　　焼なまし，焼入れ温度 明るい赤色 さくら色　　焼きが入る温度範囲 暗いさくら色 焼戻し温度範囲 薄赤色
4	消火する	予熱酸素バルブ，次にアセチレンバルブを閉じ，消火する。	
5	検査する	1．片手ハンマでスケールを取り除く。 2．次のことについて調べる（図3.7-4）。 　（1）切断面の形状…………吹管操作不安定 　（2）肩のだれ………………加熱炎の強すぎ 　（3）スラグの付着…………切断酸素圧力不足 　（4）底部にえぐれ…………加熱炎の弱すぎ 　（5）ドラグ（ひけ）の長すぎ……吹管角度の不良，切断速度の速すぎ	（注意） これらの色は暗い所で見た場合の感覚である。人によっては差異がある。 青熱ぜい性温度範囲 （鍛造をしてはならない温度範囲） 図3.7-3　加熱温度と表面色

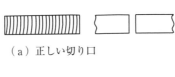
（a）正しい切り口

（d）底部のえぐれ
　　（加熱炎が弱すぎる）

（b）肩がたれる
　　（加熱炎が強すぎる）

ひけ
（e）ドラグ（ひけ）が長い
　　（切断速度が速すぎる）

（c）スラグの付着
　　（切断酸素圧の不足）

図3.7－4　切断面の状態

備

考

1．酸素切断の条件
　（1）切断物の燃焼し始める温度，すなわち着火温度がその金属の溶融温度より低いこと。
　（2）燃焼の結果できた酸化物の溶融温度が，その金属の溶融温度より低いこと。
　（3）溶融した酸化物は流動性に富み，母材からよく離れること。
2．酸素の純度
　通常，酸素は少し不純物を含む。おおむね99％以下のものでは切断速度が遅く，その消費も激しい。
3．切断板厚が増すほど吹管，及び火口番号は大きなものを用い，酸素圧力も高くする。
4．きれいな切断面を得るためには誘導車を使用することがある（図3.7－5）。このときは吹管を手前に引いて切
　断する。

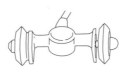

図3.7－5　誘導車

【安全衛生】
1．切断作業には必ず保護めがね，保護マスク，手袋を用いること。高圧酸素により，溶融金属が飛散することが考
　えられる。
2．切り落ちないとき，吹管でたたき落とさないこと。

番号		No. 3. 8

作業名	自動ガス切断機による切断	主眼点	切断機の取扱いと切断

材料及び器工具など
軟鋼板（ t 9.0 × 150 × 600） 自動ガス切断装置 スパナ 点火ライタ 遮光めがね

図3.8－1　可搬式自動切断機

番号	作業順序	要　　　　点	図　　　解
1	準備する	1．切断部を清浄にし，切断線（けがき線）をけがく。 2．切断機を点検する（図3.8－1，－2）。 　（1）火口は適正か。 　（2）可動部分に故障がないか。 　（3）電源はよいか。 　（4）ホースの取付けは確実か。 3．切断火口が切断線に沿って正しく動くように，鋼板と切断機を正しくセットする（図3.8－3）。	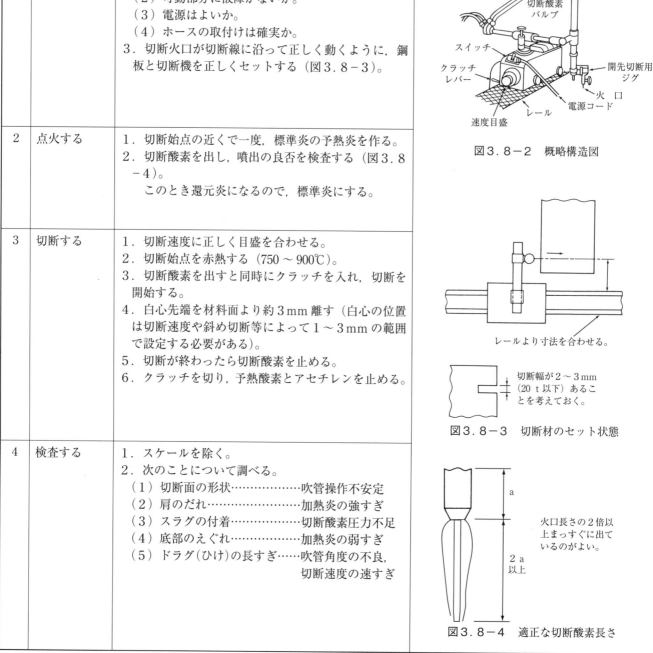
2	点火する	1．切断始点の近くで一度，標準炎の予熱炎を作る。 2．切断酸素を出し，噴出の良否を検査する（図3.8－4）。 　このとき還元炎になるので，標準炎にする。	図3.8－2　概略構造図
3	切断する	1．切断速度に正しく目盛を合わせる。 2．切断始点を赤熱する（750～900℃）。 3．切断酸素を出すと同時にクラッチを入れ，切断を開始する。 4．白心先端を材料面より約3mm離す（白心の位置は切断速度や斜め切断等によって1～3mmの範囲で設定する必要がある）。 5．切断が終わったら切断酸素を止める。 6．クラッチを切り，予熱酸素とアセチレンを止める。	レールより寸法を合わせる。 切断幅が2～3mm（20ｔ以下）あることを考えておく。 図3.8－3　切断材のセット状態
4	検査する	1．スケールを除く。 2．次のことについて調べる。 　（1）切断面の形状……………吹管操作不安定 　（2）肩のだれ………………加熱炎の強すぎ 　（3）スラグの付着…………切断酸素圧力不足 　（4）底部のえぐれ…………加熱炎の弱すぎ 　（5）ドラグ（ひけ）の長すぎ……吹管角度の不良， 　　　　　　　　　　　　　　　　切断速度の速すぎ	a 2 a以上 火口長さの2倍以上まっすぐに出ているのがよい。 図3.8－4　適正な切断酸素長さ

1．切断の条件については，表3.8－1を参照。
2．切断作業中は材料や機械に振動を与えないように注意する。
3．この作業で説明したものは，可搬式自動切断機と呼ばれるが，このほか形切り切断機や大形自動切断機（フレーム・プレーナ）などがある。

表3.8－1　自動切断による標準作業条件

板厚 [mm]	火口穴径 [mm]	酸素圧力 [MPa]	アセチレン圧力 [MPa]	切断速度 [mm/min]
3	1.0	0.1 ～ 0.15	0.02	500 ～ 600
6	1.0	0.1 ～ 0.15	0.02	400 ～ 500
9	1.0 ～ 1.5	0.15 ～ 0.2	0.02 ～ 0.025	400 ～ 500
16	1.0 ～ 1.5	0.15 ～ 0.2	0.02 ～ 0.025	300 ～ 400
19	1.0 ～ 1.5	0.2 ～ 0.25	0.02 ～ 0.025	300 ～ 400
25	1.5	0.25 ～ 0.3	0.02 ～ 0.025	250 ～ 350
36	1.5 ～ 2.0	0.3 ～ 0.35	0.025 ～ 0.03	200 ～ 300
50	1.5 ～ 2.0	0.35 ～ 0.4	0.025 ～ 0.03	150 ～ 250

【安全衛生】
　切断作業には必ず遮光めがねを用いること。高圧酸素により，溶融金属が飛散することが考えられるので，注意を払う必要がある。

備

考

— 39 —

4．直流ティグ溶接作業

作業名	直流ティグ溶接装置の取扱い	主眼点	溶接機の点検と操作

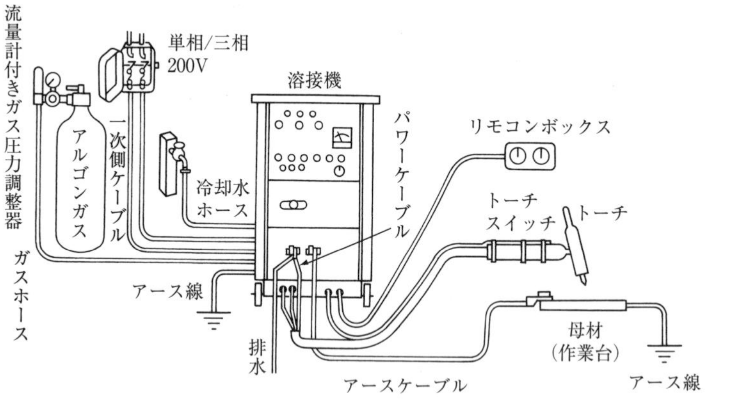

図4.1－1　ティグ溶接装置

材料及び器工具など

直流ティグ溶接装置（図4.1－1）
モンキレンチ
容器弁開閉レンチ

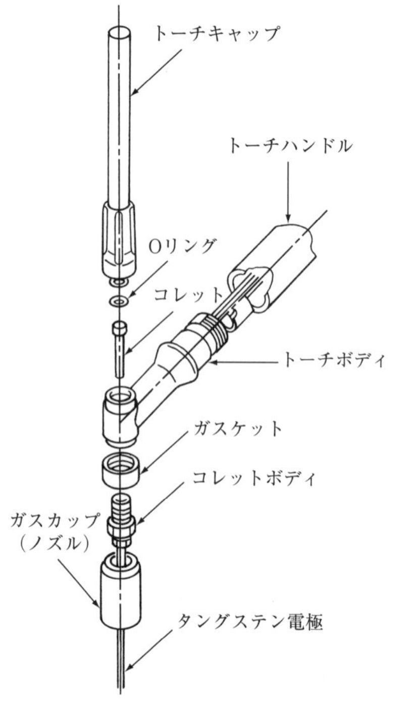

図4.1－2　ティグ溶接用トーチの構成

番号	作業順序	要　　　点
1	一次側の電源回路及びケースアースを点検する	1．電源スイッチが切れていることを確かめ，電源への一次側ケーブルの接続状態に緩みがないか，一次側ケーブルの断線や被覆の破れがないか，溶接機への一次側ケーブルの接続はしっかりしているか，接続部の絶縁状態などを点検する。 　溶接機には200V単相電源と200V三相電源のものがある。 2．アース（接地）線が，確実に溶接機及び母材（作業台）に取り付けられ，接地されているかどうか，点検する。
2	溶接回路を点検する	1．アースケーブルが溶接機二次側（＋）端子と作業台にしっかりと接続されていることを確認するとともに，ケーブルの断線や被覆の破れの有無，接続部の絶縁状態を点検する。 　直流ティグ溶接では，通常，母材側が（＋）（棒マイナスの極性）となるよう接続する。 　また，アースケーブルは高周波の害を抑えるため，巻いた状態で使用してはならない。 2．溶接トーチのパワーケーブルが溶接機二次側（－）端子にしっかり接続されていることを確認し，ケーブル及び接続部を点検する。 3．溶接トーチのガスホース，冷却水ホースが溶接機二次側の所定の位置にしっかり接続されていることを確認する。 　溶接トーチには，小電流用の空冷トーチと大電流用の水冷トーチがあり，空冷トーチの場合は冷却水回路を必要としない。
3	冷却水回路を点検する（空冷トーチの場合は必要なし）	水道蛇口→溶接機給水口→溶接トーチ→溶接機排水口→冷却水ホース→排水口の回路を点検し，蛇口を開けて各接続部での水漏れや冷却水の流れの状態を点検する。 　冷却水循環装置を用いる場合も，同じように冷却水回路を接続する。
4	シールド用アルゴンガス回路を点検する	アルゴンガス容器→流量計付きガス圧力調整器→溶接機ガス取入れ口→溶接機ガス出口→溶接トーチのガス回路を点検し，容器のバルブを開き，二次圧力を0.2MPaに調整する。

番号	作業順序	要　　点	図　　解
5	溶接トーチを点検する	1．図4.1-2に示す溶接トーチのガスカップを取り外し，割れや極端な汚れのないことを点検する。 2．トーチキャップを緩め，使用電流値に適した電極径であるか確認し（表4.1-1），電極先端部が図4.1-3（a）に示すような良好な形状であることを点検する。同図（b）のように，電極に突起や付着物があれば，研磨をして適した形状にする。 　　電極の先端形状は，溶接結果に大きく影響し，あまり鋭角に研磨すると十分な溶込みが得られないので注意する。 3．コレットボディ，コレットを取り外し，それぞれ使用電極径に合ったものであることを確認し，スパークなどによる損傷のないことを点検する。 4．溶接トーチ各部品の点検が完了後，コレットボディにコレット及び電極を挿入し，ガスカップ，キャップの順にトーチ本体に取り付ける。このとき，電極はガスカップ先端より電極径の約2～3倍出るようにする（図4.1-4）。	表4.1-1　溶接電流と電極径の関係 表4.1-1の内容 電極：セリウム入りタングステン電極，トリウム入りタングステン電極 極性：棒マイナス 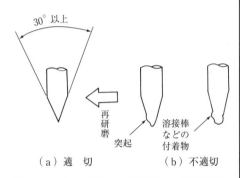 （a）適　切　　　　（b）不適切 図4.1-3　直流ティグ溶接での電極形状
6	一次電源を入れる	一次電源を入れ，溶接電源のパイロットランプなどで確認する。	
7	溶接機の各スイッチを所定の位置に入れる	1．溶接方法切替えスイッチを"直流ティグ"に入れる。 2．制御スイッチを入れる。 3．冷却方式を"水冷"にする（空冷トーチ使用の場合は"空冷"）。 4．クレータ切替えスイッチを"無"にする。 5．アフターフロー切替えダイヤルを"使用電極径の値"に合わせる。 　　このほかのダイヤルやクレータ切替えスイッチの設定は，溶接機の取扱説明書などで，その機能などを十分理解してから行う。	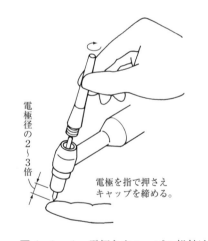 図4.1-4　電極とキャップの組付け
8	アルゴンガス流量を調整する	1．溶接機についているガスチェックスイッチを"チェック"に切り替え，ガス流量を使用溶接電流に応じて調整する（表4.1-2）。 　　この場合，流量はフロートの中の玉の赤道部で合わせる。 2．ガス回路中にガス漏れがないか石けん水で点検する。 3．ガスチェックスイッチを"溶接"に切り替える。	表4.1-2　溶接電流とガスカップとの関係
9	高周波の発生状態を点検する	溶接トーチを持ち，アースケーブルに接続されていない金属片上でトーチスイッチを押し，高周波火花が発生することを確認する。	

表4.1-1　溶接電流と電極径の関係

電極径〔mm〕	最大許容電流〔A〕
0.5	20
1.0	80
1.6	150
2.4	250
3.2	400
4.0	500
5.0	800
6.4	1 100

表4.1-2　溶接電流とガスカップとの関係

溶接電流〔A〕	シールドガスノズル径〔mm〕	シールドガス流量〔ℓ/min〕
10～100	4～9.5	4～5
100～150	4～9.5	4～7
150～200	6～13	6～8
200～300	8～13	8～9
300～500	13～16	9～12

番号	作業順序	要　　　　点	図　　　解
10	作業終了後の操作	1．ガス容器のバルブを閉め，ガスチェックスイッチによりガス回路内の残留ガスを放出する。 2．溶接機の制御電源スイッチを切る。 3．冷却水を止める。 4．一次側の電源スイッチを切る。	

備考

1．水冷トーチを使用し，切替えスイッチを"水冷"にセットした状態で冷却水用パイロットランプが点灯していないときは，回路中のトラブルで所定の冷却水圧力が得られていないことを示しており，回路中の各ジョイント部や循環装置については，水量及びごみやさびによる詰まりの有無を調べる。

2．通常，直流ティグ溶接にはアークの点弧性がよいことから，ランタナやトリウムなどの酸化物の入ったタングステン電極が使用される。

3．溶接面に装着されるフィルタプレートの遮光度番号は表2．1－1（p24）を参照。

4．JIS Z 3233:2001「イナートガスアーク溶接並びにプラズマ切断及び溶接用タングステン電極」にはトリウム入り，ランタナ入り，セリウム入りなどの酸化物性のタングステン電極が規定されている。それぞれの用途に応じて，タングステン電極を選ぶ必要がある。

| 作業名 | ステンレス鋼の下向ビード溶接 | 主眼点 | ストリンガビード溶接 |

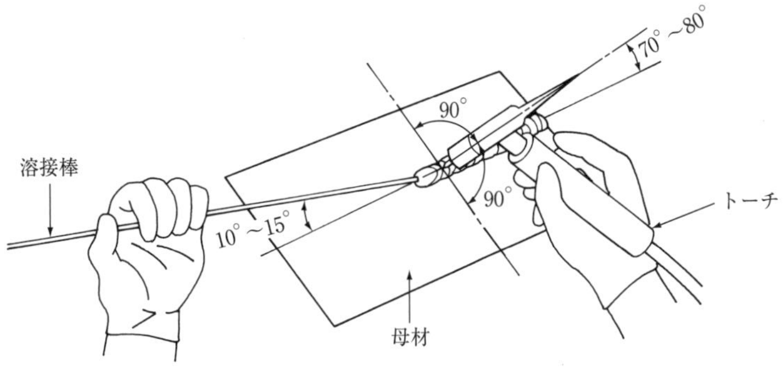

図4.2－1　トーチ及び溶接棒の保持角度

材料及び器工具など

ステンレス鋼板（SUS304）
〔t 3.0 × 125 × 150〕
溶接棒（φ1.6 ～ 2.0　Y308）
ティグ溶接装置
溶接用工具一式
溶接用保護具一式
ステンレス製ワイヤブラシ

番号	作業順序	要　　点	図　　解
1	準備する	1．ティグ溶接装置を準備する。 　　No.4．1参照。ただし電極はφ1.6 ～ 2.4のセリウム入りタングステンを使用する。アルゴンガス流量は5 ～ 7 ℓ/min にセットする。 2．溶接電流を70 ～ 80A にセットする。 3．溶接線近くを清浄にし，母材は作業台に水平に置く。 　　母材に油程度の汚れが付着している場合は，脱脂処理用溶剤に浸漬するか，これを清潔な布などに染み込ませて拭き取る。スラグや異物などが付着している場合は，ステンレス製ワイヤブラシで除去した上で脱脂処理を行う。	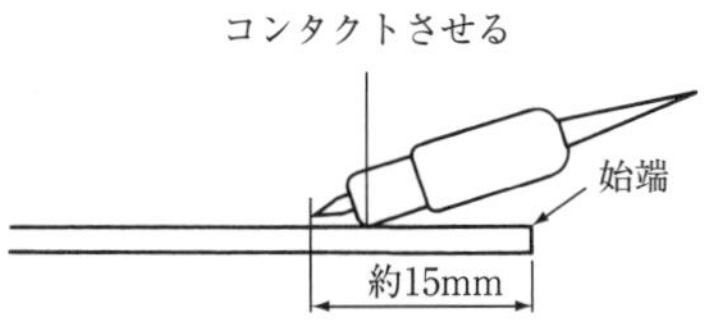 図4．2－2　アーク発生時のトーチの保持
2	アークを発生させる	1．母材の溶融開始位置（始端）より15mm 程度入った位置に電極の先端がくるようにトーチを保持する（図4．2－2）。 2．遮光面を下ろし，トーチスイッチを押す。 3．アークが発生したら，トーチを起こしながら溶接開始位置1～2mm の位置まで戻る。 4．トーチは，アーク長3～4mm，母材面に対しては90°，進行方向には母材面から約80°の前進角に保持する（図4．2－1，－3）。 　　電極は母材に接触させてはいけない。アーク発生時は接触させやすいので注意して行う。	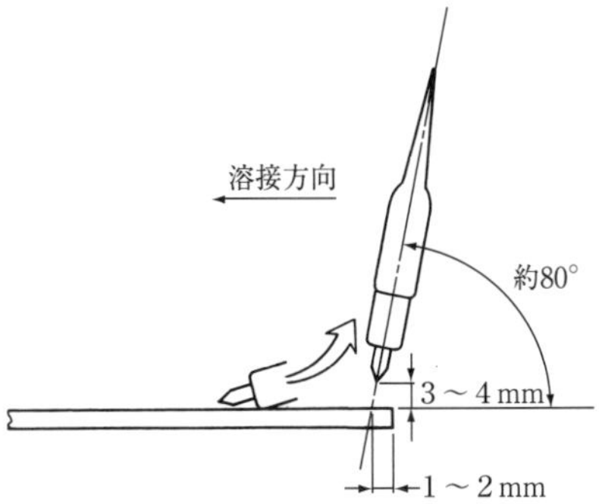 図4．2－3　アーク発生とその後のトーチ操作
3	ビード溶接をする	1．溶融池幅が約5mm の大きさになったとき，溶融池先端に溶接棒を添加する。 　　溶接棒の先端がアークで直接溶融されるような溶接棒の添加は行わない。 　　また，電極と溶接棒を接触させないよう注意する。電極が溶接棒や母材と接触してアーク状態が変化したときは，直ちに作業を中止し，電極先端を正常な形状に研磨する。 2．溶融池の盛上りが確認できたら，溶接棒の添加を止める。 3．2～3mm 前方にトーチを進め，再び溶融池幅が5mm 程度になった時点で溶接棒を添加する（図4．2－4）。 4．以上の操作を繰り返し行い，溶接を進める（図4.2－1）。 5．溶接の終端に近づくのに伴い，溶融池幅を一定に保つよう，溶接速度を速めるとともに溶接棒の添加回数を増やす。	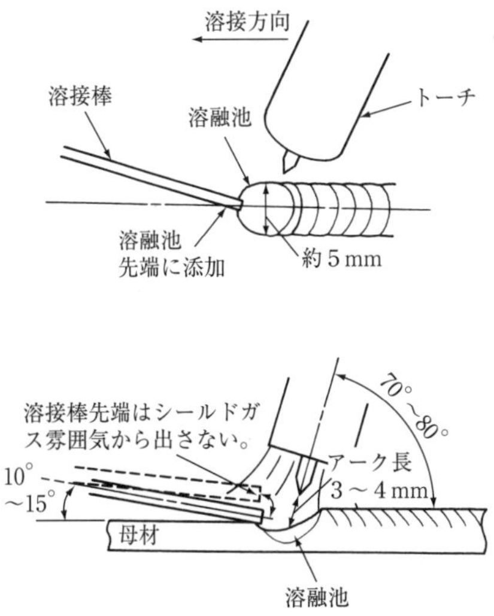 図4．2－4　トーチと溶接棒の操作

番号	作業順序	要　　　点	図　　　解
4	クレータ処理をする	1．終端部まできたら，アークを切る。 2．再びアークを発生させ，適量溶接棒を加える。 3．アークを切る。 4．ビードの高さになるまで繰り返す（図4.2-5）。	（図内：溶接棒　3　2　1） 図4.2-5　クレータ処理
5	検査する	次のことについて調べる。 （1）溶接開始部の溶込みは良好か。 （2）ビード幅が均一で波形がそろっているか。 （3）ビード高さが1mm程度で極端な凹凸がないか。 （4）オーバラップ，アンダカットの有無。 （5）クレータ処理及びシールド状態。	

備考

1．溶接棒の送り操作については，いくつかの方法があるが，代表的なものを図4.2-6に示す。

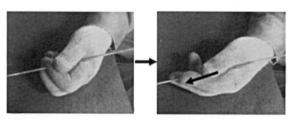

（a）　ティグ溶接姿勢

（b）　溶加棒の送り方法例（指挟み送り挿入）

（c）　溶加棒の送り方法例（親指送り挿入）

図4.2-6　ティグ溶接の溶加棒の挿入方法

2．溶接を中断してビードを継ぐことは，溶接品質上好ましいことではないが，やむなく中断しなければならないときは，徐々に溶接速度を速め，先細りのビードとした上で溶接を中断する。ビード継ぎにおけるアーク発生はクレータ部で行い，約20mm後方の点に戻り，母材の溶融が始まると徐々に前進し，クレータ部にきたときから溶接棒の添加を始める（図4.2-7）。

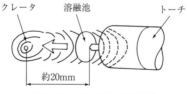（図内：クレータ　溶融池　トーチ　約20mm）

図4.2-7　ビード継ぎ

3．溶接棒の添加の際，溶融池の中央部に添加をしたり，高い角度から添加すると，棒が直接アークに触れ，過大に溶けて母材の溶込みは浅くなり盛り上がったビードとなりやすいため，オーバラップや融合不良の原因となる。

4．ワイヤブラシはステンレス製のものを用いる。鋼製ワイヤブラシはステンレス鋼表面に鉄粉が付き，さびが発生するおそれがある。

5．クレータ切替えスイッチの"有"と"反復"によるクレータ処理（表4.2-1）

"有"では，クレータ電流を使用する溶接電流の1/2～1/3程度にセットする。トーチスイッチを一度押せば溶接電流のアークが維持されるので，トーチスイッチを離した状態で溶接し，クレータ処理時に再びトーチスイッチを押すことで設定したクレータ電流にすることができる。この状態でクレータ部がある程度冷えたことを確認し，トーチスイッチを離すことでアークを切る。

"反復"でも"有"同様クレータ電流をセットし，トーチスイッチを離した状態で溶接し，クレータ処理時に再びトーチスイッチを押すことでクレータ電流になる。しかしトーチスイッチを離すと再び溶接電流に戻るため，クレータ処理が不十分な場合などには，繰り返し溶接棒の添加を行うことができる。十分な処理のできた時点でクレータ電流に戻し，クレータ部が冷えた時点でトーチを遠ざけることにより，アークを切る。

表4.2-1　クレータ切替えスイッチとトーチスイッチ操作

クレータ切替えスイッチ	トーチスイッチの操作	ON　　　OFF　ON　　　OFF	用　　途
"無"にセット	溶接電流		溶接距離の短い場合，仮付け溶接
"有"にセット	溶接電流	自己保持　　クレータ電流	溶接距離の長い場合，クレータの処理
"反復"にセット	溶接電流	自己保持　トーチを離しアークを切る。クレータ電流	溶接電流の切替えを必要とする場合

6．シールドガス送給の設定

シールドガスの送給は，電極棒及び溶接部の酸化を防ぐため，図4.2-8のようにプリフロー，アフターフロー時間を設定する。

7．アップスロープ条件の設定

図4.2-8の溶接開始直後の電流操作で，開始時点で直ちに溶接電流が流れると溶接開始母材始端で溶落ちを生じる危険があり，これを防ぐため初期電流を溶接電流より低く設定，その後アップスロープをかけて溶接電流まで上昇させる。特に初期溶落ちが発生しやすい場合は必要であるが，通常は溶接電流の1/3程度で最低のアップスロープ時間の設定でよい。

8．ダウンスロープ条件の設定

図4.2-8の溶接終了時点の電流操作で，終了時に一挙にアークを切るとクレータ中心に収縮孔などの欠陥を発生するようになるため，溶接電流の1/3程度のクレータ電流で，できるだけ収縮孔の発生しない程度のダウンスロープ時間を設定するとよい。

この設定では，"処理なし"と"処理1回あり"，処理を数回繰り返す"反復"の使い分けの設定も必要であるが，この処理を行う場合，処理とトーチスイッチ操作の関係をよく確認しておくことが大切である。

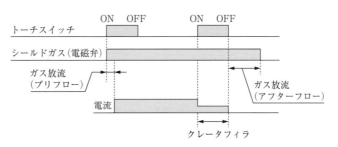

図4.2-8　ティグ溶接でのシーケンスの概要

（出所）
図4.2-6／図4.2-8：（一社）軽金属溶接協会「アルミニウム（合金）のイナートガスアーク溶接入門講座」2012, p22, 図3.3／p52, 図4.11

作業名	ステンレス鋼の下向突合せ溶接	主眼点	V形開先継手の溶接

材料及び器工具など
ステンレス鋼板（SUS304） 〔t 3.0 × 125 × 150（2枚）〕 溶接棒（φ1.6 ～ 2.0　Y308） ティグ溶接装置 溶接用工具一式 溶接用保護具一式 バックシールド用ジグ一式 ステンレス製ワイヤブラシ

図4.3-1　溶接姿勢

番号	作業順序	要　　　点	図　　解
1	溶接装置を準備する	No.4.1参照。 　ただし，電極はφ1.6 ～ 2.4のセリウム入りタングステンを使用する。アルゴンガス流量は5 ～ 7 ℓ/minにセットする。	
2	バックシールド用ジグを準備する	1．シールドガスとは別にバックシールド用のアルゴンガス容器を用意し，これに流量計付きガス圧力調整器を取り付け，ガスホースを接続する。 2．バックシールド用ジグにガスホースを接続する（図4.3-2）。 3．ガス容器のバルブを開き，流量計のバルブを開いてジグ内にガスが供給されていることを確認する。 4．流量計のバルブを閉じる。	流量計付き ガス圧力調整器 バックシールド用 ジグ ガスホース アルゴンガス ボルト 押さえ金　母材 ジグ アルゴンガス 流入用溝
3	母材を準備する	1．開先を図4.3-3に示すように加工する。 2．開先面をステンレス製ワイヤブラシで清浄にし，脱脂処理を行う（図4.3-4）。	図4.3-2　バックシールド用ジグとその接続
4	タック溶接をする	1．溶接電流を70Aにセットする。 2．ルート間隔が1mmになるように母材をジグに固定する。 3．バックシールド用ガスを3 ～ 5 ℓ/min流す。 4．タック溶接は，7 ～ 10mmの長さで，両端と中央部の3ヶ所に行う。溶接姿勢は図4.3-1のとおりである。 5．バックシールド用ガスを止め，母材をジグから外す。 6．溶接欠陥や目違いはないか，またルート間隔が一定かどうかを検査し，必要があれば修正する。	90° 45° 3 mm 0.5 ～ 1mm 0 ～ 2 mm 図4.3-3　突合せ溶接における開先形状
5	母材を固定する	1．母材をジグにしっかりと固定する。 2．ジグを作業台に水平に置く。 　溶接線がジグのガス溝の中央になるようセットし，母材はジグ表面に密着するよう固定する。	約10mm　　約10mm 約10mm　約10mm　×印部を清浄 図4.3-4　開先部の清浄処理
6	第1層の溶接（裏波溶接）を行う	1．バックシールド用ガスを3 ～ 5 ℓ/min流し，ジグの溝内にアルゴンガスが十分に満たされるまで，しばらく待つ。 2．溶接開始位置（始端）より15mm程度入った開先内でアークを発生させ，始端側のタック溶接部に戻り，トーチを約80°の前進角に保持する。	

番号	作業順序	要　　点	図　　解
6		３．溶接開始位置で溶融池幅が約５mm程度になったら，溶接棒を添加する。 ４．ビード幅を一定に保持しながら，ストリンガ法で溶接する。 　　裏ビードが形成されていることの確認は，溶融池表面がわずかに沈み込んだ状態で判定する。この時点で，溶接棒を溶融池先端に添加する。 ５．ビードの形成状態を見ながら，適量ずつ溶接棒を加える。 ６．クレータ処理を行い，アークを切る。	
7	第２層の溶接 （仕上げ溶接） を行う	１．溶接開始端より15mm程度入ったところでアークを発生させ，始端部に戻り，トーチを約80°の前進角に保持する。 ２．図４.３−５に示すように，開始後すぐに，溶接中心から1.5mm程度片側に電極を移動させる。 ３．開先壁面及び１層目ビードが一体となった溶融池が形成されたとき，溶接棒をビードが盛り上がるまで添加する。 　　溶融池が開先両端より0.5〜1mm広くなるように溶接する。 ４．溶接棒添加後，溶融金属を母材になじませながらビード反対側へ電極を移動させる。 　　ウィービング幅は，シールドガスの関係上2〜4mm程度とし，これ以上は振らない。 ５．ウィービングのピッチを3〜5mmにして，適量ずつ溶接棒を添加しながら，ビード溶接を進める。 ６．十分なクレータ処理を行い，アークを切る。 ７．バックシールド用ガスを止める。	 図４.３−５　ウィービング操作 （溶接棒の添加はビードの端々で行う）
8	検査する	１．表ビード状態について，下記のことを調べる。 （１）溶接開始部の処理は良好か。 （２）ビード幅が6〜7mmで均一で，波形がそろっているか。 （３）ビード高さが1mm程度で極端な凹凸がないか。 （４）アンダカットやオーバラップがないか。 （５）クレータ処理がよく，良好なシールド状態か。 ２．裏ビード状態について，下記のことを調べる。 （１）溶接線全線にわたって裏ビード幅が3〜4mmで均一で，波形がそろっているか。 （２）ビード高さが0.5mm程度で極端な凹凸がないか。 （３）アンダカットやオーバラップがないか。 （４）バックシールド用ガスが十分に裏波を形成させているか。	
備 考		バックシールドのほか，金属裏当て（メタルパッキング）ジグが用いられることもある（図４.３−６）。	 図４.３−６　金属裏当てジグ

| 作業名 | ステンレス鋼の水平すみ肉溶接 | 主眼点 | T継手の溶接 |

材料及び器工具など

ステンレス鋼板（SUS304）
　〔t 3.0 × 50 × 150（2枚）〕
溶接棒（φ1.6 ～ 2.0　Y308）
ティグ溶接装置
溶接用工具一式
溶接用保護具一式
ワイヤブラシ

（a）溶接棒の保持

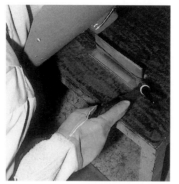
（b）トーチの保持

図4.4－1　溶接姿勢

番号	作業順序	要　　点	図　　解
1	準備する	1．ティグ溶接装置を準備する。 　　No. 4. 1参照。 　　　ただし，電極はφ1.6 ～ 2.4のセリウム入りタングステンを使用する。また電極の突出し長さを約7mmにセットする。アルゴンガス流量は5 ～ 7ℓ/minにセットする。 2．溶接電流を90 ～ 100Aにセットする。 3．垂直母材の溶接側端面を水平に加工し，垂直母材及び水平母材の溶接部近く（ビード幅より2 ～ 3mm広くなる部分）をワイヤブラシで清浄にし，脱脂処理する。	溶接棒　60°～70°　20°～30°　45°～50° 図4.4－2　トーチ及び溶接棒保持角度
2	タック溶接をする	水平母材上に垂直母材を密着状態で垂直に立て，両端及び継手中央部の3ヶ所にタック溶接をする。	溶接棒　溶融池　継手ルート　電極　溶接棒　溶接方向 図4.4－3　溶接棒のねらい位置
3	溶接する	1．母材を作業台に溶接線が水平になるように置く。 2．溶接開始位置（始端）より15mm程度入ったルート部でアークを発生させ，始端まで戻り，トーチを適正な状態に保持する（図4.4－1（b），－2）。 　　すみ肉溶接の場合は，垂直板のほうが水平板に比較して溶けやすいので，熱の配分を水平板を6として垂直板が4程度になるように電極先端のねらい位置を操作する。 3．ルートが完全に溶融し，水平板，垂直板にまたがる溶融池の幅が6 ～ 7mm程度になった時点で，溶融池上端に溶接棒を添加する（図4.4－1（a），－3）。 　　アーク長が長いと，ルートが溶融せずブリッジの溶接（図4.4－4）となるため，スタート部ではアークを短くし，ルートが溶融してから溶接棒の添加に支障のないアーク長にして溶接する。この場合，アーク長を短くしすぎると，電極が溶融池や溶接棒に接触し，溶接欠陥の発生やアークの不安定を生じるので注意する。 4．溶融池幅を一定に保持しながら，ストリンガ法で溶接する。 5．溶接の終端部で十分なクレータ処理を行い，アークを切る。	継手ルート　ブリッジ 図4.4－4　ブリッジ

番号	作業順序	要　　　点	図　　　解
4	検査する	次のことについて調べる。 （1）溶接開始部の処理が良好か。 （2）ビード幅が均一で，波形がそろっているか。 （3）ビード表面が凸状になっていないか。 （4）アンダカットやオーバラップがないか（図4.4－5）。 （5）等脚長が得られているか（図4.4－6）。 （6）クレータ形状がよく，良好なシールド状態か。	アンダカット オーバラップ 図4.4－5　アンダカットとオーバラップ 脚長 脚長 図4.4－6　等脚長

備考

1．タングステン電極のガスカップからの突出し長さの調整は，すみ肉溶接では下向溶接の場合よりやや長く，角継手溶接ではやや短くする（図4.4－7）。
2．脚長の大きいすみ肉溶接の場合は，ウィービング操作を行う。

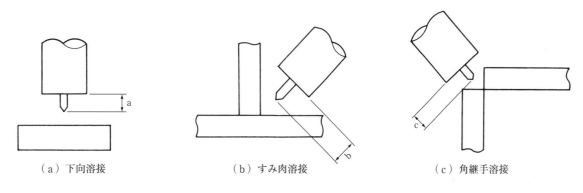

（a）下向溶接　　　　　　　　（b）すみ肉溶接　　　　　　　　（c）角継手溶接

図4.4－7　溶接継手と電極突出し長さ（c＜a＜b）

— 49 —

作業名	ステンレス鋼の立向ビード溶接	主眼点	ストリンガビード溶接

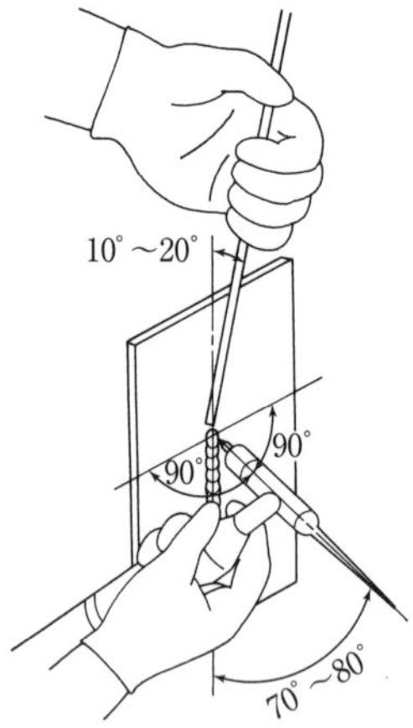

図4.5−1　トーチ及び溶接棒の保持角度

10°〜20°
90°　90°
70°〜80°

		材料及び器工具など

ステンレス鋼板（SUS304）
〔t 3.0 × 125 × 150〕
溶接棒（φ1.6 〜 2.0　Y308）
ティグ溶接装置
溶接用工具一式
溶接用保護具一式

番号	作業順序	要　　　点	図　　　解
1	準備する	1．ティグ溶接装置を準備する。 　No. 4.1参照。 　ただし，電極はφ1.6 〜 2.4 のセリウム入りタングステンを使用する。アルゴンガス流量は5〜7ℓ/minにセットする。 2．溶接電流を60 〜 70A にセットする。 　立向溶接の場合は，下向溶接に比べて溶落ちは起こりにくいが，逆にたれ落ち傾向となるため，下向溶接より，やや低めの電流値を使い，一度にあまり溶かさないようにする。 3．溶接部近くを清浄にし，母材が目と胸との中間の高さになるように支持台に垂直に固定する。	
2	アークを発生させる	1．母材の溶融開始位置（始端）より15mm 程度入った位置に電極の先端がくるようにトーチを保持する。 2．遮光面を下ろし，トーチスイッチを押す。 3．アークが発生したら，トーチを起こしながら溶接開始位置まで戻る。 4．トーチは，アーク長2〜3mm，母材面に対しては90°，進行方向には母材面から70°〜80°の前進角に保持する（図4.5−1，−2）。	約15mm 1〜2mm 2〜3mm 70°〜80° 図4.5−2　アーク発生とその後のトーチ操作
3	ビード溶接をする	1．溶融池幅が4〜5mm 程度になったとき，溶接棒を上部から添加する（図4.5−1，−3）。 2．ビード幅を一定に保持しながら溶接を進める（図4.5−1）。 　重力作用，溶融金属の流れ状態が下向溶接と異なるので，溶融池をアーク力で押し上げるようにトーチ操作を行う。この場合，ビード両止端部がアンダカットに，外観形状が凸形になりやすいので，溶融池の大きさには十分な注意が必要である。 3．クレータ処理を行い，アークを切る。	溶接棒 溶融池 溶接方向 溶接棒先端はシールドガス雰囲気から出さない。 電極 図4.5−3　溶接棒のねらい位置
4	検査する	次のことについて調べる。 （1）溶接開始部の溶込みは良好か。 （2）ビード幅が均一で波形がそろっているか。 （3）ビード高さは1mm 程度で，極端な凹凸がないか。 （4）アンダカット，オーバラップの有無。 （5）クレータ処理及びシールド状態。	

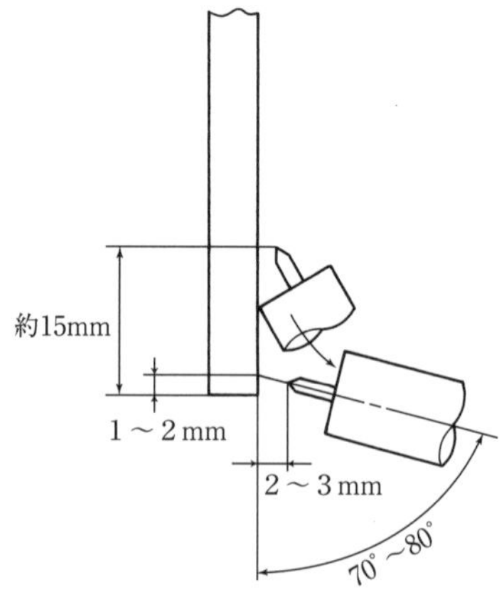

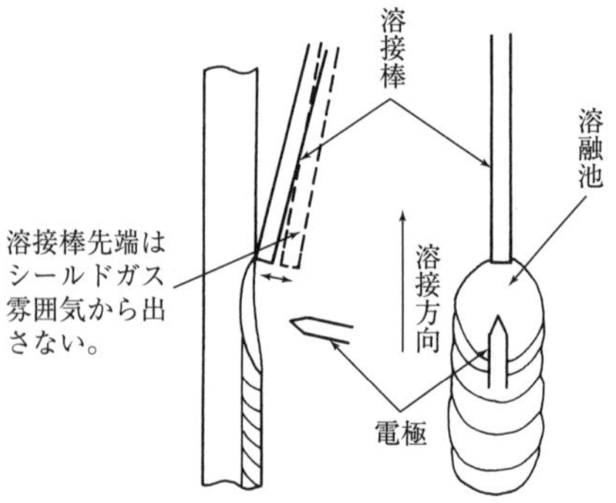

立向溶接姿勢において，溶接棒を添加する場合は上進溶接法が，角部を"ナメ付け"にする場合などには下進溶接法が用いられる（図4.5－4）。

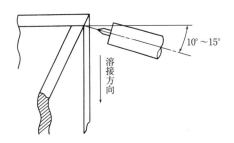

図4.5－4　立向下進溶接

			番号	No. 4. 6
作業名	ステンレス鋼の立向突合せ溶接	主眼点		V形開先継手の溶接

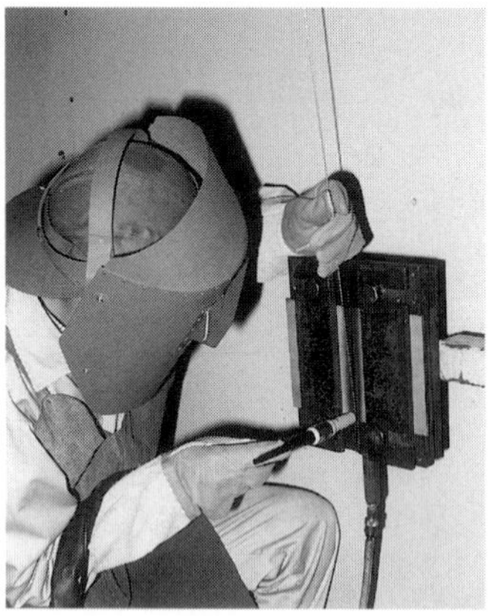

図4.6-1 溶接姿勢

材料及び器工具など

ステンレス鋼板（SUS304）
〔t 3.0 × 125 × 150（2枚）〕
溶接棒（φ1.6 〜 2.0　Y308）
ティグ溶接装置
溶接用保護具一式
バックシールド用ジグ一式

番号	作業順序	要　　　点	図　　解
1	溶接装置を準備する	No.4.3の作業順序1, 2, 3, 4参照。 ただし，開先は図4.6-2に示すように加工する。	 図4.6-2　開先形状
2	バックシールド用ジグを準備する		
3	母材を準備する		
4	タック溶接をする		
5	母材を固定する	1．母材をジグにしっかりと固定する。 　溶接線がジグのガス溝の中央になるようにセットし，母材はジグ表面に密着するよう固定する。 2．ジグを支持台に溶接線が垂直になるように，また母材の高さが，目と胸の中間の高さになるように固定する。	 図4.6-3　溶融池の状態
6	第1層の溶接（裏波溶接）をする	1．バックシールド用ガスを3〜5ℓ/min流し，溝内にアルゴンガスが十分に満たされるまで，しばらく待つ。 2．ストレート操作で溶接する。 　No.4.3の作業順序6参照。 3．ビードの形成状態を見ながら，適量ずつ溶接棒を添加する（図4.6-1）。 　裏ビードが形成されていることの確認は，溶融池先端のキーホールの大きさで判断する（図4.6-3）。 4．クレータ処理を行い，アークを切る。	 図4.6-4　溶融池
7	第2層の溶接（仕上げビード）をする	1．立向でウィービングのビード溶接を，母材部の溶融幅が開先端より0.5〜1mm広くなるようなウィービング操作で溶接する。 　立向でのウィービングでは，下向よりも溶融池幅の確認が困難となるので，溶融池止端部を注意してみる。また溶接棒を添加しすぎると，たれ落ちたビード形状となりやすいため，アーク後方の溶融金属の盛上がりにも注意を払い，添加量を加減する（図4.6-4）。 2．ウィービングの幅は3〜4mm，ピッチは3〜5mmで溶接を進める。	

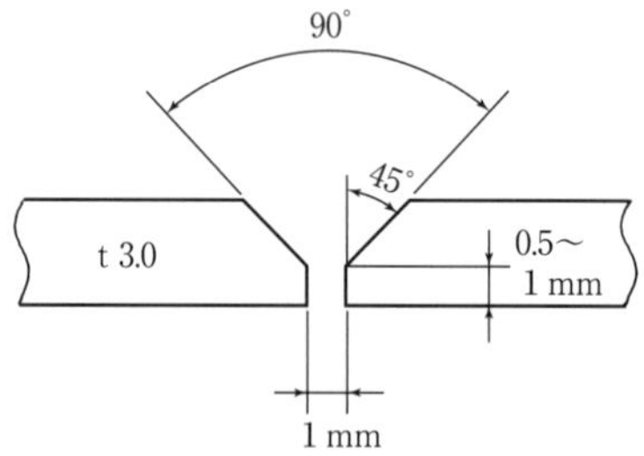

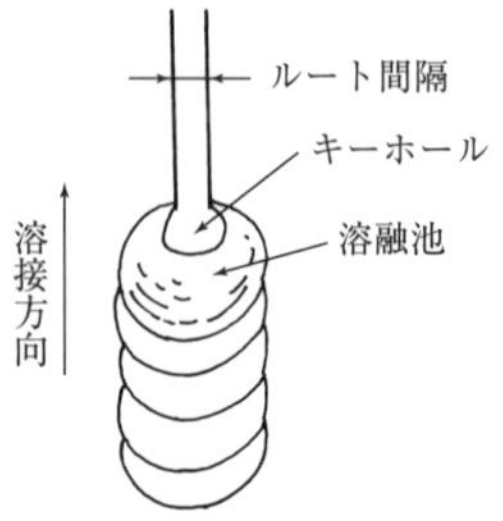

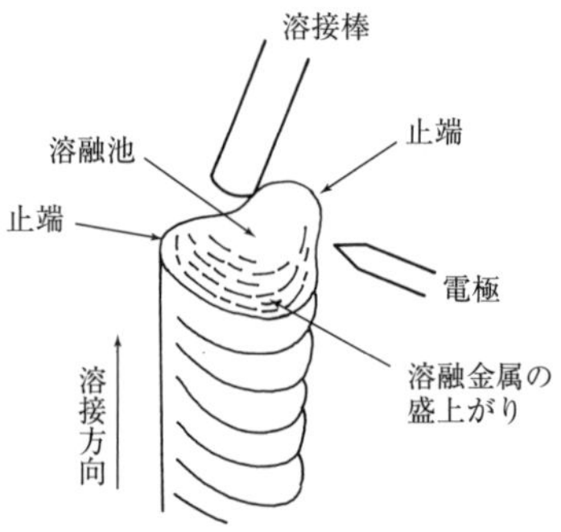

番号	作業順序	要　　点	図　　解
7		3．十分なクレータ処理を行い，アークを切る。 4．バックシールド用ガスを止める。	
8	検査する	1．表ビード状態について，下記のことを調べる。 （1）溶接開始部の処理は良好か。 （2）ビード幅が6〜7mmで均一で，波形がそろっているか。 （3）ビード高さが1mm程度で極端な凹凸がないか。 （4）アンダカットやオーバラップがないか。 （5）クレータ処理がよく，良好なシールド状態か。 2．裏ビード状態について，下記のことを調べる。 （1）溶接線全線にわたって裏ビード幅が3〜4mmで均一で，波形がそろっているか。 （2）ビード高さが0.5mm程度で極端な凹凸がないか。 （3）アンダカットやオーバラップがないか。 （4）バックシールド用ガスが十分に裏波を形成させているか。	

備考

ティグ溶接には，パルスを用いて溶融池の挙動を制御するパルスティグ溶接法がある。

パルスティグ溶接法には，以下の3種類がある。

（1）低周波パルス（約0.5〜約10Hz）

　薄板の裏波溶接での溶落ち防止や，立向・上向溶接での溶融金属のたれの防止を目的に使用される。

（2）中周波パルス（数十〜数百Hz）

　小電流溶接や高速溶接でアークの指向性や集中性を向上する目的で使用したり，ビード幅の狭い溶接に使用される。

（3）高周波パルス（数kHz）

　中周波パルスよりもアークの集中性や指向性を一層強めるもので，小電流溶接において内部欠陥の防止の目的等でも使用される。

			番号	No. 5. 1
作業名	交流ティグ溶接装置の取扱い	主眼点		溶接機の点検と操作

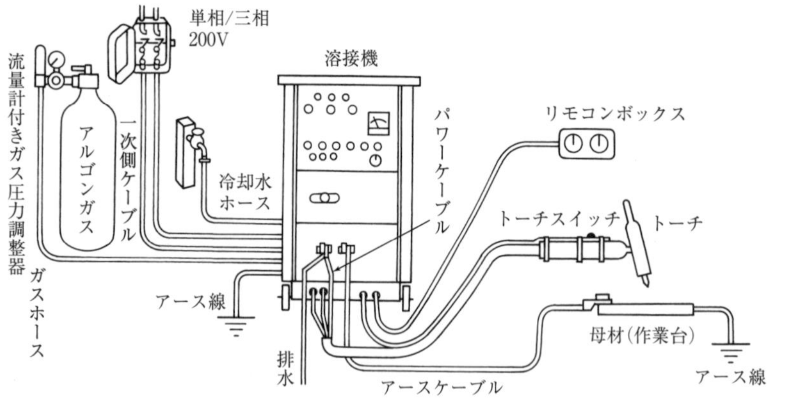

図5.1－1　ティグ溶接装置

材料及び器工具など

交流ティグ溶接装置（図5.1－1）
モンキレンチ
容器弁開閉レンチ

番号	作業順序	要　点	図　解
1	一次側の電源回路を点検する	1．電源スイッチが切れていることを確かめ，電源への一次側ケーブルの接続状態に緩みがないか，一次側ケーブルの断線や被覆の破れがないか，溶接機への一次側ケーブルの接続がしっかりしているか，接続部の絶縁状態は大丈夫か，などを点検する。 　通常，交流ティグの場合は200V単相電源であるが，インバータ交直両用電源を使用する場合は200V三相となる。 2．アース（接地）線が確実に溶接機及び母材（作業台）に取り付けられ，接地されているかを点検する。	
2	溶接回路を点検する	1．アースケーブルが溶接機二次側アース端子と作業台にしっかりと接続されていることを確認するとともに，ケーブルの破断や被覆の破れの有無，接続部の絶縁状態を点検する。 　アースケーブルは高周波の害を抑えるため，巻いたりしない。 2．溶接トーチのパワーケーブルが溶接機二次側の所定の端子にしっかりと接続されていることを確認し，ケーブル及び接続部を点検する。 3．溶接トーチのガスホース，冷却水ホースを溶接機二次側の所定の位置にしっかり接続されていることを確認する。 　溶接トーチには，小電流用の空冷トーチと大電流用の水冷トーチがあり，空冷トーチの場合は冷却水回路を必要としない。	
3	冷却水回路を点検する（空冷トーチの場合は必要なし）	水道蛇口→溶接機給水口→溶接トーチ→溶接機排水口→冷却水ホース→排水口の回路を点検し，蛇口を開けて各接続部での水漏れや冷却水の流れの状態を点検する。 　冷却水循環装置を用いる場合は，入水部及び出水部を循環装置に接続する。	
4	シールド用アルゴンガス回路を点検する	アルゴンガス容器→流量計付きガス圧力調整器→溶接機ガス取入れ口→溶接機ガス出口→溶接トーチのガス回路を点検し，容器の弁を開き，二次圧力を0.2MPaに調整する。	

番号	作業順序	要　　　点	図　　　解
5	溶接トーチを点検する	1. 図5.1-2に示す溶接トーチのガスカップを外し，割れや極端な汚れのないことを点検する。 2. トーチキャップを緩め，タングステン電極を取り外し，図5.1-3（a）のように，電極に突起や付着物があれば，研磨をして適した形状にする。電極先端部が同図（b）のような良好な形状であることを確認する。 　（1）交流ティグ用タングステン電極には，純タングステンのほかに，トリア ThO_2，酸化ランタン La_2O_3 及び，酸化セリウム Ce_2O_3 を含むタングステン合金があり，純タングステンに比べ，アークの起動性や耐消耗性に優れている。 　　　なお，電極径は使用溶接電流に適したものを使用する（表5.1-1）。 　（2）電極先端形状は，まずグラインダなどで面を取り，その後電流を使用電流にセットし，捨て板上で数秒間アークを発生させることで得るとよい（図5.1-3）。 3. コレットボディ，コレットを取り外し，それぞれ使用電極径に合ったものであることを確認し，スパークなどによる損傷のないことを点検する。 4. 溶接トーチの各部品の点検が完了したら，それぞれをトーチ本体に番号順に組み付ける。このとき，電極は，ガスカップ先端から約6mm（電極径の約2〜3倍）出るようにする。	 図5.1-2　ティグ溶接用トーチの構成
6	一次電源を入れる	一次電源を入れ，溶接電源のパイロットランプなどで確認する。	表5.1-1　溶接電流と電極径の関係 | 電極径 [mm]	最大許容電流 [A]
---	---
1.6	80
2.4	150
3.2	200
4.0	270	 電極：純タングステン電極 極性：交流
7	溶接機の各スイッチを所定の位置に入れる	1. 制御スイッチを入れる。 2. 溶接方法切替えスイッチを"交流ティグ"に入れる。アルミニウム表面には融点が2,000℃を超える強固な酸化膜がある。この酸化膜がアルミニウムの溶接を難しくしている。交流ティグは，図5.1-4のように電極が棒マイナスと棒プラスと反転する。電極棒がプラスのときにアルミニウム表面の酸化膜を除去する"クリーニング作用"があり，この作用を利用している。 3. 冷却方式を"水冷"にする（空冷トーチ使用の場合は"空冷"）。 4. クレータ切替えスイッチを"無"にする。 5. アフタフロー切替えダイヤルを"3.2（使用する電極径）"に合わせる。 　　このほかのダイヤルやクレータ切替えスイッチの設定は，溶接機の取扱説明書などで，その機能などを十分理解してから行う。	 図5.1-3　交流ティグでの電極先端形状

番号	作業順序	要　　点	図　　解
8	アルゴンガス流量を調整する	1．溶接機のガスチェックスイッチを入れ，ガス流量を調整する。 　　ガス流量は溶接電流が150A以下では10ℓ/min，150〜300Aでは12〜15ℓ/min，300〜500Aでは15〜20ℓ/minに調整する。 2．ガス回路中にガス漏れがないか，接続部に石けん水をかけ，泡が出ないか点検する。	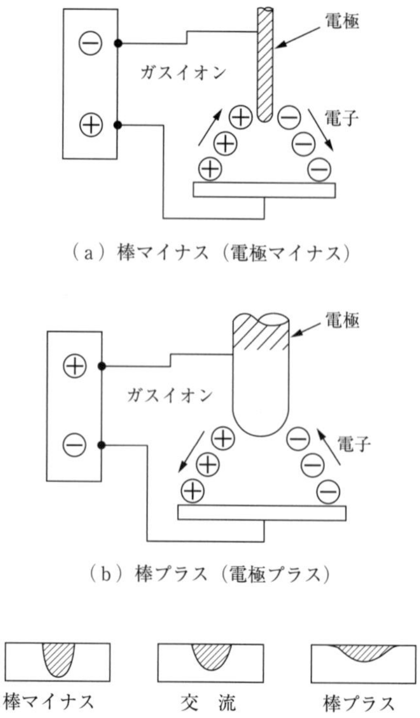 電極／ガスイオン／電子 （a）棒マイナス（電極マイナス）
9	高周波の発生状態を点検する	溶接トーチを持ち，アースケーブルに接続されていない金属片上でトーチスイッチを押し，高周波火花が発生することを確認する。	電極／ガスイオン／電子 （b）棒プラス（電極プラス）
10	作業終了後の操作	1．ガス容器のバルブを閉め，ガスチェックスイッチによりガス回路内の残留ガスを放出する。 2．溶接機の制御電源スイッチを切る。 3．冷却水を止める。 4．一次側の電源スイッチを切る。	棒マイナス　交　流　棒プラス （c）溶込みの比較 図5.1−4　ティグアークの極性効果

備考	交流ティグ溶接装置の取扱い方法は，基本的には直流の場合と同様である。 　クレータ切替えスイッチとトーチスイッチ操作は，No.4.2の備考を参照。

（出所）
図5.1−4：（一社）軽金属溶接協会「アルミニウム（合金）のイナートガスアーク溶接入門講座」2012, p47, 図4.2

| 作業名 | アルミニウムの下向ビード溶接 | 主眼点 | ストリンガビード溶接 |

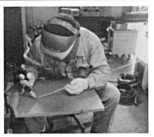

（a） ティグ溶接姿勢

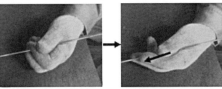

（b） 溶加棒の送り方法例（指挟み送り挿入）

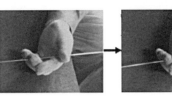

（c） 溶加棒の送り方法例（親指送り挿入）

図5.2-1　溶接姿勢と溶接棒送り挿入

材料及び器工具など

アルミニウム合金板（A5052P）
〔t 3.0 × 125 × 150〕
溶接棒（φ2.4, φ3.2, A5356BY 相当品）
交流ティグ溶接装置
アーク溶接用工具一式
溶接用保護具一式
ステンレス製ワイヤブラシ

番号	作業順序	要　　点	図　　解
1	準備する	1．溶接装置を準備する。 　　No.5.1 参照。電極棒はφ2.4 のセリウム入りタングステンを使用する。アルゴン流量は 10ℓ/min にセットする。 2．溶接電流を 100A 程度にセットする。 3．溶接部近くを清浄にし，母材を作業台に水平に置く。 　　No.4.2 の作業順序1 参照。アルミニウムの材料表面の酸化膜は，溶接を難しくするとともに欠陥の発生につながりやすいので，ステンレス製ワイヤブラシで溶接部周辺を十分清浄にする。	図5.2-2　溶接ビード外観
2	アークを発生させる	溶接姿勢及び溶接棒の送りは，図5.2-1のとおりである。 1．母材の溶接開始位置より 15mm 程度入った位置に電極の先端がくるようにトーチを保持する。電極と母材間距離は約5mm とする。 2．遮光面を下ろし，トーチスイッチを押す。 3．アークが点弧したら，開始位置3～4mm の位置まで戻る。 4．トーチは，アーク長5～7mm，母材面に対しては90°，前進角は約80°に保持する。電極は母材や溶接棒に接触させてはいけない。アーク発生時は接触させやすいので注意する。	図5.2-3　断続溶接のクレータ処理法
3	ビード溶接をする	溶接開始位置でアークを保持し，溶融池の大きさが8mm 程度の大きさになったら溶融池先端に溶接棒を添加し，アークを前に進める。こうした操作を繰り返しながら，溶融池の大きさが常に一定になるよう溶接を進める。 　アルミニウムの母材の溶融の確認は，アークでクリーニング作用を受けて変色した部分に光沢のある面が現れるが，これが溶融した状態である。 　また，アルミニウムは熱伝導性がよいため，溶接開始部では加熱不足，終端部では加熱オーバーとなりやすいため作業に注意する。	
4	クレータ処理を行う	1．終端部まできたら，アークを切る。 2．再びアークを発生させ，適量溶接棒を加える。 3．2．の動作を繰り返し，定常ビードの高さまで盛り上げる（図5.2-3）。	

番号	作業順序	要　　　点	図　　　解
5	検査する	次のことについて調べる。 （1）ビード幅が8～10mmで均一で波形がそろっているか。 （2）ビードの始端，終端の処理状態。 （3）アンダカット，オーバラップの有無。 なお，図5.2-2が良好な溶接結果の例である。	

備考	溶接部の前処理には，次の方法がある。 （1）機械的除去は，機械研磨，ステンレス製ワイヤブラシ研磨法。 （2）化学的除去には，5～10％水酸化ナトリウム（約70℃）に30～60秒浸し，水洗いをする。その後，約15％の硝酸（常温）に約2分間浸して中和し，水洗，湯洗で十分乾燥する方法。 （3）有機溶剤アセトン，アルコール，洗浄用シンナーなどによる表面脱脂。

（出所）
図5.2-1／図5.2-2：（一社）軽金属溶接協会「アルミニウム（合金）のイナートガスアーク溶接入門講座」2012, p22, 図3.3／p47, 図4.3
図5.2-3：（一社）軽金属溶接協会「アルミニウム合金薄板における交流ティグ溶接及び直流パルスミグ溶接の基礎的技法」2013, p13, 図28

作業名	アルミニウムの下向突合せ溶接	主眼点	I 形開先継手の溶接

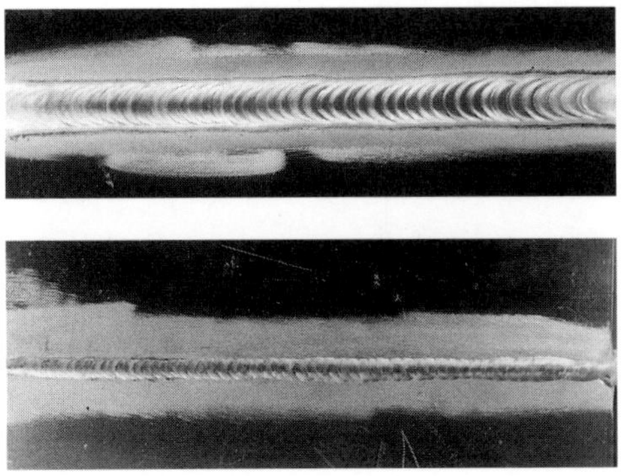

（a）表ビード

（b）裏ビード

図5.3-1　溶接結果

材料及び器工具など

アルミニウム合金板（A5052P）
〔t 3.0 × 125 × 150（2枚）〕
溶接棒（φ2.4，φ3.2，A5356BY 相当品）
交流ティグ溶接装置
アーク溶接用工具一式
溶接用保護具一式
ステンレス製ワイヤブラシ

番号	作業順序	要　　点	図　　解
1	準備する	1．溶接装置を準備する。 　　No.5.1参照。 2．溶接電流を110〜130A程度にセットする。	 約10mm 図5.3-2　開先状態及び開先部の清浄処理 （×印部を清浄）
2	母材を準備する	開先部を加工し，ステンレス製ワイヤブラシで清浄にした後，脱脂処理を行う（図5.3-2）。	
3	タック溶接をする	1．ルート間隔を0〜1mmにセットし，両端に10mm程度のタック溶接をする。 2．ルート間隔が一定で材料同士に目違いがないかを検査し，必要に応じて修正する。 3．タック溶接部のスケールを除去する。	 アルミ板，又は銅板
4	母材を水平に置く	母材を作業台に水平に置く。このとき，アルミ板，又は銅板などを利用し，母材裏面と作業台表面との間隔を3mm程度とする（図5.3-3）。	図5.3-3　母材のセット
5	本溶接をする	1．溶接開始位置より10mm程度入ったタック溶接部近傍でアークを発生させ，溶接スタート部に戻り，スタート部の溶融池が8〜10mmの大きさになるまでアークを保持する。 2．開始部での溶融池が所定の大きさになった時点で溶接棒を添加し，ビード幅を一定にして溶接する。 　　裏ビードを形成させるためには，母材表面がわずかに沈んだ状態の時に溶接棒を添加し，アークを移動させる。溶接棒を一度にたくさん添加すると溶融池温度が低下し，溶込み不良となるので，溶接棒の添加には注意が必要である。 3．終端部で十分なクレータ処理を行い，アークを切る。	
6	検査する	次のことについて調べる。 （1）裏ビードが溶接線全長にわたって均一に形成され，極端な凹凸がないか。 （2）表ビードが8〜10mmで均一で波形がそろっているか。 （3）ビードの始端，終端の処理状態。 （4）アンダカット，オーバラップの有無。 　なお，図5.3-1が良好な溶接結果の例である。	

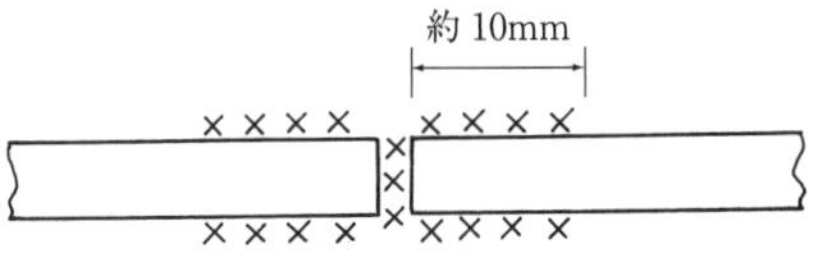

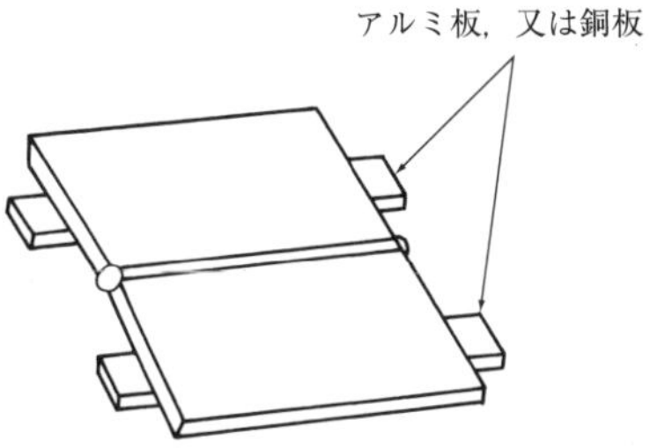

表5.3-1に，交流ティグ溶接薄板 t 3 mm の溶接標準条件表を示す（JIS Z 3604：2016「アルミニウムのイナートガスアーク溶接作業標準」）。

表5.3-1　交流ティグ溶接薄板応接標準条件表
(JIS Z 3604：2016)

試験材	溶接方法	開先形状寸法 [mm]	溶接姿勢	パスの順序	溶接 電流 [A]	溶接 電圧 [V]	溶接 速度 [mm/min]	運搬法	タングステン電極法 [mm]	溶接棒又は溶接ワイヤ径 [mm]	アルゴン流量 [ℓ/mm]	備考
薄板（3 mm）	ティグ	a = 0～1	F	1	110～130	–	150～200	ストリンガ	2.4 又は 3.2	2.4 3.2	10	裏当て金なし，裏波ビードを完全に出すようにすること。
			V	1	110～130	–	150～200	ストリンガ	2.4 又は 3.2	2.4 3.2	10	
			H	1	110～130	–	150～200	ストリンガ	2.4 又は 3.2	2.4 3.2	10	
			O	1	110～130	–	150～200	ストリンガ	2.4 又は 3.2	2.4 3.2	10	

備

考

			番号	No. 5. 4
作業名	アルミニウムの水平すみ肉溶接	主眼点		T継手の溶接

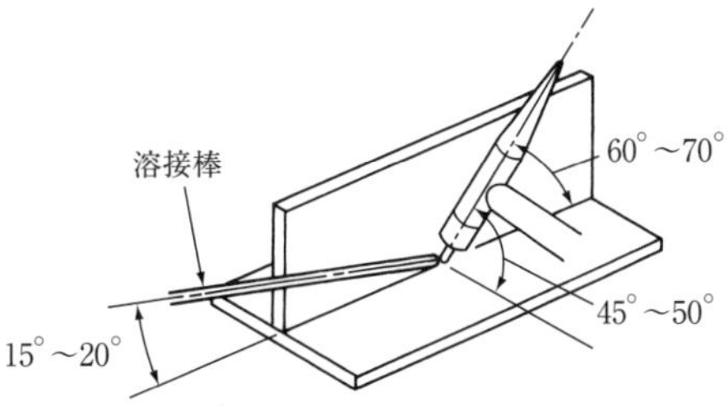

材料及び器工具など
アルミニウム合金板（A5052P） 〔t 3.0 × 50 × 150（2枚）〕 溶接棒（φ2.4，φ3.2，A5356BY 相当品） 交流ティグ溶接装置 溶接用保護具一式 ステンレス製ワイヤブラシ

溶接棒　60°～70°　15°～20°　45°～50°

図5.4－1　トーチ及び溶接棒保持角度

番号	作業順序	要　　　点	図　　　解
1	準備をする	1．溶接装置を準備する。No.5.1参照。 2．ノズル径は，内径が8～10mmにする。φ2.4の電極を用意する。このときノズルから突き出す電極の長さは，標準より少し長め（5～6mm）に設定する。 3．アルゴンガス流量は，10ℓ/minにする。アフタフローは，5秒以上に設定する。クレータフィラーは，無，又は1回とする。 4．溶接電流は，交流で約120Aに設定する。	 約10mm （×印部を清浄） 図5.4－2　継手部の清浄処理
2	母材を準備する	1．接合部の清浄処理をする（図5.4－2）。No.5.2参照。 2．母材部を組み合わせたとき，接合面にすきまができないようにやすり加工をする（図5.4－3）。	 すきまができないように仕上げる。 図5.4－3　母材接合部
3	タック溶接をする	1．タック溶接位置は，両端にする（図5.4－4）。 2．タック溶接は，両部材（垂直板，水平板）を溶かした後，溶接棒を添加して溶接する。すみ肉溶接では垂直板に比べ，水平板が溶けにくいので，アークのねらい位置はやや水平板側とする。 3．部材は，均等に溶かす。 4．タック溶接後，接合面を見て，すきまがないことを確認する。すきまがあると溶接中に熱膨張でさらにすきまが大きくなるので，すきまを修正し，タック溶接を行う。	 垂直板 タック溶接 水平板 90° 図5.4－4　タック溶接部
4	本溶接をする	1．溶融池の形状を確認して，溶接棒を添加する。 2．ストリンガビードを置く（図5.4－1）。 3．電極棒先端が継手の中心に，アークのねらい位置はやや水平板にくるように保持し，両母材を均等に溶かす。 4．アーク長は短めにする。アーク長が長くなると，特に薄板では，ビード幅やひずみが大きくなりやすい。 5．両母材に対して，脚長が同じになるようにビードをおく。 6．ビードは，凹ぎみで平らになる程度に溶接棒を加える。 7．終端部で十分なクレータ処理を行い，アークを切る。	 アンダカット オーバラップ 図5.4－5　アンダカットとオーバラップ
5	点検する	次のことについて調べる。 （1）ビードの表面及び波形の均一性。 （2）クリーニング幅の適否。 （3）アンダカット，オーバラップの有無（図5.4－5）。 （4）水平側母材と垂直側母材の脚長が設定どおりになっているか（図5.4－6）。 （5）ビードの始端と終端の状態，ビードの継ぎ目の状態。	 脚長 溶込み ルート 脚長 図5.4－6　等脚長

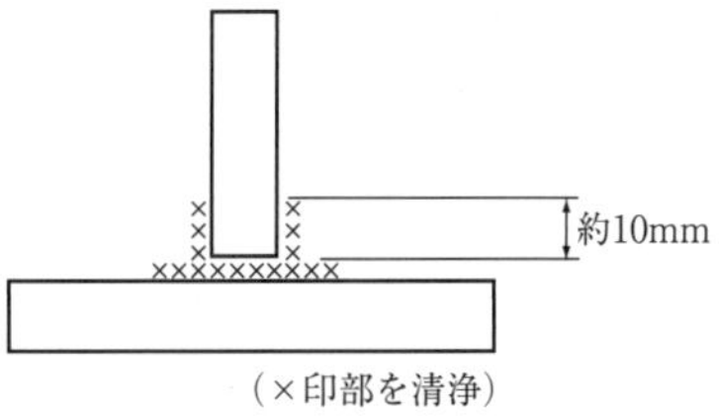

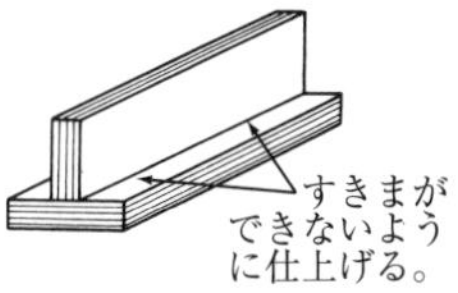

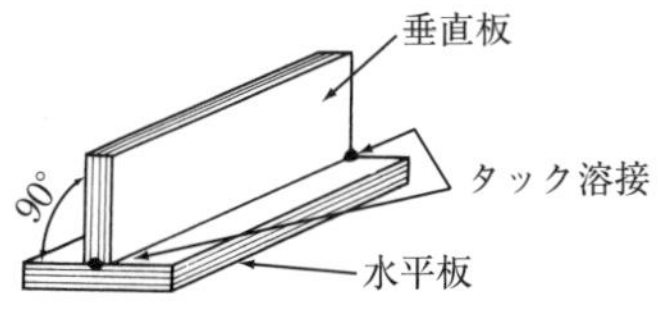

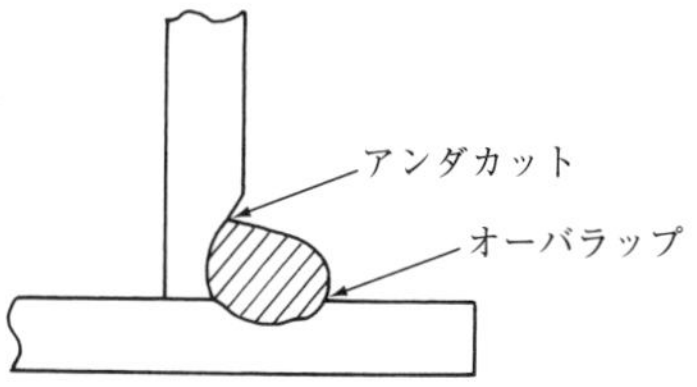

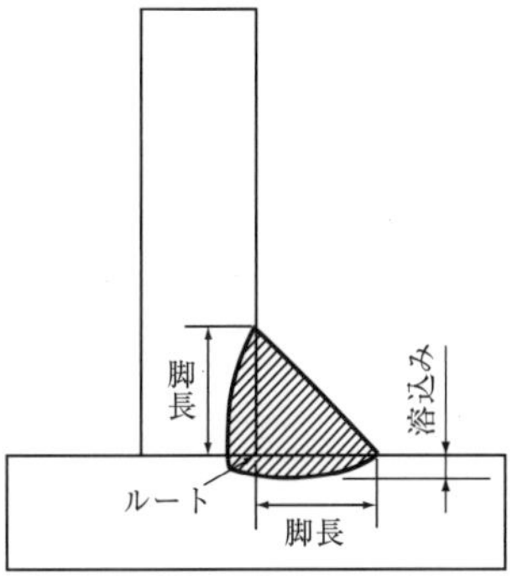

1．アルミニウム及びアルミニウム合金の標準溶接条件表（JIS Z 3604：2016）を参照。

　　板厚，溶接方法，パススケジュール，溶接電流，アーク電圧，溶接速度，電極棒，溶接棒及びアルゴンガス流量を表示している。

2．溶加材（溶接棒）の選択

　　溶加材（溶接棒）は母材に適したものを選ぶ必要がある。母材と溶加材の標準的な組合せは表5．4－1のとおりである。詳細については，JIS Z 3604：2016 参照。

3．クリーニング幅の調整

　　アルミニウムの溶接ではアルミ表面の酸化膜を除去する"クリーニング作用"が重要である（クリーニング作用は，電極棒がプラスの時に発生する。電極棒がマイナスのときには，クリーニング作用はないが，溶込み深さが大きくなる（表5．4－2参照）。

　　このクリーニング作用は，必要以上に広くとる必要がないので，厚板やすみ肉溶接では，クリーニング幅（電極プラス比率）を小さくし，溶込み深さを大きくとる調整を行う。交流ティグ溶接機には"クリーニング調整"ダイヤルがついているので，板厚や継手形状に合わせて調整を行う。

表5．4－1　溶加材の主な選択基準

母　材	添加材
1100，1200，3003	1100，1200
2219	2319，4043
5005，5N01，5052	5356，5554
5083	5183，5356
6061，6063，6N01	4043，5356
7003，7N01	5356，5183

表5．4－2　電極プラス極性時間比率制御の効果

電極プラス極性時間比率	ビード外観	断面マクロ	電極消耗

電極プラス極性時間比率＝電極プラス極性時間／交流周期，
母材：A5052・6 mmt

φ3.2mm・
W＋2％CeO₂
（AC・200A×6分）

（出所）
表5．4－1：（一社）軽金属溶接協会「アルミニウム（合金）のイナートガスアーク溶接入門講座」2012，p15，表2．2
表5．4－2：（社）軽金属溶接構造協会「溶接法及び溶接機器」2009，p29，表2．9

6. プラズマ溶接作業

				番号	No. 6.1

作業名	プラズマ溶接装置の取扱い	主眼点	溶接機の点検と操作

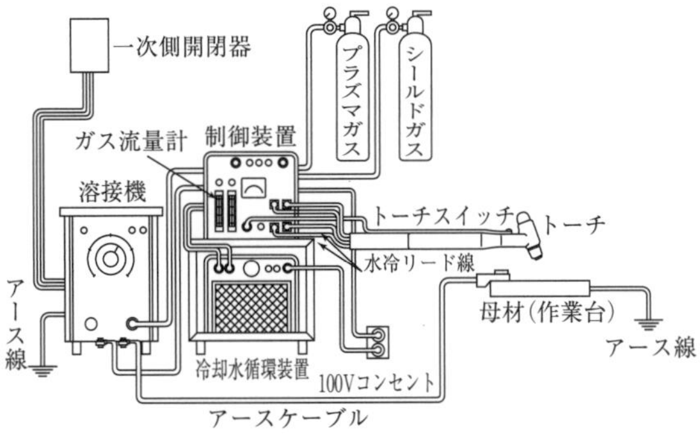

図6.1-1　プラズマ溶接装置

材料及び器工具など

直流溶接電源
プラズマアーク制御装置
冷却水循環装置
モンキレンチ
容器弁開閉レンチ
電極位置合せ専用ゲージ

番号	作業順序	要　　　点	図　　解
1	一次側の電源回路及びケースアースを点検する	プラズマ溶接装置の模式図を図6.1-1に示す。 点検は直流ティグ溶接装置と同様に行う。 （1）一般に，溶接機への入力は三相200Vである。 （2）電源スイッチが切れていることを確かめ，電源への一次側ケーブルの接続状態に緩みがないか，一次側ケーブルの断線や被覆の破れがないか，溶接機への一次側ケーブルの接続はしっかりしているか，接続部の絶縁状態などを点検する。 　　溶接機には200V単相電源と200V三相電源のものがある。 （3）アース（接地）線が，確実に溶接機及び母材（作業台）に取り付けられ，接地されているか点検する。	
2	溶接回路を点検する	1．溶接機と制御装置の接続状態を確認するとともに，アースケーブルが溶接機二次側（＋）端子と作業台にしっかりと接続されているかを点検する。 （1）極性は直流ティグと同様に棒マイナス（正極性）である。 （2）ケーブルの断線や被覆の損傷の有無，接続部の絶縁状態についても確認する。 2．冷却水循環装置の送水及び復水ホースが制御装置の所定の位置にしっかりと接続されていることを確認する。 3．溶接トーチのガスホース（プラズマガスホース及びシールドガスホース），水冷リード線，トーチスイッチが制御装置前面の所定の位置に接続されていることを確認する。 　　水冷リード線にはプラスとマイナスの極性があり，プラス側は溶接チップに，マイナス側はタングステン電極に接続されている（図6.1-2）。	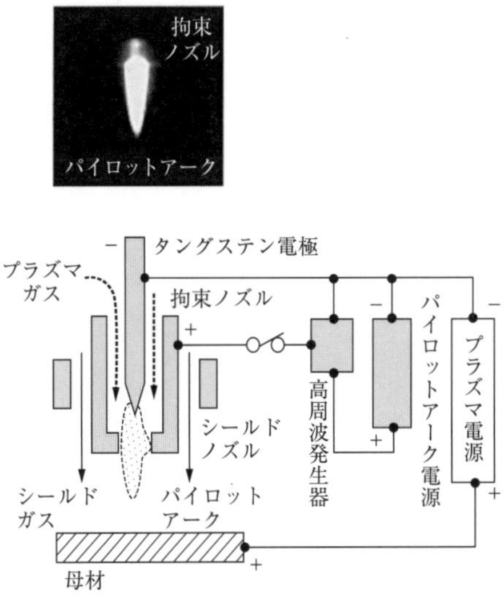 図6.1-2　プラズマアークの起動方法
3	シールド及びプラズマ用ガス回路を点検する	ガス容器と制御装置との間のシールドガス及びプラズマガスのホースの接続状態を点検した後，容器のバルブを開き，圧力調整器の二次圧力を0.2MPaに調整する。 （1）プラズマガスにはアルゴンが，シールドガスにはアルゴンやヘリウム，アルゴン-水素を使用する。 （2）プラズマガス，シールドガスにアルゴンを用いる場合，1本のガス容器からガスを分配して制御装置に接続してもよい。	

番号	作業順序	要　　　点	図　　　解
4	溶接トーチを点検する	1．図6.1-3に示す溶接トーチのセラミックカップを取り外し，割れや極端な汚れのないことを確認する。 2．電極キャップを緩めタングステン電極を取り出し，その径を確認するとともに，先端形状が30°程度の鋭敏な状態となっていることを調べる。 3．コレットを取り出し使用電極径に合ったものであることを確認し，スパークなどによる損傷のないことを点検する。 4．チップを取り外し，その穴径が使用電流値に適したものであることを確認するとともに，穴が変形していないかを点検する（表6.1-1）。 5．溶接トーチの点検が完了後，コレット，電極，電極キャップ，チップ，カップの順に本体に取り付ける。 　この場合，電極は専用の位置決めゲージを用いて取り付ける（図6.1-4）。	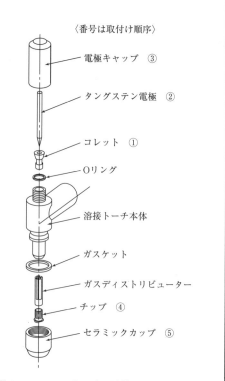 〈番号は取付け順序〉 電極キャップ ③ タングステン電極 ② コレット ① Oリング 溶接トーチ本体 ガスケット ガスディストリビューター チップ ④ セラミックカップ ⑤
5	一次電源を入れる	一次電源を入れ，各機器のパイロットランプなどで確認をする。	図6.1-3　プラズマ溶接用トーチの構成
6	溶接機，制御装置，冷却循環装置の各スイッチを所定の位置に入れる	1．各機器の電源スイッチを入れる。 2．溶接機の溶接方法切替えスイッチを"直流ティグ"に入れる。 3．制御装置の極性切替えスイッチを"棒マイナス"（正極性）に入れる。	
7	ガス流量を調整する	1．制御装置のガススイッチを"チェック"に入れ，制御装置に付属する流量計により調整する（表6.1-1）。 2．ガス回路中にガス漏れがないか，石けん水などで調べる。 3．ガススイッチを"溶接"に切り替える。	図6.1-4　電極位置決めゲージ
8	パイロットアークを発生させる	1．溶接トーチを持ち，制御装置のパイロットスイッチを入れ，トーチ先端にアークが発生することを確かめる。 2．制御装置のパイロットスイッチを切り，アークを止める。	

表6.1-1　SUS304のI形開先溶接条件（例）

板厚 [mm]	電流 [A]	プラズマガス Ar [ℓ/min]	シールドガス Ar + H$_2$ [ℓ/min]	チップ穴径 [φmm]	溶接速度 [mm/min]
0.5	30	0.4	5	1.2	1,200
0.8	45	0.5	5	1.6	1,000
1.0	58	0.5	5	1.6	1,000
1.5	70	0.6	7	1.6	850
2.0	72	1.2	7	2.0	600
3.0	100	1.5	10	2.0	450
4.0	170	1.8	10	2.6	430
5.0	170	2.0	10	2.6	400

※数値は参考値

番号	作業順序	要　　　点	図　　　解
9	作業終了後の操作	1．ガス容器のバルブを閉め，ガススイッチによりガス回路内部の残留ガスを放出する。 2．溶接機，制御装置，冷却水循環装置の電源スイッチを切る。 3．一次側の電源スイッチを切る。	

<table>
<tr><td rowspan="3">備

考</td><td>●冷却循環装置
　No.4.1の備考1を参照。</td></tr>
<tr><td></td></tr>
<tr><td>（出所）
図6.1－2：(社) 軽金属溶接構造協会「溶接法及び溶接機器」2009，p33，図2.54</td></tr>
</table>

作業名	ステンレス鋼の突合せ溶接	主眼点	I形開先継手の溶接

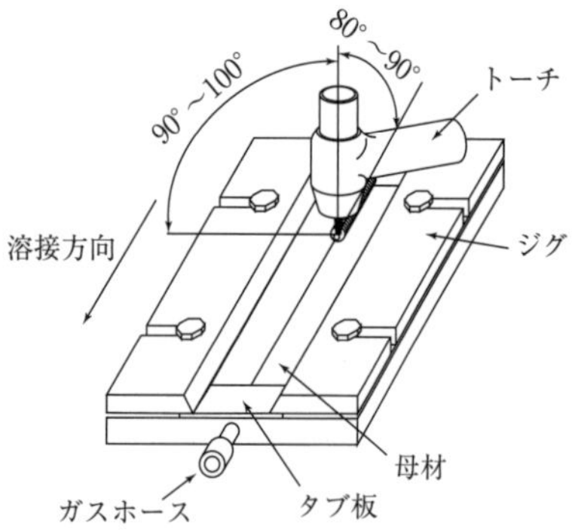

図6.2－1　トーチの保持角度

	材料及び器工具など

ステンレス鋼板（SUS304）
　〔ｔ2.0 × 125 × 100（2枚）〕
　〔ｔ2.0 × 30 × 30（2枚）〕
プラズマ溶接装置
溶接用工具一式
溶接用保護具一式
バックシールド用ジグ一式
ステンレス製ワイヤブラシ

番号	作業順序	要　　　点	図　　解
1	溶接装置を準備する	（1）シールドガスにはアルゴン－水素を準備する。 （2）チップは穴径が1.2mmのものを準備する。 　　その他については№6.1を参照。	[mm] 図6.2－2　突合せ溶接における開先形状
2	バックシールド用ジグを準備する	№4.3の作業順序2参照。	
3	母材を準備する	1．2枚の板をすきま0mmになるように開先加工をする（図6.2－2）。 2．溶接部近くをステンレス製ワイヤブラシで清浄にし，アセトンなどで脱脂処理をする。 3．タック溶接をする。 　裏波を出す側にティグ溶接機を用いて行い，溶接の始・終端部にはタブ板を取り付ける（図6.2－3）。	 図6.2－3　タック溶接要領
4	母材を固定する	母材をジグにしっかりと固定し，ジグは作業台に水平に置く。 　溶接線がジグのガス溝の中央となるようセットし，母材はジグの表面に密着するよう固定する。	
5	バックシールド用ガスを流す	バックシールド用ガスを3～5ℓ/min流し，ジグの溝内にアルゴンガスが十分に満たされるまで，しばらく待つ。	
6	溶接条件を設定する	溶接電流を35A，プラズマガス流量を1.2ℓ/min，シールドガス流量を6ℓ/minにセットする。 　ここでは手動で溶接を行うため，表6.1－1の溶接条件よりも低い溶接電流条件としている。	
7	溶接をする	1．パイロットアークを出し，姿勢を整える。 2．タブ板上でトーチの角度を80°～90°の前進角に保ち，トーチスイッチを押しアークを発生させる。 3．母材にキーホールが開いたら，それを維持しながらストリンガ法で溶接する（図6.2－1）。	

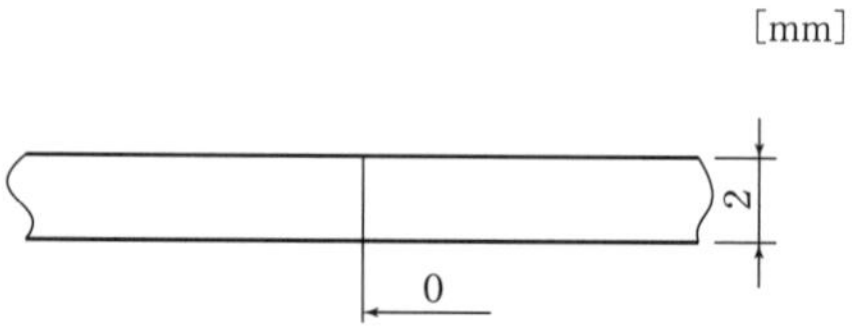

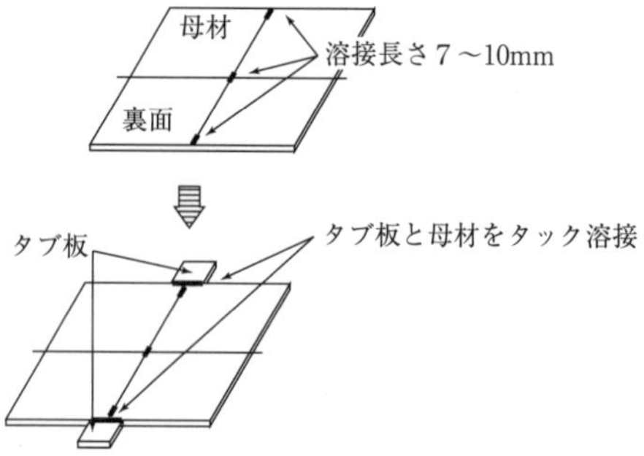

番号	作業順序	要　　　点	図　　　解
7		（1）ノズル－母材間距離はキーホールが確認できるように長めに設定する。 （2）キーホールの確認は，アークが母材の下に抜ける音でもできる。 （3）溶接速度が遅すぎたりトーチ保持角度が小さくなると，キーホールが大きくなり部材が融断しやすい。 （4）溶接速度が速すぎるとアンダカットビードやハンピングビードになりやすい（図6.2－4，－5）。 4．タブ板上でトーチスイッチを離し，アークを切る。 5．パイロットアークを切る。 6．バックシールド用ガスを止める。	 図6.2－4　アンダカットビード（表側） 図6.2－5　ハンピングビード（裏側）
8	検査する	次のことについて調べる。 （1）溶落ちや溶込み不良はないか。 （2）アンダカットがないか。 （3）バックシールドが良好か。 図6.2－6が，良好な溶接結果の例である。	 図6.2－6　良好な溶接結果例（表側）

●プラズマ溶接について
　プラズマ溶接では，溶接中，一定の大きさのキーホールを維持することが必要であるため，自動で溶接が行われることが多い。自動で溶接を行う場合，ガス切断機の走行台車などを利用するとよい。

備

考

番号				No. 6. 3
作業名	プラズマ切断装置の取扱い		主眼点	切断機の点検と操作

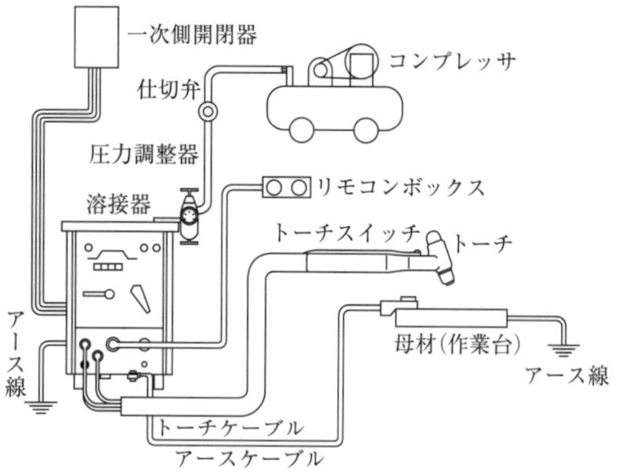

図6.3－1　プラズマ切断装置

材料及び器工具など

プラズマ切断装置（図6.3－1）
冷却水循環装置
切断用保護具一式
保護面

番号	作業順序	要　　　点	図　　　解
1	一次側の電源回路及びケースアースを点検する	点検内容は直流ティグ溶接装置の場合と同じである。 （1）電源スイッチが切れていることを確かめ，電源への一次側ケーブルの接続状態に緩みがないか，一次側ケーブルの断線や被覆の破れがないか，溶接機への一次側ケーブルの接続はしっかりしているか，接続部の絶縁状態は大丈夫か，などを点検する。 　　溶接機には200 V単相電源と200 V三相電源のものがある。 （2）アース（接地）線が，確実に溶接機及び母材（作業台）に取り付けられ，接地されているか点検する。 （3）切断機への入力電圧には200V単相や200V三相，100V単相がある。	
2	切断回路を点検する	1．アースケーブルが切断機二次側（＋）端子と作業台にしっかりと接続されているかを点検するとともに，ケーブルの断線や被覆の損傷の有無，接続部の絶縁状態についても確認する。 　　切断中の二次側電圧は100～200Vと高いので，二次側電気回路部における絶縁については十分に点検する。 2．切断トーチのトーチケーブルやパイロットケーブル，トーチスイッチが切断機前面の所定の位置に接続されていることを確認する。 （1）切断用の電源には切替えスイッチによりティグ溶接が可能となるものもある。このような装置を利用する場合はその切替えスイッチを"切断"側に設定する。 （2）切断トーチにはカーブド形及びストレート形などがあり，カーブド形は手動切断に，ストレート形は自動切断に用いられる（図6.3－2）。	カーブド形 ストレート形 図6.3－2　切断トーチの種類

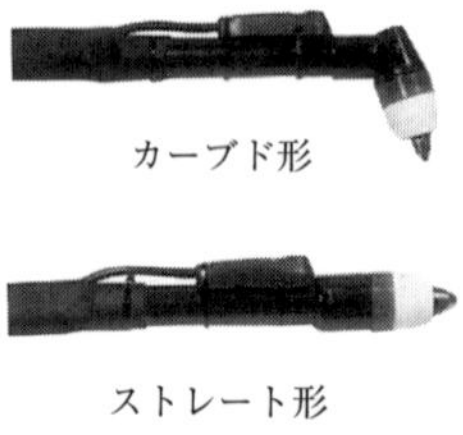

番号	作業順序	要　点	図　解
3	冷却水回路を点検する（空冷トーチの場合は必要なし）	水道蛇口→切断機給水口→切断トーチ→切断機排水口→冷却水ホース→排水口の回路を点検し，蛇口を開けて各接続部での水漏れや冷却水の流れの状態を確認する。 　冷却水循環装置を利用する場合は，トーチの冷却水ホースを循環装置の所定の場所に接続する。	〈番号は取付け順序〉 トーチ本体 ノズルパッキン 電極　① オリフィス　② ノズルチップ　③ ガイドノズル　④ ノズル　⑤ 図6.3−3　切断トーチの構成
4	作動ガス回路を点検する	空気圧縮機（コンプレッサ）と圧力調整器及び圧力調整器と切断機との間のガスホースの接続状態を確認する。 　コンプレッサの水抜きは定期的に行うようにする。	
5	切断トーチを点検する	1．図6.3−3に示す切断トーチのノズルを取り外し，割れや極端な汚れのないことを確認する。 2．ガイドノズルをプライヤなどで緩めて取り外した後，ノズルチップ，オリフィス，電極を順次取り出す。 3．電極の消耗状態を確認する。 　（1）電極の長さが図6.3−4に示すように所定の長さより短くなっている場合には交換する。 　（2）電極には埋込み形電極（図6.3−5）とティグ溶接で用いられるタングステン電極とがある。 4．チップの穴の状態を確認する。 　チップの穴が図6.3−6に示すように楕円になっていたり，穴径が全体的に大きくなっている場合には交換をする。 5．切断トーチ部品の点検が完了後，電極，オリフィス，ノズルチップ，ガイドノズル，ノズルの順に本体へ取り付ける。このとき，ガイドノズルはプライヤなどでしっかりと取り付ける。	電極 $L0$ $L1$ L0：元の長さ L1：変形後の長さ L1は各装置の取扱説明書を参照 （a）使用可　　（b）使用不可 図6.3−4　電極交換時期
6	一次電源及び各機器の電源を入れる	1．一次電源を入れ，各機器のパイロットランプなどで確認をする。 2．各機器の電源スイッチを入れる。	銅 ジルコニウム 又はハフニウム 図6.3−5　埋込み形電極
7	エアの圧力調整を行う	1．溶接機のエア供給スイッチを"点検"にする。 2．仕切バルブを開け，圧力調整器の圧力を0.5MPaに設定する。 3．ガス回路中にガス漏れがないか石けん水などで調べる。 4．溶接機のエア供給スイッチを"切断"にする。	
8	パイロットアークを発生させる	切断トーチを持ち，トーチスイッチを押し，トーチ先端にアーク（パイロットアーク）が発生することを確かめる。	穴が全体的に大きい　穴が楕円 （a）使用可　　（b）使用不可 図6.3−6　ノズルチップの交換時期

番号	作業順序	要　　　点	図　　　解
9	作業終了後の操作	1．仕切バルブを閉め，ガススイッチにより圧力調整器からトーチ内部までの残留ガスを放出する。　ガス放出後，圧力調整器のハンドルは緩めておく。 2．切断機，冷却水循環装置の電源スイッチを切る。 3．一次側の電源スイッチを切る。 4．コンプレッサ内のガスを抜く。	

備

考

1．プラズマ切断の方式

　　プラズマ切断には，プラズマ流の発生方式によって，プラズマアーク方式（図6.3-7（a））とプラズマジェット方式（同図（b））がある。前者は金属材料の切断に，後者は非金属の切断に用いられる。

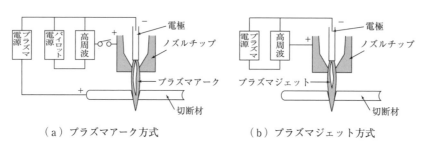

（a）プラズマアーク方式　　　　　　（b）プラズマジェット方式

図6.3-7　プラズマ切断の方式

2．プラズマ切断の利点と欠点

　　プラズマ切断はガス切断に比べ，高速な切断が可能であるとともに切断による変形が非常に小さい。また，ガス切断では不可能なステンレス鋼やアルミニウム合金の切断が可能である。一方，欠点として電極やチップなどの消耗品の寿命が短い，切断面にテーパがつく，切断幅が広くなるなどがある。

3．作動ガスの種類と切断材料

　　プラズマ切断には作動ガスの種類により酸素プラズマ切断や空気プラズマ切断，窒素プラズマ切断，アルゴンプラズマ切断がある。

　　軟鋼の切断に利用される空気プラズマ切断では，切断表面に窒化層を形成するので切断後，溶接を行う場合には切断面を削る必要がある。

　　なお，窒化の影響のない酸素プラズマ切断を利用するのであればこの必要はない。

　　表6.3-1に作動ガスと切断材料の組合せを示す。

表6.3-1　作動ガスと切断材料

材　質	作動ガス
軟鋼	空気，酸素
ステンレス鋼	アルゴン＋窒素，窒素
アルミニウム合金	アルゴン＋水素

4．冷却系の点検

　　No.4.1の備考1を参照。

番号	No. 6. 4

作業名	軟鋼板のプラズマ切断	主眼点	プラズマ切断作業

材料及び器工具など

軟鋼板（t 9.0 × 150 × 150）
プラズマ切断装置
切断用工具一式
溶接用保護具一式

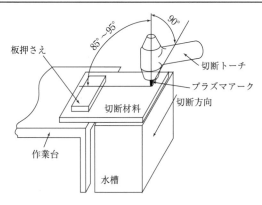

図6.4-1　トーチ保持角度

番号	作業順序	要　　　　点	図　　　解
1	保護具を身につける	切断によって発生する火花やアーク光から体を保護するために保護具を身につける。 （1）保護具は基本的に溶接用のものと同じである。 （2）フィルタプレートには番号が11のものを用いる。	[mm] （a）　　ノズル 切断方向 1～5 90° 切断材料 20～30 パイロットアークを出し移動
2	切断装置を準備する	（1）No.6.3を参照。 （2）切断時には多量の粉じんが発生するので図6.4-1に示すような水槽を準備するとよい。 　　なお，切断材下面と水面との距離は極力近づける。 （3）粉じん対策として局所集じん装置などを準備する。	
3	材料を準備する	1．切断材料に切断線をけがく。 2．切断材料を水平に置き，切断線の下方に水槽などが位置するようにする（図6.4-1）。 　　椅子などに座って切断作業を行う場合，切断材料は座った状態で，ひざよりも少し低い位置に配置するとよい。	（b） 1～5 プラズマアークが貫通したら移動
4	切断する	1．切断電流を約60A に設定する。 2．椅子に座るなど安定した姿勢でトーチを持ち，図6.4-2（a）に示すように構える。 3．トーチスイッチを押しパイロットアークを発生させたらトーチをゆっくりと材料端面まで移動させる（同図（b））。 4．パイロットアークがプラズマアークに変わり，プラズマ流が切断材料を貫通したらトーチを一定速度で移動させる。 （1）トーチの適正な角度は図6.4-1を参照。 （2）ノズルチップの穴が材料内にある状態（図6.4-3）でトーチスイッチを押すと溶融金属が吹き上がり危険なので注意する。 （3）切断中はチップ-材料間の距離を1～5mmに保つ。 （4）切断中，溶融金属が吹き上がる場合は切断速度が速いかトーチの傾けすぎが原因である。 5．トーチを材料の終端部まで移動し，切断が終了したらトーチスイッチを切る。	図6.4-2　切断開始部におけるトーチ操作 ノズル 溶融金属 プラズマアーク 切断材料 図6.4-3　溶融金属の吹上がり

番号	作業順序	要　　　点	図　　　解
5	検査する	次のことについて調べる。 （1）切断面の波形。 （2）切断面のテーパ。 （3）切断幅。 （4）ドロスの付着状態。	

<table>
<tr><td rowspan="2">備</td><td colspan="2">

●切断の開始方法

　切断開始の方法には端面スタート法（図6.4-2）とランニング・スタート法（図6.4-4），ピアシング・スタート法（図6.4-5）がある。端面スタート法は最も一般的な方法であるが，切断材料端面においてのトーチの停止時間が適正でない場合，始端部における切断溝が広くなったり未切断部を残したりするおそれがある。

　一方，ランニング・スタート法は切断材の端部より20～30mm手前でパイロットアークを発生させ，そこからトーチを移動し切断を行う方法で薄板の切断のときに用いる。また，ピアシング・スタート法はパイプなど端部のない材料の切断時に採用する方法である。このとき，特に切断電流に対し，エア圧力が低すぎる場合，電極，ノズル等が焼損するので注意する。

</td></tr>
</table>

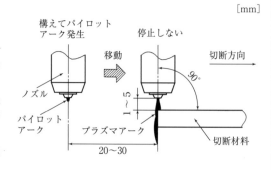

図6.4-4　ランニング・スタート法

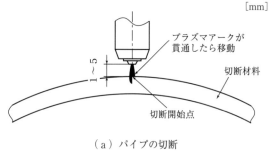

（a）パイプの切断

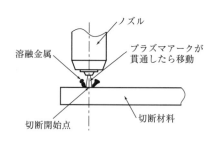

（b）平板の切断

図6.4-5　ピアシング・スタート法

【安全衛生】
（1）騒音

　プラズマ切断時に発生する音はかなり大きく，長時間聞き続けると聴力障害を起こすこともある。したがって，耳せんなどの騒音対策が必要である。

（2）フィルタプレート

　プラズマ切断時のアーク光からは被覆アーク溶接などのときと同様に，目に有害な紫外線が放射されている。したがって，作業時には適正なフィルタプレートを通してアーク光を見るようにしなければならない。

　なお，このプレートについては，JIS T 8141：2016「遮光保護具」の中で規定しており，その一部を表6.4-1に示す。

表6.4-1　遮光度番号に対する使用区分
（JIS T 8141：2016）

遮光度番号	電流〔A〕
11	150 以下
12	150 を超え 250 まで
13	250 を超え 400 まで

7．マグ溶接（炭酸ガスアーク溶接作業）		番号	No. 7.1

作業名	炭酸ガスアーク溶接装置の取扱い	主眼点	溶接機の取扱いと電流，電圧調整

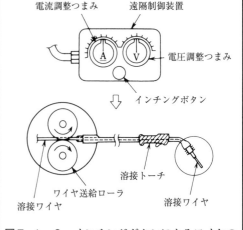

図7.1-1　炭酸ガスアーク溶接機

材料及び器工具など

軟鋼板（t 9.0 × 125 × 150）
炭酸ガスアーク溶接用ワイヤ（φ1.2）
炭酸ガスアーク溶接装置
溶接用保護具一式
容器弁開閉レンチ
モンキレンチ
ペンチ

番号	作業順序	要　点	図　解
1	溶接機を準備する（図7.1-1）	1．一次側回路を点検する。 2．二次側回路を点検する。 3．炭酸ガスフローメータのヒータ電源を入れる。 4．水冷式のものは冷却水回路を点検する。 5．使用ワイヤ径に合ったワイヤ送給ローラであることを確認し，ワイヤをスプール軸に取り付ける（図7.1-2）。 6．溶接機の電源スイッチを入れる（水冷方式のものは，冷却水の循環状態を水冷確認ランプで確認する）。 7．溶接トーチのコンタクトチップを取り外し，ワイヤ径に合っているか，摩耗・損傷がないかを確かめる。 　コンタクトチップの摩耗・損傷は通電不良を生じ，溶接中のアーク不安定を生ずるため注意する（炭酸ガスアーク溶接におけるアーク不安定及び溶接欠陥発生に対し，これが原因となっていることが特に多い）。 8．インチングボタンあるいはトーチスイッチを入れ，ワイヤをトーチに装着する（図7.1-3）。 　ワイヤをトーチに装着するとき，ワイヤがコンタクトチップから出る程度の長さにしておくことが望ましい（コンタクトチップにワイヤ先端が突っかかり，コンジットをいためる原因となる）。 9．コンタクトチップを取り付け，もう一度トーチケーブルのたるみを点検する。	ワイヤ スプール軸 ワイヤ先端を下からこの方向に出す。 図7.1-2　溶接用ワイヤのセット 電流調整つまみ　遠隔制御装置 A　V　電圧調整つまみ インチングボタン 溶接トーチ ワイヤ送給ローラ　溶接ワイヤ 溶接ワイヤ 図7.1-3　インチングボタンによるワイヤの装着
2	炭酸ガスの流量を調整する	1．炭酸ガスの容器バルブを開け，ガス圧を0.2～0.3MPaに調整する。 2．溶接機のガススイッチをチェックに切り替え（ない場合は，ワイヤ送りを停止させトーチスイッチを入れる），ガス流量を15ℓ/minに調整し，終わったらガススイッチを溶接（あるいはワイヤ送り）に切り替える（図7.1-4）。	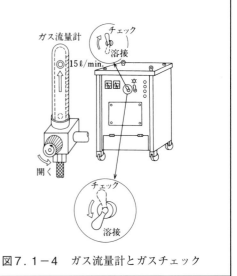 ガス流量計　チェック　溶接 15ℓ/min. 開く チェック　溶接 図7.1-4　ガス流量計とガスチェック
3	溶接条件を調整する	1．ワイヤを送り出し，ノズルより10mm程度の長さに切り落とす。 2．電流調整目盛（ワイヤ送り目盛），電圧調整目盛を適当な位置にセットする。	

番号	作業順序	要　　点	図　　解
3		・溶接条件の調整 　　各溶接電流に対応した適正なアーク電圧は，次の式で与えられる。 　　$V = 0.04 \times I + 15.5 \pm 1.5$（サイリスタ電源） 　　$V = 0.04 \times I + 14.5 \pm 1.5$（インバータ電源） 　　この式で I は溶接電流（A），V はアーク電圧（V）を示している。また，このアーク電圧の範囲で，溶接作業に合う電圧値を選択する。一例として，初層溶接ではやや低い電圧条件を選択し，仕上げ層の溶接ではやや高い電圧条件を選択することが望ましい。いずれにせよ，連続した短絡音になるように調整する。 3．チップ・ワイヤ先端距離を 10 ～ 15mm に一定に保つようトーチを保持し，トーチスイッチを入れ，アークを発生させる（図7.1-5）。 4．アークの状態を観察しながら電流調整目盛，電圧調整目盛を少しずつ変化させ，溶接条件を調整し，安定したアークを得るようにする。 　　ワイヤが突っ込んでアークが不安定なときは電圧調整目盛を大きくし，アークが高くのぼって不安定なときは，電圧調整目盛を小さくし，この操作を繰り返し，安定したアークを得る（図7.1-6）。 5．突出し長さを一定にして，安定したアーク状態の電流値・電圧値を読み取る（図7.1-6）。その際，アークから発生する紫外線には十分に注意すること。	図7.1-5　ワイヤの突出し長さ 図7.1-6　遠隔制御装置による溶接条件 　　　　　調整
4	ガスノズルを清掃する	ガスノズルをトーチより取り外し，ノズル内及びチップ先端に付着したスパッタを取り除く（図7.1-7）。 　　ガスノズルへのスパッタの多量付着は，シールドガスの機能を不完全にし，アーク不安定・溶接品質の悪化の原因になる。また，スパッタの多量付着は，その除去が困難になる上，ガスノズルやコンタクトチップの破損のおそれが生じるため，一作業終了ごとに清掃することが望ましい。	
備 考		【安全衛生】 1．炭酸ガス溶接では，わずかではあるが，一酸化炭素が出るので，通風・換気に注意する。 2．電源スイッチ及び溶接スイッチは，休憩又は作業終了時には必ず切るようにする。 3．体，衣服等が汗などで湿っていないように注意する。 4．アーク光による目の災害を防止するため，正しい濃度のフィルタプレートのついたハンドシールドやヘルメットを使用し，付近の人々にもつい立などを用いて害を与えないようにする。 　　炭酸ガスアーク溶接では，特に強いアーク光を発生するので，電気性眼炎（角結膜炎）等の傷害が起こりやすい。遮光度番号10以上のフィルタを使用することが望ましい。詳しい選択基準については表2.1-1（p24）参照。	 図7.1-7　ガスノズル，コンタクト 　　　　　チップの正常な状態

作業名	炭酸ガスアーク溶接による下向ビード置き（1）	主眼点	ストリンガビードの置き方（前進溶接）

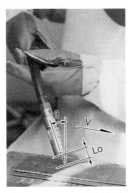

V：溶接速度
θ：トーチ角度
Lo：突出し長さ

図7.2-1　溶接姿勢

材料及び器工具など

軟鋼板（ t 9.0 × 150 × 200)
炭酸ガスアーク溶接用ワイヤ（φ1.2）
炭酸ガスアーク溶接装置
溶接用保護具一式
モンキレンチ
ペンチ
溶接用清掃工具一式
平やすり

番号	作業順序	要　　　　点	図　　　解
1	準備する	1．母材を作業台の上に水平に置き，表面を清浄にし，アースの状態を点検する。 2．溶接電流（短絡方式の場合は130A，グロビュール（グロビラー）移行方式の場合は250A），アーク電圧（各電流値に対応する適正電圧範囲内のもの，130Aでは21V），炭酸ガス流量（15ℓ/min）に調整する。 　同一電流で電圧が低いと，溶込みが深く，幅の狭い盛り上がったビードになる。	溶接トーチ 作業台 鋼板 溶接方向 15°〜20° 10〜15mm 溶接トーチ 母材 図7.2-2　トーチ保持角度
2	姿勢を整える	1．母材に対し平行に腰を掛け，足を半歩開く。 2．トーチを軽く握り，肩の力を抜き，トーチを持つほうのひじを水平に張って溶融池の状態がよく見える程度に前かがみにする（図7.2-1，-2）。	
3	アークを発生させる	1．ワイヤを送り出し，ノズルより10mm程度の長さに切り落とす。 2．溶接開始点に，突出し長さ10〜15mm程度にトーチを保持する。 3．トーチスイッチを入れる。	溶接トーチ 70°〜75° アーク 溶融池 図7.2-3　トーチ保持角度
4	ビードを置く	1．トーチ保持角度は進行方向に70°〜75°，母材に対しては90°に保ち，溶融池の状態を見ながらビードを置く（図7.2-3）。 （1）ソリッドワイヤを用いる方式では，ビード形状，溶接線の見やすさ，ガスのシールド効果の点で15°〜20°の前進角が一般に用いられる。 （2）前進溶接では，幅の広い扁平なビード形状になり，溶込みは浅い。 2．溶接速度，トーチ保持角度は，溶融池の状態に応じて変化させ，均一でまっすぐなビードを置く（図7.2-4）。 （1）溶接速度は40cm/minを目安にビードを置く（溶接長さは200mmで約30秒）。 （2）溶接速度が増大すると溶込み，余盛，ビード幅は減少し，幅の狭い凸ビード形状になる。 （3）深い開先内の溶接では速度を落とすと溶融金属が先行し，スパッタが多く，ビード不整や溶込み不良，コールドラップ（融合不良の一種で，両金属は接触しているが完全に融合していない状態）の欠陥が生じやすい。 （4）ワイヤ先端を常に溶融池先端に向ける。	溶接トーチ 鋼板 図7.2-4　均一でまっすぐなビード

番号	作業順序	要　　　　点	図　　　　解
5	アークを切る（クレータ処理をする）	ビード終端では，クレータ部で小さな円運動によりクレータ処理をした後，トーチスイッチを切り，クレータが完全に冷却するまでトーチをクレータ上方で保持する（クレータフィラーのあるものについては，トーチスイッチを切りアークが切れ，クレータが完全に冷却するまでトーチをクレータ上方で保持する）（図7.2－5）。 　これは，シールドガスの効果によって，クレータ部の溶接欠陥を防止するためである。	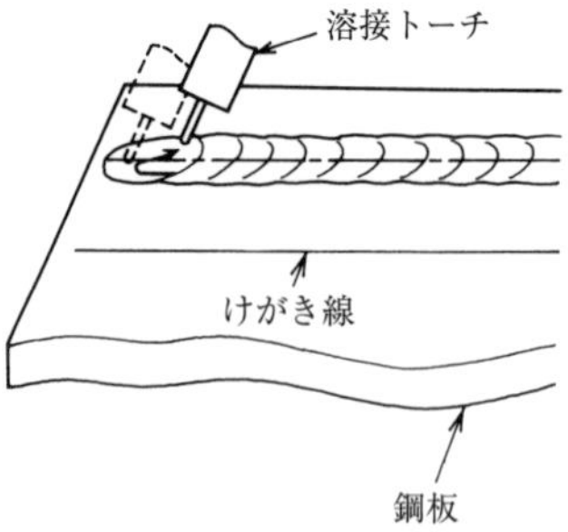 図7.2－5　クレータの処理
6	検査する	次のことについて調べる。 （1）ビードの表面及び波形の均一性。 （2）ビードの幅及び余盛高さの適否（図7.2－6）。 （3）アンダカット，オーバラップの有無。 （4）ビード表面の酸化の有無。 （5）ビードの始端及び終端の状態。	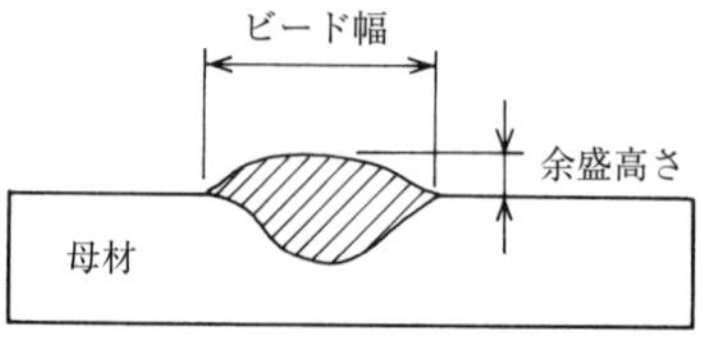 最大余盛高さ＝0.1×ビード幅＋0.5mm 図7.2－6　ビードの幅と余盛高さ
備考		1．前進溶接（押し角）でストリンガビード置きができるようになったら，後進溶接（引き角）でストリンガビード置きの練習もする（図7.2－7）。 　後進溶接では，幅の狭い凸なビード形状になり，溶込みは深い。 2．基本動作の目的は，次のことを同時にできるようになることである。 （1）腕を水平に動かす。 （2）溶融池を絶えず観察し，アークの位置，短絡回数，運棒速度，トーチ保持角度を適正に調節しながら行う。 【安全衛生】 　№7.1の備考参照。	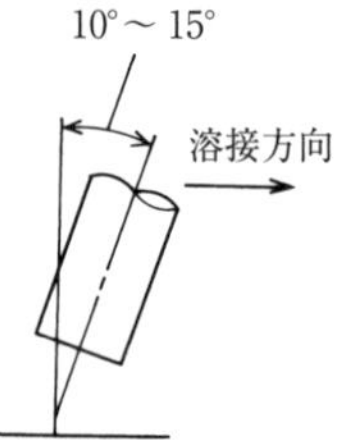 図7.2－7　トーチ保持角度（後進溶接）

			番号	No. 7.3

作業名	炭酸ガスアーク溶接による下向ビード置き（2）	主眼点	ウィービングビードの置き方（後進溶接）

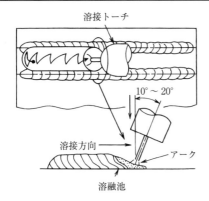

図7.3-1　溶接トーチの保持角度と運棒法

材料及び器工具など
軟鋼板（t 9.0 × 150 × 200） 炭酸ガスアーク溶接用ワイヤ（φ1.2） 炭酸ガスアーク溶接装置 溶接用保護具一式 モンキレンチ ペンチ 溶接用清掃工具一式 平やすり

番号	作業順序	要　　　点	図　　解
1	準備する	1．母材を作業台の上に水平に置き，表面を清浄にし，アースの状態を点検する。 2．溶接電流を160 A，アーク電圧を22 V，炭酸ガス流量を15ℓ/min に調整する。	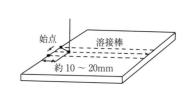 図7.3-2　アーク発生位置
2	姿勢を整える	No.7.2の作業順序2参照。	
3	アークを発生させる	1．図7.3-1，-2に示すように，始点より10～20mm 前方のところで，アークを発生させる。 2．アークの発生要領は，No.7.2の作業順序3参照。	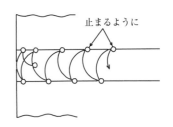 図7.3-3　ウィービングの方向
4	ビードを置く	1．トーチ保持角度は進行方向に70°～75°，母材に対しては90°に保ち，溶融池の状態を見ながらビードを置く（図7.3-1）。 2．運棒法は左から右へ，図7.3-3に示すようにウィービングを行いながら進行する。 3．ウィービングは，図7.3-3のようにビード中央を通るときは速くし，両止端は少し止まるように遅くする。 4．ウィービングのピッチは，不規則にならないように規則正しく運棒する（図7.3-4）。 5．運棒は，手首だけでなく，腕全体で操作する。 6．溶接速度，トーチ保持角度は，溶融池の状態に応じて変化させ，均一でまっすぐなビードを置く。 7．ビードの高さは，図7.2-6を参照する。	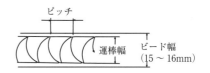 図7.3-4　ウィービングの方法
5	アークを切る（クレータ処理をする）	1．図7.3-5のようにウィービングを行いながら，ビード中央でアークを切る。 2．クレータ処理は図7.3-6のような要領で行う。	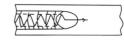 図7.3-5　アークの切る位置
6	検査する	No.7.2の作業順序6参照。	
備考	基本動作の目的及びその他については，ストリンガビードの置き方の場合と同じである。 【安全衛生】 　No.7.1の備考参照。		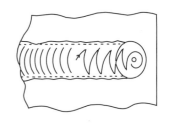 図7.3-6　クレータ処理

作業名	炭酸ガスアーク溶接による水平すみ肉溶接	主眼点	T継手の溶接（1層仕上げ）

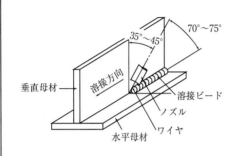

図7.4-1　溶接外観とトーチ保持角度

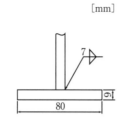

図7.4-2　溶接記号

	材料及び器工具など

軟鋼板〔t 9.0 × 80 × 200（2枚）〕
炭酸ガスアーク溶接用ワイヤ
　　（φ1.2　JIS YGW12）
炭酸ガスアーク溶接装置
溶接用保護具一式
モンキレンチ
ペンチ
すきまゲージ

番号	作業順序	要　　点	図　　解
1	準備する	1．母材接合部にすきまができないように，水平母材に接する垂直母材の端面をやすりなどで仕上げる（図7.4-1～-4）。 2．母材接合部を清浄にし，ミルスケールなどの不純物を除く。 3．炭酸ガス流量を15ℓ/min に調整する。	 図7.4-3　母材接合部
2	タック溶接（仮付溶接）をする	1．母材を図7.4-3のように組み合わせる。 2．溶接電流を200A，アーク電圧を22～25Vに調整する。 3．タック溶接は図7.4-5に示すように，本溶接の支障にならない位置で行う。 4．タック溶接が終わったら，溶接線が水平になるように作業台に置く。	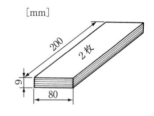 図7.4-4　母材の寸法
3	アークを発生させる	1．溶接電流を200A，アーク電圧を22～25Vに調整する。 2．突出し長さを約15mmにする（図7.4-6）。 3．ワイヤを図7.4-7に示すように，溶接線上の始端より約10mm内側に保持する。 4．トーチスイッチを入れ，アークを発生させて，速やかにワイヤを始端部に移動させる。	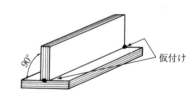 図7.4-5　タック溶接部

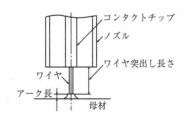

図7.4-6　ワイヤ突出し長さ

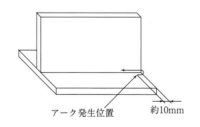

図7.4-7　アーク発生位置

番号	作業順序	要　点	図　解
4	ビードを置く	1．ストリンガ法の前進溶接で行う。 2．トーチ保持角度は図7.4-1に示すように，垂直母材より手前35°〜45°に傾け，進行方向に70°〜75°の前進角で保持する。 3．ワイヤ先端のねらい位置は，図7.4-8に示すように脚長の長さに応じて変える。 　脚長を7〜10mmに設定して，すみ肉溶接を行う場合は，図7.4-8（a）に示すようにルート部から1〜2mm離れた位置をワイヤのねらい位置とする。 　これは垂直母材側の止端部にアンダカットや水平母材側の止端部にオーバラップを生じさせないためである。 　また，脚長を約6mm以下に設定して，すみ肉溶接を行う場合は，同図（b）に示すようにルート部をワイヤのねらい位置とする。 4．溶接速度は仕上がり脚長を溶融池の状態で見極めながら調整する。目安として，40cm/min程度とする。 5．ワイヤ先端は常に溶融池の先端にする。 6．アンダカット，オーバラップを生じさせないように，溶融池をよく観察しながらトーチ角度，溶接速度，ワイヤ先端の位置を調整する。	 （a）脚長7〜10mmの場合 （b）脚長約6mm以下の場合 図7.4-8　脚長とワイヤ位置 図7.4-9　脚長と溶込み
5	アークを切る（クレータ処理をする）	1．ビード終端で，トーチスイッチを切り，溶融池の赤熱部分が消える寸前に，再びアークを発生させ，これを1〜2回繰り返すことにより，クレータの処理をする。 2．クレータが完全に冷却するまでトーチをクレータ上方で保持する。 　シールドガスの効果によって，クレータ部の溶接欠陥を防止するためである。	
6	検査する	次のことについて調べる。 （1）ビードの表面及び波形の均一性。 （2）水平側母材と垂直側母材の脚長が設定どおりになっているか（図7.4-9）。 （3）アンダカット，オーバラップの有無。 （4）ビード表面の酸化やピットの有無。 （5）ビードの始端及び終端の状態及びビードの継ぎ目の状態。	

1．水平すみ肉溶接では，水平母材側にオーバラップが生じ
やすいので，1パス仕上げの脚長は10mm程度までが望
ましい。

これ以上の脚長を必要とする場合は，次のように多層盛
溶接を行う。

2．多層盛溶接の仕方（2層3パス溶接）

（1）第1層の溶接条件と運棒法

トーチは前進角にし，ストリンガ法で，脚長が約
6mmになるようにやや速い速度で溶接する（図7.4
－10）。

（2）第2層（1パス）の溶接条件と運棒法

トーチ保持角度とワイヤのねらい位置は，図7.4－
11（a）に示すようなトーチ保持角度で，前進角のス
トリンガ法で溶接する。

垂直母材側は第1層ビードと同じくらいの高さにし，
水平母材側の脚長を9mmになるように溶接をする。

（3）第2層（2パス）の溶接条件と運棒法

垂直母材側の脚長が9mmとなるように，前進角の
ストリンガ法で溶接をする（図7.4－11（b））。

1パス目と2パス目の重なり部分は，なだらかにな
るように溶接をする。

3．その他の多層盛溶接

その他の多層盛溶接の例を図7.4－12，－13に示す。

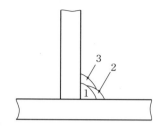

図7.4－10　2層3パスの溶接

[mm]

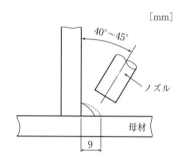

（a）2層目の1パス目の溶接

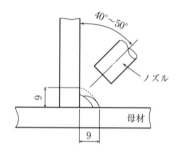

（b）2層目の2パス目の溶接

図7.4－11　2層目のワイヤねらい位置

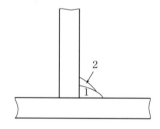

図7.4－12　1層2パスの溶接

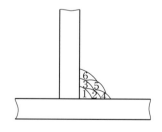

図7.4－13　3層6パスの溶接

作業名	炭酸ガスアーク溶接による下向中板突合せ溶接	主眼点	V形開先継手の溶接（裏当て金あり）

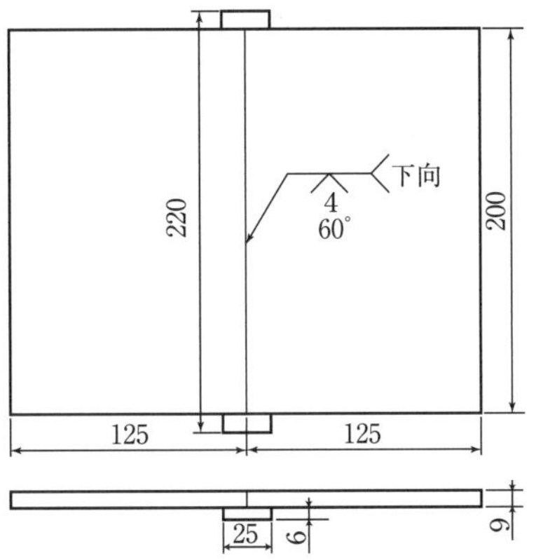

図7.5−1　母材と裏当て金の寸法

材料及び器工具など

軟鋼板（ t 9.0 × 125 × 200)
裏当て金（ t 6.0 × 25 × 220)
炭酸ガスアーク溶接用ワイヤ（φ1.2)
炭酸ガスアーク溶接装置
溶接用保護具一式
モンキレンチ
ペンチ
溶接用清掃工具一式
平やすり
すきまゲージ

番号	作業順序	要　点	図　解
1	準備する	1．母材を図7.5−1に示す寸法に切断し，開先を加工したものを2枚用意する。ルート面を約0.5mmに加工する。 2．裏当て金を図7.5−1に示す寸法に切断したものを1枚用意する。 3．ミルスケールや不純物を除去し，母材開先部及び裏当て金表面を清浄にする。 4．裏当て金に約3°の角度をつける。 5．炭酸ガス流量を15〜20ℓ/minに調整する。	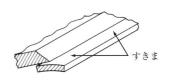 図7.5−2　母材と裏当て金のすきま
2	タック溶接（仮付溶接）をする	1．図7.5−2のように母材と裏当て金との間にすきまができないように，母材と裏当て金を完全に密着させる。 2．溶接電流を180 A，アーク電圧を21〜24 Vに調整する。 3．図7.5−3のように①〜⑩の順番でタック溶接をする。 　溶接後に起こるひずみを予想して，図7.5−4のように裏当て金に逆ひずみを与え，その上に2枚の母材をルート間隔約4mmにし，裏当て金とのすきまがないように置き，タック溶接部が溶接のじゃまにならないよう図7.5−3の位置でタック溶接をする。 4．タック溶接後は突合せ部の修正が困難なため，図7.5−5のようにならないようにする。 　ルート間隔約4mm，裏当て金と母材のすきまがないこと，溶接部にスパッタなどの異物のないことなどを確かめて，タック溶接を行う。	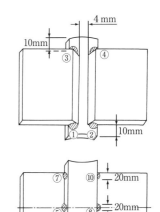 図7.5−3　タック溶接部

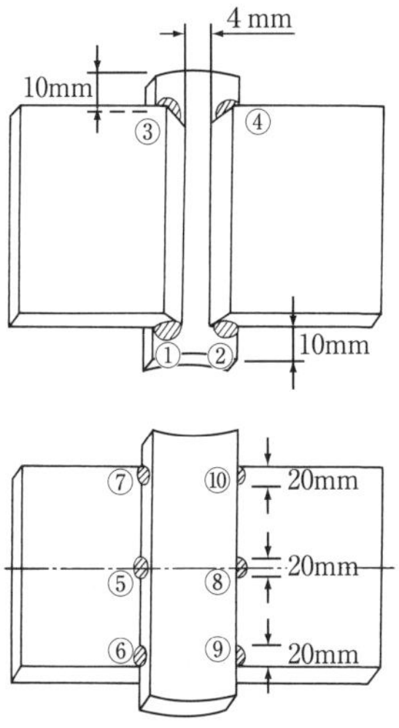

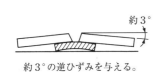

約3°の逆ひずみを与える。

図7.5−4　逆ひずみ角度

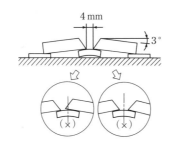

図7.5−5　タック溶接前の確認

— 81 —

番号	作業順序	要　　点	図　　解
3	アークを発生させる	1. 溶接電流を 180 A，アーク電圧を 21 ～ 23 V，炭酸ガス流量を 15 ℓ/min に調節する。 2. 図7.5-6のように裏当て金の始端でアークを発生させ，少し間を置いて，アークが安定してから開先内に移動する。	 図7.5-6　アーク発生位置とトーチ保持角度
4	1層目の溶接を行う	1. トーチ保持角度は進行方向に60°～75°（後進角），母材に対しては90°に保ち，溶融池の状態を見ながら溶接を行う（図7.5-6）。 2. 突出し長さを 15 ～ 20mm にする。 3. 姿勢を整える。№7.2の作業順序2参照。 　（1）母材に正対して，足を半歩開く。 　（2）トーチを軽く握り，肩の力を抜き，トーチを持つほうのひじを水平に張って溶融池の状態がよく見える程度に前傾姿勢をとる。 4. アークは溶融池先端をねらい，ルート間隔幅程度の小さいウィービングで溶接する（図7.5-7）。 　（1）前進溶接の場合はビードは平滑になりやすいが，溶込みが浅く，曲げ試験などで不安があるので後進溶接がよい。 　（2）アークを溶融池先端（ワイヤのねらい位置は少なくとも溶融池の大きさの1/3より溶接進行方向側）に保持しないと，溶融金属が流れ込んだ状態と同様となり，母材の溶融がなく，融合不良などの欠陥が発生しやすい。 5. 両母材ルート部を均等に溶かし，裏面まで完全に溶け込むようにする。 6. 1層目のビード表面が，図7.5-8のように両止端がよく溶け込んで，平滑になるようにする。 　同図の下の2例のようなビード状態になると2層目ビードで溶込み不良になりやすくなるばかりでなく，2層目ビードが均一にならない。	 図7.5-7　1層目ビードのねらい位置 (○) (×)　　　(×) 図7.5-8　1層目ビード
5	2層目及びそれ以後の溶接を行う	1. 1層目のビードを，十分に清浄にする。 2. 溶接電流を170A，アーク電圧を 21 ～ 23V に調整する。 3. トーチ保持角度は進行方向に60°～75°（後進角），母材に対しては90°に保ち，溶接する。 4. 運棒法はウィービングである（図7.5-9）。 　ウィービングビードは後進溶接とする。 5. ウィービングは，1層目ビードの止端で少し止め，中央は速く運棒する。 　止端部をよく溶かし込み，図7.5-10のように平滑なビードにするためである。 6. 溶接電流は各層ごとに5～10Aぐらい下げながら行い，150A以下にならないようにする。 7. 図7.5-10のように仕上げ前のビード表面は，母材面より1～1.5mmくらい低くなるようにビードを置く。	 図7.5-9　2層目ビード

番号	作業順序	要　　　点	図　　　解
5		開先が残っているので，幅の均一な仕上げビードが置ける。 8．クレータ処理は図7.5−9のように，ビード終端で，トーチスイッチを切り，溶融池の赤熱部分が消える寸前に，再びアークを発生させ，これを1〜2回繰り返す。	（○） 1〜1.5mm （×）　　　（×） 図7.5−10　2層目ビード
6	仕上げの溶接を行う	1．溶接電流を150A，アーク電圧を20〜22Vに調整し，ウィービングビードを置く。 2．作業順序4と同様のトーチ角度を保持する。 3．運棒幅は図7.5−11のように開先内で確実に，作業順序5と同じ要領で行う。 4．ビード幅は開先幅＋2mmになるようにする（目標を15mmとする）。 　ビード幅が狭すぎるとオーバラップになりやすく，ビード幅が広すぎるとビード波形が不均一になる。 5．余盛高さは，図7.5−11のように2mmを超えないようにする。	（○） 1〜2mm （×）　　　（×） 図7.5−11　余盛高さ
7	検査する	次のことについて調べる。 （1）ビードの表面及び波形の均一性。 （2）ビードの幅及び余盛高さの良否（図7.5−12）。 （3）始端，終端の処理。 （4）アンダカット，オーバラップの有無。 （5）溶接変形の状態。 （6）清掃の状態。	ビード幅 余盛高さ 母材 最大余盛高さ＝0.1×ビード幅＋0.5mm 図7.5−12　ビードの幅と余盛高さ

備考	1．1層目の溶込みは，裏当て金裏面に現れる酸化による変色のすじで判断する。 2．ビードの始端と終端の処理がおろそかにならないように注意する。

				番号	No. 7. 6
作業名	炭酸ガスアーク溶接による下向中板突合せ溶接		主眼点	V形開先継手の溶接（裏当て金なし）	

	材料及び器工具など

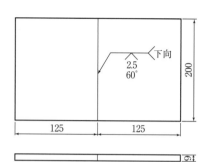

図7.6-1　母材の寸法

軟鋼板（t 9.0 × 125 × 200)
炭酸ガスアーク溶接用ワイヤ（φ1.2）
炭酸ガスアーク溶接装置
溶接用保護具一式
モンキレンチ
ペンチ
溶接用清掃工具一式
平やすり
すきまゲージ
片手ハンマ

番号	作業順序	要　　点	図　　解
1	準備する	1．No.7.5の作業順序1参照。 2．母材を図7.6-1に示す寸法に切断し，開先ベベル角度30°に加工したものを2枚用意する。 3．ミルスケールや不純物を除去し，母材開先部を清浄にする。 4．ルート面が約1.5～1.8mmになるよう平やすり等で加工する（図7.6-2）。 5．炭酸ガス流量を15～20ℓ/minに調整する。	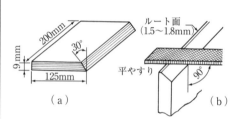 図7.6-2
2	タック溶接 （仮付溶接） をする	1．図7.6-3のように，両母材突合せ部の食違いがないように注意する。 2．溶接電流180～190A，アーク電圧18～19Vに調整する。 3．すきまゲージを用いてルート間隔はスタート側約2.4mm，クレータ側約2.6mmとなるよう母材開先の裏側端面にする（図7.6-4）。このとき，2枚の板の面が目違いにならないようにタック溶接する。目違いになってしまった際は片手ハンマによるハンマリングで修正する。 4．約3°の逆ひずみを与える（図7.6-5，-6）。	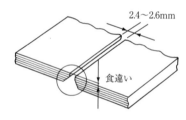 図7.6-3　突合せ部の食違い 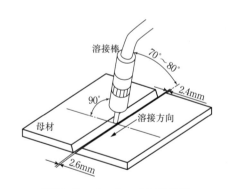 図7.6-4　トーチ保持角度

図7.6-5　タック溶接の位置と逆ひずみ

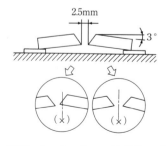

図7.6-6　タック溶接前の確認

番号	作業順序	要　　点	図　　解
3	アークを発生させる	アーク発生点は，開先始端部の仮付け溶接位置中央部からアークを発生させ，仮付け溶接部を半分溶かしながら開先内に移動する。	15〜20mm　70°〜80°　90° 図7.6-7　アーク発生位置とトーチ保持角度
4	1層目の溶接を行う	1．溶接電流を90〜100A，アーク電圧を18〜19V，炭酸ガス流量を20ℓ/min に調整する。 2．運棒は前進溶接，トーチ保持角度は進行方向に70°〜80°前進角，母材に対しては90°に保ち，溶融池の状態を見ながら溶接を行う（図7.6-4，-7）。 3．突出し長さを15〜20mm に保ちながら運棒することが大切である。 4．ワイヤ先端が常に溶融池先端をねらうようにし，ストリンガ運棒法にて溶接を行う（図7.6-8）。 　またルート間隔程度のスモールウィービング法でもよい。 　ルート部が溶落ち，裏抜けする場合は電流，電圧を少し下げ，逆に裏波の出方が少ないときは電流，電圧を少し上げる。突出し長さが安定しないとアークも不安定となる。 5．溶接速度は裏波の出方状態を観察しながら決め，ビードが凸にならないように注意する（図7.6-9）。	溶接方向（前進溶接） （○） （×） 図7.6-8　1層目ビードのねらい位置 （○） （×）　　（×） 図7.6-9　1層目ビード
5	2層目及びそれ以後の溶接を行う	1．1層目ビードを，ワイヤブラシ等で清掃する。 2．溶接電流を190〜200A，アーク電圧を19〜20Vに調整し，突出し長さは15〜20mm とする。 3．トーチ保持角度は進行方向に70〜80°の前進角で，前進溶接のウィービングビードとする。 4．2層目以降の溶接：No.7.5の作業順序5，6を参照（図7.6-10，-11）。 5．ビード高さ，幅についてはNo.7.5の作業順序6参照（図7.6-13）。	（○）　1〜1.5mm （×）　　（×） 図7.6-10　2層目ビード

— 85 —

番号	作業順序	要　　　点	図　　　解
6	仕上げの溶接を行う	1．溶接電流を 180 〜 190A，アーク電圧を 19 〜 20V に調整し，ウィービングビードを置く。 2．№ 7.5 の 5 と同様のトーチ角度を保持する。 3．運棒幅は図 7.6 − 12 のように開先内で確実に，作業順序の 5 と同じ要領で行う。 4．ビード幅は開先幅＋ 2 mm になるようにする（目標を 15mm とする）。 　　ビード幅が狭すぎるとオーバラップになりやすく，ビード幅が広すぎるとビード波形が不均一になる。 5．余盛高さは，図 7.6 − 12 のように 2 mm を超えないようにする。	図 7.6 − 11　2 層目ビード 図 7.6 − 12　余盛高さ
7	検査する	№ 7.5 の作業順序 7 参照。	ビード幅 余盛高さ 母材 最大余盛高さ＝ 0.1 ×ビード幅＋ 0.5mm 図 7.6 − 13　ビードの幅と余盛高さ
備 考		ビードの始端と終端の処理がおろそかにならないように注意する。	

番号	No. 7. 7

作業名	炭酸ガスアーク溶接による立向ビード溶接（1）	主眼点	ストリンガビード溶接（上進法）

材料及び器工具など

軟鋼板（t 9.0 × 150 × 200）
炭酸ガスアーク溶接用ワイヤ（φ1.2）
炭酸ガスアーク溶接装置
溶接用保護具一式
モンキレンチ
溶接用清掃工具一式
平やすり
鋼製直尺

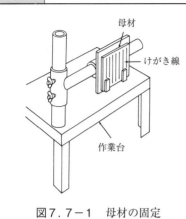

図7.7−1　母材の固定

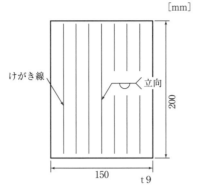

図7.7−2　母材の寸法

番号	作業順序	要　　点	図　　解
1	準備する	1．母材の表面を清浄にし，母材が目と胸との中間の高さになるように作業台に垂直に固定する（図7.7−1，−2）。 2．溶接電流を100〜120A，アーク電圧を19〜20V，炭酸ガス流量を15ℓ/min に調整する。 　ビードのたれ下がりの心配があるので，低い値の電流条件を用いる。	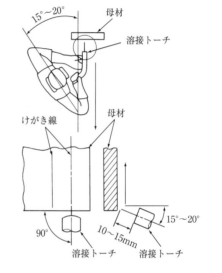 図7.7−3　溶接姿勢とトーチ保持角度
2	姿勢を整える	1．母材に対して体を15°〜20°開いて腰を掛け，足を半歩開く（作業台によっては立ったままでもよい）（図7.7−3）。 2．トーチを軽く握り，肩の力を抜き，トーチを持つ側のひじを後ろに引くようにして，溶融池の状態がよく見えるようにする（図7.7−3）。	
3	アークを発生させる	1．ワイヤを送り出し，ノズルより10〜15mm の長さに切り落とす。 2．溶接開始点にトーチを近づけ，突出し長さを10〜15mm に保持する。 3．溶接開始点（母材の下端）の上方約10mm のところでアークを発生させ，速やかに始点に戻る（バックステップ法）。	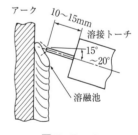 図7.7−4
4	ビードを置く	1．トーチ保持角度は母材面に90°，溶接線の上方に15°〜20°に保ち，溶融池の状態を見ながらビードを置く。 　ワイヤ先端は常に溶融池先端に向ける（図7.7−4）。 2．溶接速度，トーチ角度は，溶融池の状態に応じて変化させ，均一でまっすぐなビードを置く。 3．けがき線に沿って，ストリンガ法（上進法）で溶接する（図7.7−5）。	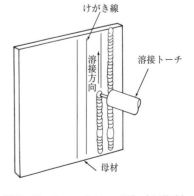 図7.7−5　ストリンガ法（上進法）

番号	作業順序	要　　　　　　点	図　　　　解
5	アークを切る（クレータ処理をする）	ビード終端で，トーチスイッチを切り，溶融池の赤熱部分が消える寸前に，再びアークを発生させて小さな円を描くように，2～3回繰り返すことにより，クレータの処理をする（図7.7-6）。	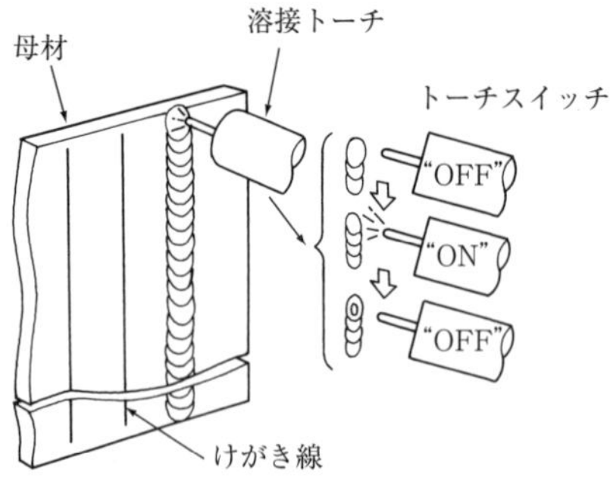 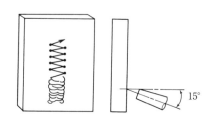図7.7-6　クレータの処理
6	検査する	次のことについて調べる。 （1）ビードの表面及び波形の均一性。 （2）ビードの幅及び余盛高さの適否（図7.5-11，-12参照）。 （3）アンダカット，オーバラップの有無。 （4）ビード表面の酸化やピットの有無。 （5）ビードの始端及び終端の状態及びビードの継ぎ目の状態。	

備考

1．溶融池を絶えず観察し，アークの位置，短絡回数，運棒速度，トーチ保持角度を適正に調節しながら溶接する。

2．ストリンガビードと同様に上進法のウィービングビードの練習をする（図7.7-7）。このとき両端ではゆっくり，中央で速く運棒し，運棒幅は15～16mmを目標とする。また上進の速度が遅くなると図7.7-8のように溶融金属がたれ下がる。ウィービングビードの運棒は図7.7-9を参照して行う。

3．ビード継ぎについて
（1）ストリンガビードの場合
　　　図7.7-10（a）に示すように，クレータより10～20mm前方にアークを発生させて，素早くクレータ中央に戻り，前のビード幅と同じになるように注意して溶接を行う。
（2）ウィービングビードの場合
　　　図7.7-10（b）に示すように，クレータより10～20mm前方にアークを発生させて，素早くクレータ中央に戻り，前のビード幅と同じになるように注意して溶接を行う。

図7.7-7　上進法によるウィービングビード

図7.7-8　溶接速度不良によるたれ下がり

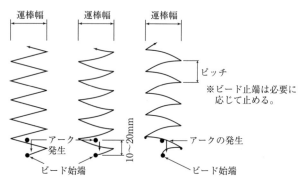

図7.7-9　ウィービングビードの運棒

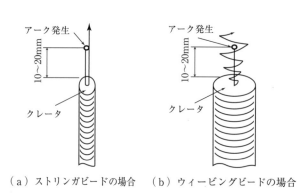

（a）ストリンガビードの場合　（b）ウィービングビードの場合

図7.7-10　ビード継ぎの運棒

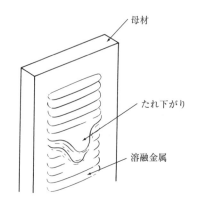

番号		No. 7. 8

作業名	炭酸ガスアーク溶接による立向ビード溶接（2）	主眼点	ストリンガビード溶接（下進法）

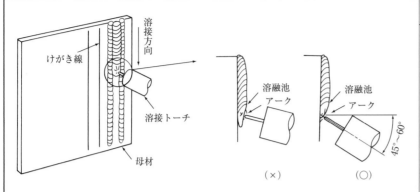

図7.8－1　下進法によるストリンガビードとトーチ保持角度

		材料及び器工具など

軟鋼板（ t 9.0 × 150 × 200）
炭酸ガスアーク溶接用ワイヤ（φ1.2）
炭酸ガスアーク溶接装置
溶接用保護具一式
モンキレンチ
ペンチ
溶接用清掃工具一式
平やすり
鋼製直尺

番号	作業順序	要　　　　点	図　　　解
1	準備する	1．溶接電流を 160 ～ 180A，アーク電圧を 21 ～ 24V，炭酸ガス流量を 15 ～ 20 ℓ /min に調整する。 2．その他については，№ 7.7 の作業順序 1，図 7.8 － 2 参照。	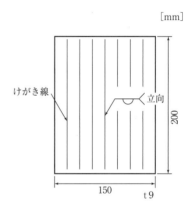 図7.8－2　母材寸法
2	姿勢を整える	№ 7.7 の作業順序 2 参照。	
3	アークを発生させる	溶接開始点は母材の上端とし，№ 7.7 の作業順序 3 と同じ要領で行う。	
4	ビードを置く	1．2本の上進法ビードの間に下進法ビードを置く。 2．ワイヤ先端が常に溶融池先端（溶融池の最下部）をねらうようにし，№ 7.7 の作業順序 4 と同じ要領で行う（図7.8－1）。 3．下進法は溶接速度が速いので，アーク発生後始点から終端まで一気に溶接する。 　下進法は，トーチ保持角度が悪い場合や溶接速度が遅い場合には溶融池の溶融金属がたれ下がり，アークによる母材の溶融がなくなり，融合不良や裏波の形成不足の原因となる。	
5	アークを切る（クレータ処理をする）	№ 7.7 の作業順序 5 参照。	
6	検査する	№ 7.7 の作業順序 6 参照。	

備考	立向下進法は，主として薄板の立向裏波溶接などで用いるが，一般に溶込みが浅く，融合不良などが起こりやすいので，中板の立向溶接には使用しないことが望ましい。

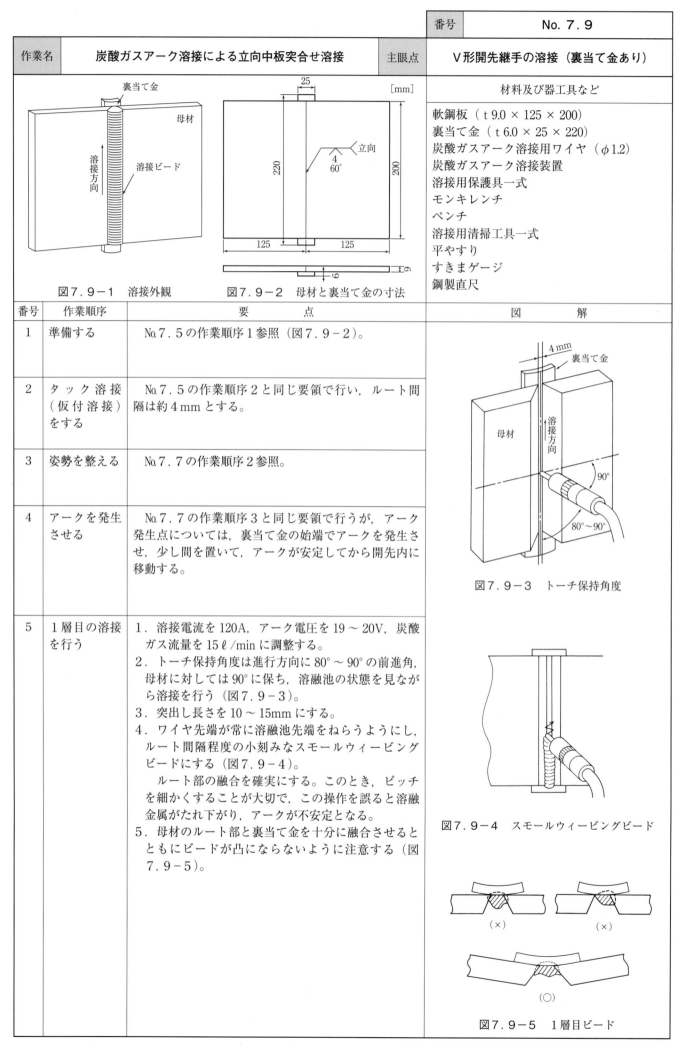

番号		No. 7. 9
作業名	炭酸ガスアーク溶接による立向中板突合せ溶接	主眼点	V形開先継手の溶接（裏当て金あり）

図7.9−1　溶接外観　　　図7.9−2　母材と裏当て金の寸法

材料及び器工具など

軟鋼板（ t 9.0 × 125 × 200）
裏当て金（ t 6.0 × 25 × 220）
炭酸ガスアーク溶接用ワイヤ（φ1.2）
炭酸ガスアーク溶接装置
溶接用保護具一式
モンキレンチ
ペンチ
溶接用清掃工具一式
平やすり
すきまゲージ
鋼製直尺

番号	作業順序	要　点	図　解
1	準備する	No.7.5の作業順序1参照（図7.9−2）。	
2	タック溶接（仮付溶接）をする	No.7.5の作業順序2と同じ要領で行い，ルート間隔は約4mmとする。	図7.9−3　トーチ保持角度
3	姿勢を整える	No.7.7の作業順序2参照。	
4	アークを発生させる	No.7.7の作業順序3と同じ要領で行うが，アーク発生点については，裏当て金の始端でアークを発生させ，少し間を置いて，アークが安定してから開先内に移動する。	
5	1層目の溶接を行う	1．溶接電流を120A，アーク電圧を19〜20V，炭酸ガス流量を15ℓ/minに調整する。 2．トーチ保持角度は進行方向に80°〜90°の前進角，母材に対しては90°に保ち，溶融池の状態を見ながら溶接を行う（図7.9−3）。 3．突出し長さを10〜15mmにする。 4．ワイヤ先端が常に溶融池先端をねらうようにし，ルート間隔程度の小刻みなスモールウィービングビードにする（図7.9−4）。 　ルート部の融合を確実にする。このとき，ピッチを細かくすることが大切で，この操作を誤ると溶融金属がたれ下がり，アークが不安定となる。 5．母材のルート部と裏当て金を十分に融合させるとともにビードが凸にならないように注意する（図7.9−5）。	図7.9−4　スモールウィービングビード 図7.9−5　1層目ビード

番号	作業順序	要　　点	図　　解
6	2層目及びそれ以後の溶接を行う	1．1層目ビードを，清浄にする。 2．溶接電流を130A，アーク電圧を19〜21Vに調整し，突出し長さは10〜15mmとする。 3．トーチ保持角度は進行方向に70°〜80°の前進角で，上進法のウィービングビードとする。 4．溶融池を下に見て，アークが常に溶融池の上で点じているようにし，V開先の開先壁面に沿って溶接進行方向に直角のウィービングを行い，開先面で十分に止め，余盛高さを一定にしながら上進する（図7.9-6）。 　この方法によると，安定したアークが得やすい，比較的高い電流の使用が可能であり，母材の溶融状態を確かめながら溶接ができるのでアンダカットやワゴントラック（開先内の第1層目のビード止端部がそれ以後の溶接で溶融できず，直線的な融合不良の連続するような欠陥）の発生も見られず，良好な溶接となる。 5．3層目は2層目と同じ要領で行うが，溶接電流が140Aを超えないようにする。 6．ビード高さ，幅については№7.5の作業順序6参照。 　なお，溶接の外観は図7.9-1のとおりである。	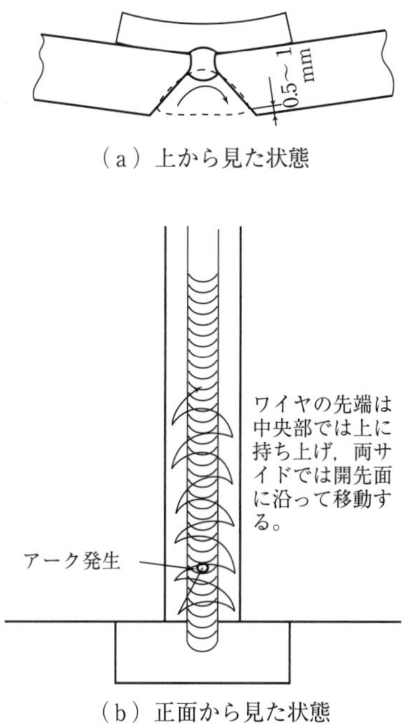 （a）上から見た状態 ワイヤの先端は中央部では上に持ち上げ，両サイドでは開先面に沿って移動する。 アーク発生 （b）正面から見た状態 図7.9-6　2層目ビードの運棒
7	検査する	№7.5の作業順序7参照。	
備 考			

			番号	No. 7.10

作業名	炭酸ガスアーク溶接による立向中板突合せ溶接	主眼点	V形開先継手の溶接（裏当て金なし）

[mm]

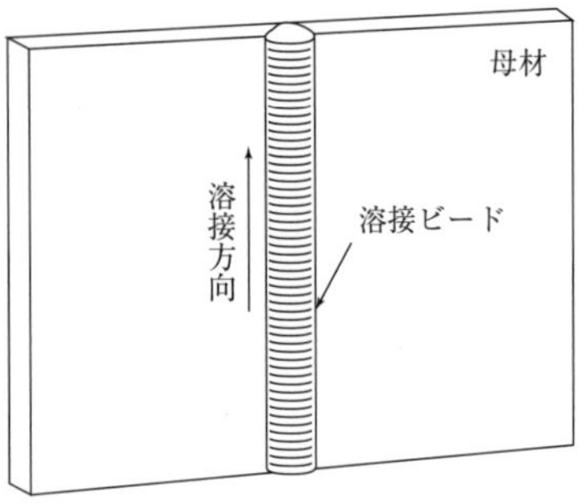

図7.10−1　溶接外観

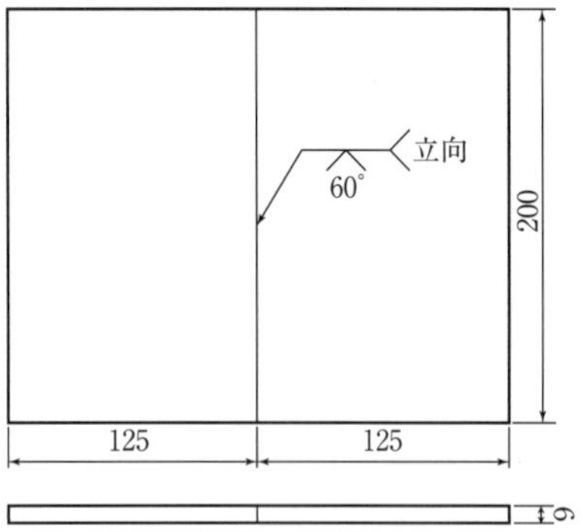

図7.10−2　母材の寸法

材料及び器工具など

軟鋼板（t 9.0 × 125 × 200）
炭酸ガスアーク溶接用ワイヤ（φ1.2）
炭酸ガスアーク溶接装置
溶接用保護具一式
モンキレンチ
ペンチ
溶接用清掃工具一式
平やすり
すきまゲージ
鋼製直尺
片手ハンマ

番号	作業順序	要点	図解
1	準備する	1．No.7.5の作業順序1参照。 2．母材を図7.10−2に示す寸法に切断し，開先ベベル角度30°に加工したものを2枚用意する。 3．ミルスケールや不純物を除去し，母材開先部を清浄にする。 4．ルート面が約1.5～1.8mmになるよう平やすり等で加工する（図7.10−3）。 5．炭酸ガス流量を15～20ℓ/minに調整する。	 図7.10−3　開先形状
2	タック溶接 （仮付溶接） をする	1．溶接電流120～130A，アーク電圧19～20Vに調整する。 2．図7.10−4のように，すきまゲージを用いてルート間隔はスタート側約2.4mm，クレータ側約2.6mmとなるよう母材開先の裏側端面にタック溶接する。このとき，2枚の板の面が目違いにならないようにする。目違いになってしまった際は片手ハンマによるハンマリングで修正する。 3．約3°の逆ひずみを与える。	
3	姿勢を整える	1．母材に対し体を15°～20°開いて腰を掛け，足を半歩開く。このとき作業台によっては立ったままでもよい。 2．トーチを軽く握り，肩の力を抜き，トーチを持つ側のひじを後ろに引くようにして開先部の方へ顔を近づけ，溶融池の状態がよく見えるように上からのぞき込むように観察するとよい。	図7.10−4　トーチ保持角度
4	アークを発生させる	アーク発生点は，開先始端部の仮付け溶接位置中央部からアークを発生させ，仮付け溶接部を半分溶かしながら開先内に移動する。	
5	1層目の溶接を行う	1．溶接電流を90～100A，アーク電圧を18～19V，炭酸ガス流量を20ℓ/minに調整する。 2．トーチ保持角度は進行方向に80°～90°上進角，母材に対しても90°に保ち，溶融池の状態を見ながらストリンガ運棒上進法で溶接を行う（図7.10−4）。 3．突出し長さを10～15mmに保ちながら運棒することが大切である。	図7.10−5　ストリンガ又は 　　　　スモールウィービングビード

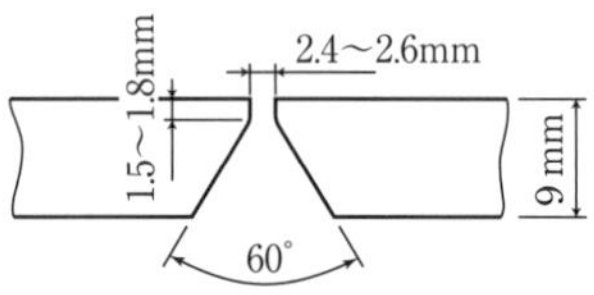

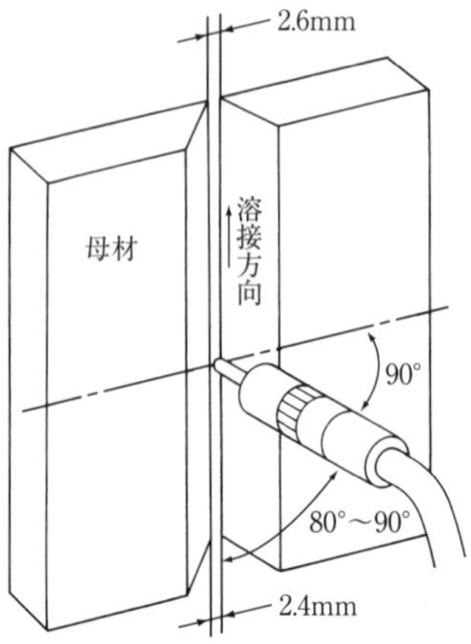

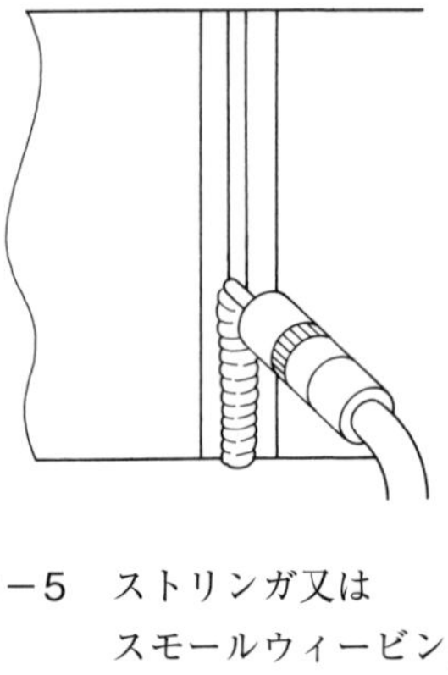

番号	作業順序	要　　点	図　　解
5		4．ワイヤ先端が常に溶融池先端をねらうようにし，ストリンガ運棒法にて溶接を行う（図7.10－5）。またルート間隔程度のスモールウィービング法でもよい。 　　ルート部が溶落ち，裏抜けする場合は，電流，電圧を少し下げ，逆に裏波の出方が少ないときは電流，電圧を少し上げる。突出し長さが安定しないとアークも不安定となる。 5．溶接速度は裏波の出方状態を観察しながら決め，ビードが凸にならないように注意する（図7.10－6）。	（×）　　　　（×） （○） 図7.10－6　1層目ビード
6	2層目及びそれ以後の溶接を行う	1．1層目ビードを，ワイヤブラシ等で清掃する。 2．溶接電流を120〜130A，アーク電圧を19〜20Vに調整し，突出し長さは10〜15mmとする。 3．トーチ保持角度は進行方向に80°〜90°の上進角で，上進法のウィービングビードとする。 4．溶融池を上からのぞき込むように見て，アークが常に溶融池の上で点じているように運棒し，開先壁面に沿って円弧を描くようにウィービング運棒法で溶接を行う。開先面で十分に止め，余盛高さを一定にしながら上進する（図7.10－7）。 　　この方法によると，安定したアークが得やすい，比較的高い電流の使用が可能であり，母材の溶融状態を確かめながら溶接ができるのでアンダカットやワゴントラック（開先内の第1層目のビード止端部がそれ以後の溶接で溶融できず，直線的な融合不良の連続するような欠陥）の発生も見られず，良好な溶接となる。 5．3層目は2層目と同じ要領で行うが，溶接電流を110〜120A，アーク電圧を18〜19Vに調整する。 6．ビード高さ，幅については№7.5の作業順序6参照。 　　なお，溶接の外観は図7.10－1のとおりである。	0.5〜1mm （a）上から見た状態 ワイヤの先端は中央部では上に持ち上げ，両サイドでは開先面に沿って移動する。 アーク発生 （b）正面から見た状態 図7.10－7　2層目ビードの運棒 ビード幅 余盛高さ 母材 最大余盛高さ＝0.1×ビード幅＋0.5mm 図7.10－8　ビードの幅と余盛高さ
7	検査する	№7.5の作業順序7参照（図7.10－8）。	
備考			

作業名	炭酸ガスアーク溶接による横向ビード溶接	主眼点	ストリンガビード溶接（前進溶接）

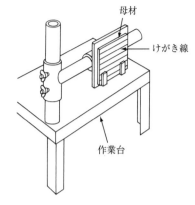

図7.11－1　母材の固定

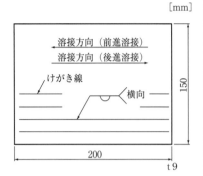

図7.11－2　母材の寸法

材料及び器工具など

軟鋼板（t9.0 × 150 × 200）
炭酸ガスアーク溶接用ワイヤ（φ1.2）
炭酸ガスアーク溶接装置
溶接用保護具一式
モンキレンチ
ペンチ

番号	作業順序	要　　　点	図　　解
1	準備する	1．母材の表面を清浄にし，母材が目と胸との中間の高さになるように作業台に垂直に固定する（図7.11－1，－2）。 2．溶接電流を130A，アーク電圧を19 ～ 22V，炭酸ガス流量を15ℓ/min に調整する。	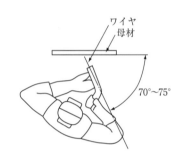 図7.11－3　溶接姿勢とトーチ保持角度
2	姿勢を整える	1．母材に対し，体をやや斜めに開いて腰を掛け，足を半歩開く（作業台によっては立ったままでもよい）（図7.11－3）。 2．トーチを軽く握り，肩の力を抜き，腕を水平にして溶融池の状態がよく見える状態を保つ（図7.11－3）。	
3	アークを発生させる	1．ワイヤを送り出し，ノズルより約10mm の長さに切り落とす。 2．溶接開始点にトーチを近づけ，突出し長さを約10mm に保持する。 3．前進溶接で行う場合は，溶接開始点（母材の右端）の左側約10mm のところでアークを発生させ，速やかにワイヤを始端部に移動させる（バックステップ法）（図7.11－4）。	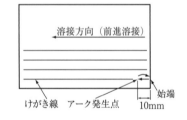 図7.11－4　アークの発生位置
4	ビードを置く	1．トーチ保持角度は進行方向に70°～ 75°の前進角で，溶融池の状態を見ながらビードを置く。 　同じようなトーチ保持角度で後進角でも溶接してみる。 2．1パス目の溶接は図7.11－5の①のような状態で行う。 3．2パス目のトーチ保持角度は同図の②のようにほぼ水平に保持し，①のビード上側の止端をねらいながら，2パス目のビード下側の止端が1パス目のビード中央部を越えないように注意して溶接を行う。 　ビード上側の止端にアンダカット，ビード下側の止端にオーバラップを生じさせないように，溶接速度とトーチ保持角度に注意して行う。	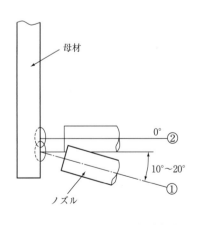 図7.11－5　トーチ保持角度

番号	作業順序	要　　　　　点	図　　　解
5	アークを切る（クレータ処理をする）	ビード終端で，トーチスイッチを切り，溶融池の赤熱部分が消える寸前に，再びアークを発生させ，これを1～2回繰り返すことにより，クレータの処理をする。	
6	検査する	次のことについて調べる。 （1）ビードの表面及び波形の均一性。 （2）ビードの幅及び余盛高さの適否（図7.5－11，－12参照）。 （3）アンダカット，オーバラップの有無。 （4）ビード表面の酸化やピットの有無。 （5）ビードの始端及び終端の状態及びビードの継ぎ目の状態。	

備考

1．後進溶接によるストリンガビード
　　やや凸形ビードになりやすいが，重ねビードに使用可能である。
2．ウィービングビード
　　トーチの操作は図7.11－6のようにいくつか方法があるが，上下幅5mm以内の小刻みな運棒操作を行い，ビード中央がやや盛り上がり，ビードの上側止端部にアンダカットがなく，ビードの下側止端部にはオーバラップが生じないように注意して溶接をする。

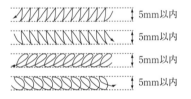

図7.11－6　ウィービングによる運棒法

作業名	炭酸ガスアーク溶接による横向中板突合せ溶接	主眼点	V形開先継手の溶接（裏当て金あり）

[mm]

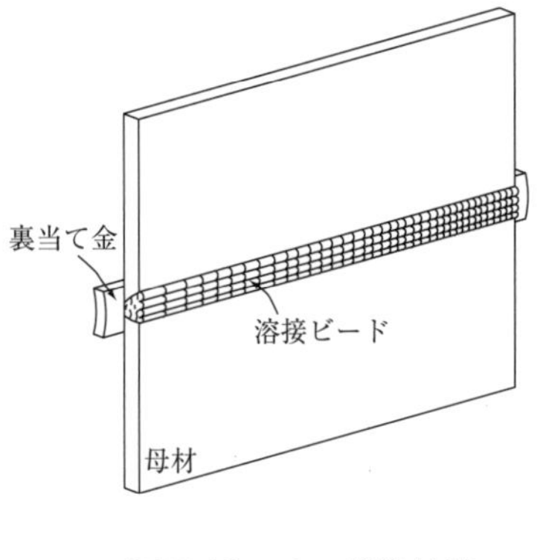

図7.12－1　溶接外観 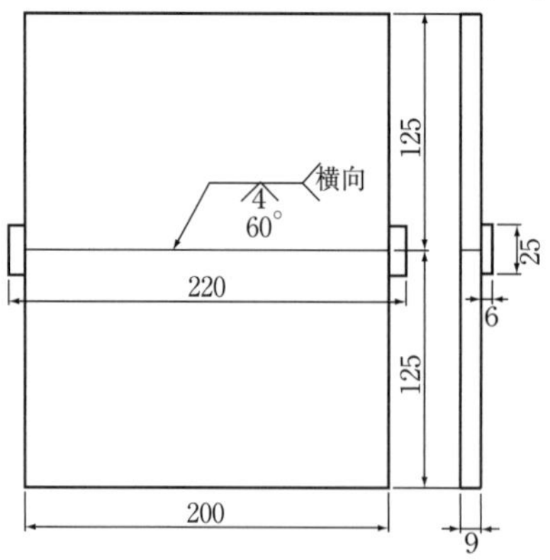　　図7.12－2　母材と裏当て金の寸法

材料及び器工具など

軟鋼板〔t9.0 × 125 × 200（2枚)〕
裏当て金（t6.0 × 25 × 220）
炭酸ガスアーク溶接用ワイヤ（φ1.2）
炭酸ガスアーク溶接装置
溶接用保護具一式
モンキレンチ
ペンチ
すきまゲージ
鋼製直尺

番号	作業順序	要　点	図　解
1	準備する	1．母材を図7.12－2に示す寸法に切断し，開先を加工したものを2枚用意する。ルート面を約0.5mmに加工する。 2．裏当て金を図7.12－2に示す寸法に切断したものを1枚用意する。 3．母材開先部及び裏当て金表面を清浄にし，ミルスケールなどの不純物を除く。不純物はブローホールの発生原因になりやすい。	図7.12－3　母材と裏当て金のすきま
2	タック溶接 （仮付溶接） をする	No.7.5の作業順序2参照（図7.12－3，－4，－5）。ルート間隔は4mmとする（図7.12－6）。	図7.12－4　タック溶接部
3	1層目の溶接を行う	1．溶接電流を140A，アーク電圧を21〜24Vに調整する。 2．突出し長さを15〜20mmにする。 3．横向ビード溶接と同じ要領で姿勢を整える。No.7.11の作業順序2参照。 4．運棒は後進溶接で，トーチ保持角度は図7.12－6のように進行方向から70°〜75°に，トーチの上下角度は図7.12－7のようにやや上向きに保持する。 5．アークの発生は図7.12－8のように，裏当て金の始端で行い，少し間を置いてアークが安定してから開先内に移動する。 6．ワイヤのねらい位置は，常に溶融池の先端に保持し，上下のルート部をしっかり溶融させる小さなウィービングを行い，平滑なビードを置く。	約5°の逆ひずみを与える。 図7.12－5　逆ひずみ角度

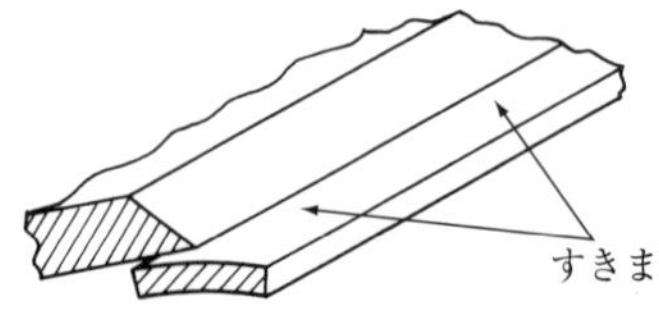

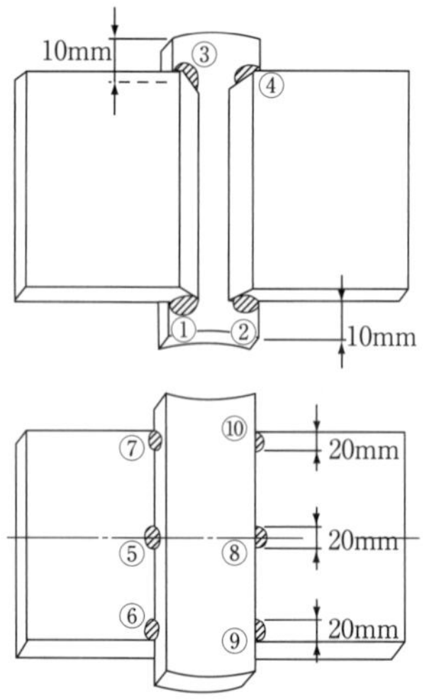

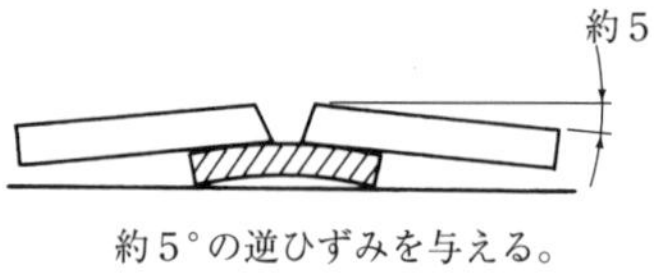

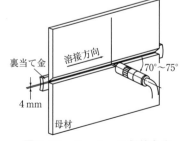

図7.12－6　トーチ保持角度

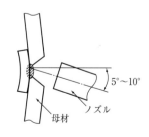

図7.12－7　1層目のトーチ保持角度

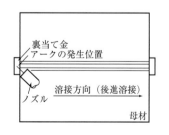

図7.12－8　アークの発生位置

番号	作業順序	要　　点	図　　解
4	2層目の溶接を行う	1．溶接電流を130A，アーク電圧を19〜22Vに調整する。 2．突出し長さを10〜15mmにする。 3．1パス目はトーチを図7.12−9のように，やや下向きにし，後進溶接で行う。このときのワイヤのねらい位置は，前層の下側の止端部を中心に幅の小さいウィービングで溶接する。 4．2パス目はトーチを図7.12−10のように，やや上向きで，前層の上側の止端部を中心に，開先面を十分に溶かす。 5．ビードの高さは開先深さの約半分で，平滑になるようにする。	2mmのすきまをとる。 5°〜10°　ノズル　母材 図7.12−9　2層目1パス目のトーチ保持角度
5	3層目の溶接を行う	1．溶接電流を120A，アーク電圧を19〜22Vに調整する。 2．突出し長さを15〜20mmにする。 3．1パス目は図7.12−11のように，やや下向きで後進溶接の幅の小さいウィービングで溶接する。 4．2パス目は図7.12−11のように，やや水平にトーチを保持し，後進溶接で行う。 5．3パス目は図7.12−11のように，やや上向きにトーチを保持，後進溶接で行う。 6．仕上げ前のビード表面は，図7.12−11のように母材面より1〜1.5mmくらい低くなるようにビードを置く。 7．3層目全体が平滑になるように注意する。	ノズル　5°〜10°　母材 図7.12−10　2層目2パス目のトーチ保持角度 1パス　2パス　3パス　1〜1.5mm　母材 図7.12−11　3層目のトーチ保持角度
6	仕上げの溶接を行う	1．溶接電流を120A，アーク電圧を19〜22Vに調整する。 2．突出し長さを15〜20mmにする。 3．1パス目は図7.12−12のように，トーチをやや下向きにし，後進溶接で，開先の下端を中心に溶接する。 4．2パス目は図7.12−12のように，後進溶接で1パス目の上側止端を中心に溶接する。 5．3パス目も2パスと同様に後進溶接で，2パスの上側止端を中心に溶接する。 6．4パス目は，図7.12−12のように，トーチをやや上向きに保持し3パスの上側止端を中心に溶接する。 なお，溶接の外観は図7.12−1のとおりである。	4パス　3パス　2パス　1パス　母材 図7.12−12　4層目のトーチ保持角度
7	検査する	№7.5の作業順序7参照。	

備考	1．横向溶接は，溶接速度が遅くなるとビードはたれやすく，ビードの重なり部では融合不良が生じやすいので注意する。 2．幅の小さいウィービングで，ビードがたれやすいようであれば，ストリンガビードで溶接してもよい。

| 作業名 | 炭酸ガスアーク溶接による横向中板突合せ溶接 | 主眼点 | V形開先継手の溶接（裏当て金なし） |

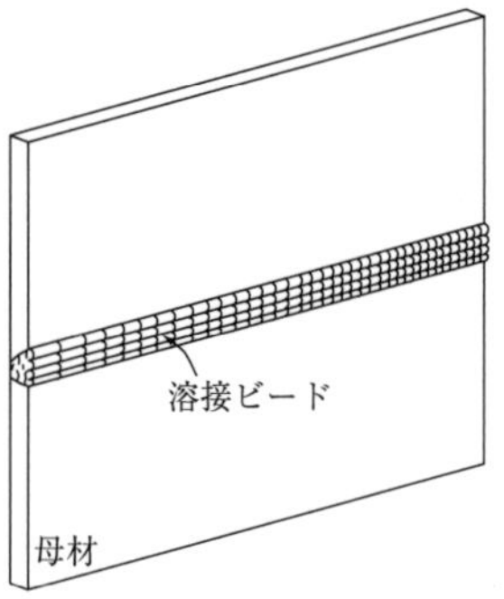

[mm]

図7.13－1　溶接外観

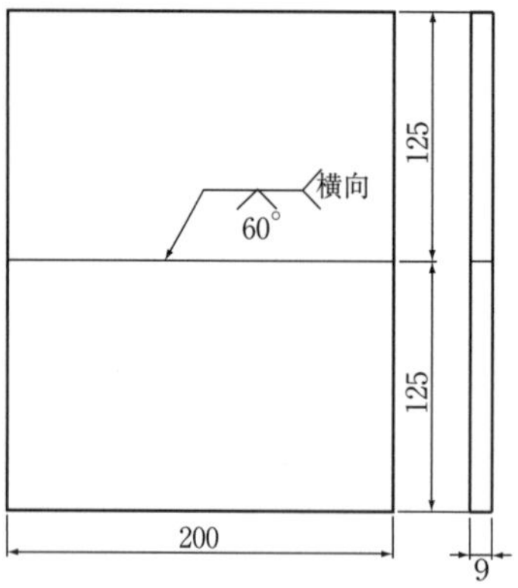

図7.13－2　母材の寸法

材料及び器工具など

軟鋼板〔t 9.0 × 125 × 200（2枚）〕
炭酸ガスアーク溶接用ワイヤ（φ1.2）
炭酸ガスアーク溶接装置
溶接用保護具一式
モンキレンチ
ペンチ
溶接用清掃工具一式
平やすり
すきまゲージ
片手ハンマ
鋼製直尺

番号	作業順序	要　点	図　解
1	準備する	1．No.7.9の作業順序1参照。 2．母材を図7.13－2に示す寸法に切断し，開先ベベル角度30°に加工したものを2枚用意する。 3．ミルスケールや不純物を除去し，母材開先部を清浄にする。 4．ルート面が約1.5〜1.8mmになるよう平やすり等で加工する。 5．炭酸ガス流量を15〜20ℓ/minに調整する。	 図7.13－3　トーチ保持角度
2	タック溶接（仮付溶接）をする	1．溶接電流120〜130A，アーク電圧18〜19Vに調整する。 2．図7.13－3のようにすきまゲージを用いてルート間隔はスタート側約2.4mm，クレータ側約2.6mmとなるよう母材開先の裏側端面にする。このとき，2枚の板の面が目違いにならないようにタック溶接する。目違いになってしまった際は片手ハンマによるハンマリングで修正する。 3．約3°の逆ひずみを与える。	 図7.13－4　アークの発生位置
3	アークを発生させる	アーク発生点は，開先始端部の仮付け溶接位置中央部からアークを発生させ，仮付け溶接部を半分溶かしながら開先内に移動する（図7.13－4）。	 図7.13－5　1層目のトーチ保持角度

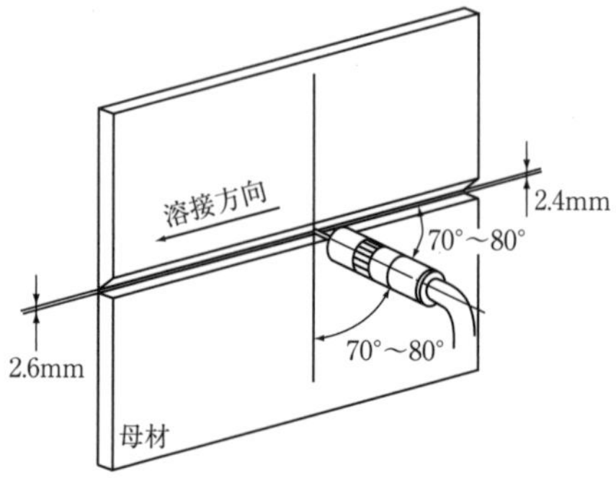

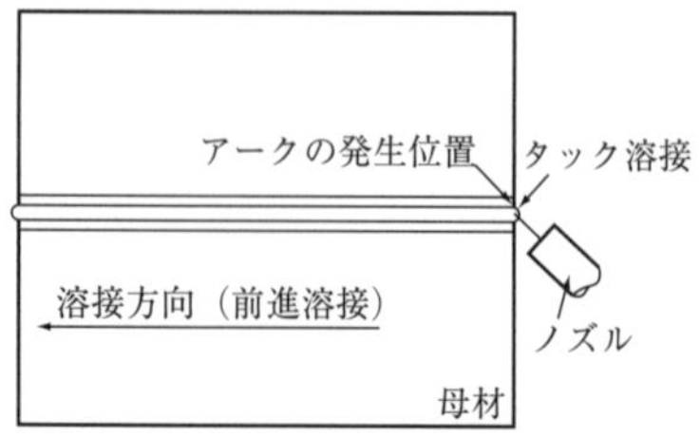

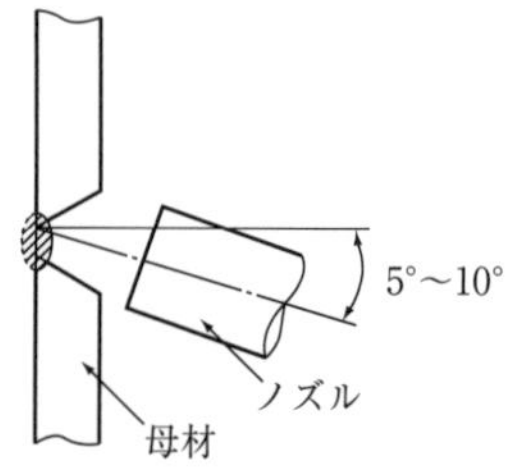

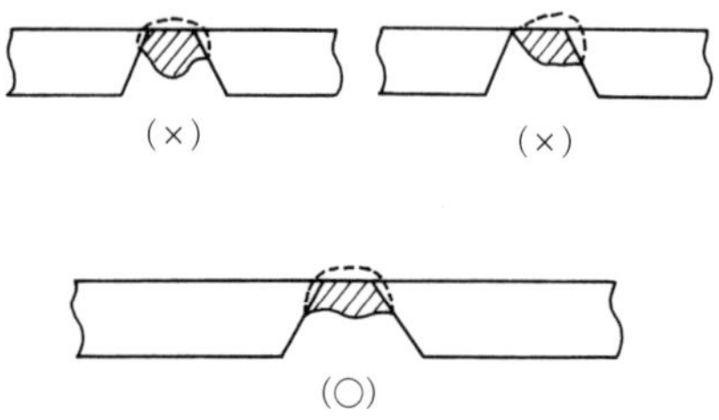

（×）　　　　　　（×）

（○）

図7.13－6　1層目ビード

番号	作業順序	要　　　点	図　　　解
4	1層目の溶接を行う	1．溶接電流を 90 〜 100A，アーク電圧を 18 〜 19V，炭酸ガス流量を 20ℓ/min に調整する。 2．運棒は前進溶接，トーチ保持角度は進行方向に 70°〜 80°前進角，母材に対しても 70°〜 80°に保ち，溶融池の状態を見ながら溶接を行う（図 7.13 − 5）。 3．突出し長さを 15 〜 20mm に保ちながら運棒することが大切である。 4．ワイヤ先端が常に溶融池先端をねらうようにし，ストリンガ運棒法にてビードを置く。またルート間隔程度のスモールウィービング法でもよい。 　　ルート部が溶落ち，裏抜けする場合は電流，電圧を少し下げ，逆に裏波の出方が少ないときは電流，電圧を少し上げる。突出し長さが安定しないとアークも不安定となる。 5．溶接速度は裏波の出方状態を観察しながら決めビードが凸にならないように注意する（図 7.13 − 6）。	図 7.13 − 7　2層目1パス目のトーチ保持角度
5	2層目及びそれ以後の溶接を行う	1．1層目ビードを，ワイヤブラシ等で清掃する。 2．溶接電流を 120 〜 130A，アーク電圧を 19 〜 20V に調整し，突出し長さは 15 〜 20mm とする。 3．トーチ保持角度は進行方向に 70°〜 80°の後進角で，後進法のウィービングビードとする。 4．2層目以降の溶接：No.7.12 の作業順序 4 〜 6 を参照（図 7.13 − 7 〜 − 10）。 5．ビード高さ，幅については図 7.13 − 11 参照。 　なお，溶接の外観は図 7.13 − 1 のとおりである。	図 7.13 − 8　2層目2パス目のトーチ保持角度
6	検査する	No.7.5 の作業順序 7 参照。	図 7.13 − 9　3層目のトーチ保持角度 図 7.13 − 10　4層目のトーチ保持角度
備考		1．横向溶接は，溶接速度が遅くなるとビードはたれやすく，ビードの重なり部では融合不良が生じやすいので注意する。 2．幅の小さいウィービングで，ビードがたれやすいようであれば，ストリンガビードで溶接してもよい。	最大余盛高さ＝0.1×ビード幅＋0.5mm 図 7.13 − 11　ビードの幅と余盛高さ

| 作業名 | フラックス入りワイヤによる炭酸ガスアーク溶接（水平すみ肉溶接） | 主眼点 | T継手の溶接（1層仕上げ） |

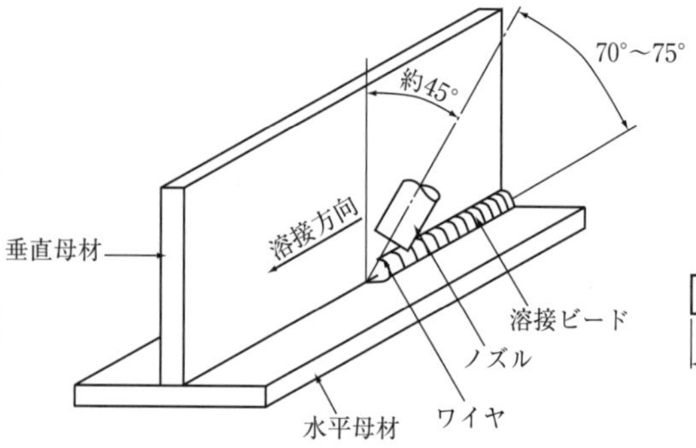

図7.14－1　溶接外観とトーチ角度 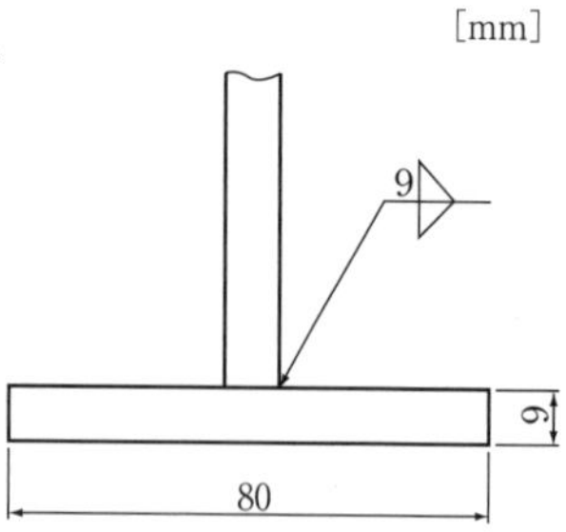　　　図7.14－2　溶接記号

	材料及び器工具など

軟鋼板〔ｔ 9.0 × 80 × 200（2枚）〕
炭酸ガスアーク溶接用フラックス入り
ワイヤ（φ1.2　JIS YFW24）
炭酸ガスアーク溶接装置
溶接用保護具一式
モンキレンチ
ペンチ
すきまゲージ
鋼製直尺

番号	作業順序	要　点	図　解
1	準備する	1．母材接合部にすきまができないように，垂直母材の端面を仕上げる（図7.14－2～－4）。 2．母材接合部を清浄にし，ミルスケールなどの不純物を除く。 3．保護具を着用し，溶接機を準備する。 4．ワイヤ加圧調整を点検する。 　フラックス入りワイヤの剛性は一般的にソリッドワイヤより低く，断面形状が異なるため，ワイヤ加圧調整値はソリッドワイヤより低い値にする。 5．炭酸ガス流量を 15 ～ 20 ℓ /min に調整する。 　シールドガスは使用ワイヤによっては，混合ガス（アルゴン＋炭酸ガス）を使用するタイプもあるので，確認する。	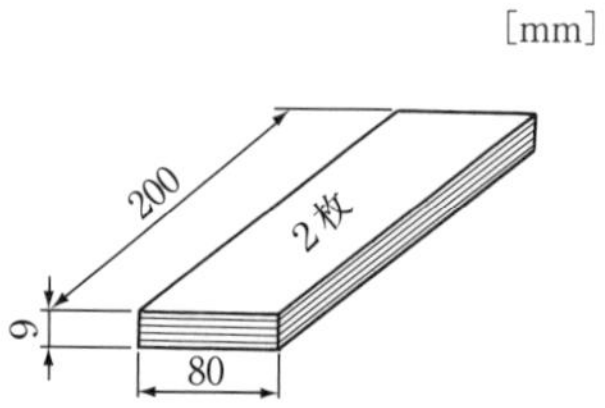 図7.14－3　母材の寸法 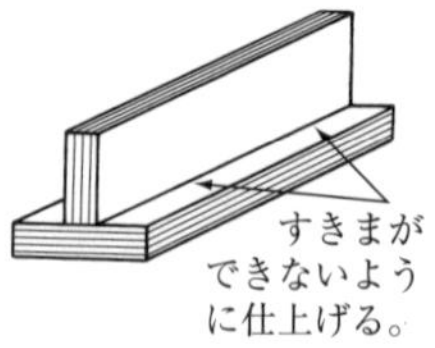 すきまができないように仕上げる。 図7.14－4　母材接合部
2	タック溶接（仮付溶接）をする	1．母材を図7.14－4のように組み合わせる。 2．溶接電流を260A，アーク電圧を24～26Vに調整する。 3．突出し長さを約20mmにする。 4．タック溶接は本溶接の支障にならないよう，図7.14－5に示すように溶接線両端で行う。 5．タック溶接が終わったら，溶接線が水平になるように作業台に置く。	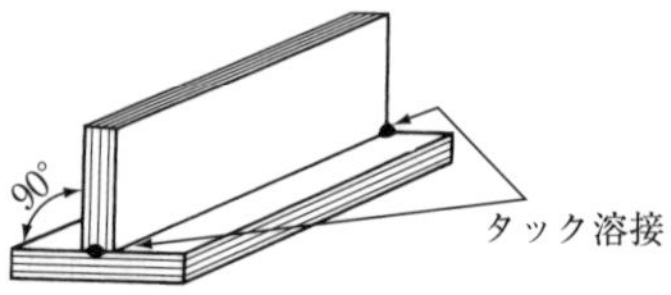 90°　タック溶接 図7.14－5　タック溶接部
3	アークを発生させる	1．溶接電流を260A，アーク電圧を24～26Vに調整する。 2．突出し長さを約20mmにする。 3．ワイヤを溶接線上で始端より10mm内側に保持する（図7.14－6）。 4．トーチスイッチを入れて，アークを発生させて，速やかにワイヤを始端部に移動させる（バックステップ法）。	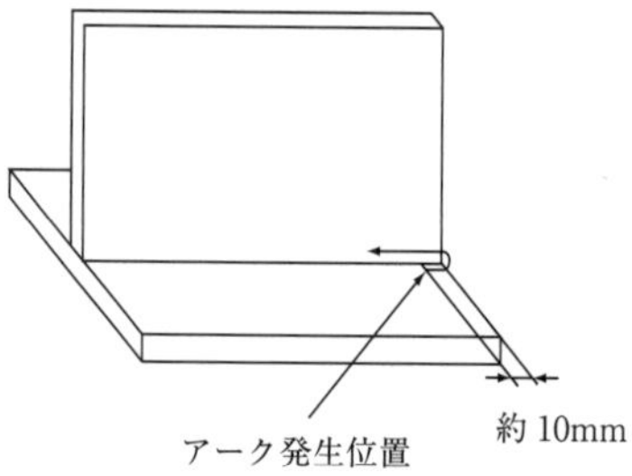 アーク発生位置　約10mm 図7.14－6　アークの発生位置

番号	作業順序	要　　　点	図　　　解
4	溶接を行う	1．ストリンガ法の前進溶接で行う（図7.14-1）。 2．トーチ保持角度は図7.14-7（a）の場合は垂直母材より手前35°～45°に，同図（b）の場合は垂直母材より手前40°～50°に傾ける。 3．ワイヤ先端のねらい位置はソリッドワイヤのすみ肉溶接方法を参考にする。No.7.4の作業順序4参照。 4．溶接速度は仕上がり脚長を溶融池の状態で見極めながら調節する。 　　目安として，40cm/min程度とする。 5．ワイヤ先端は常に溶融池の先端に保持する。 6．アンダカット，オーバラップを生じさせないように溶融池をよく観察しながら，トーチ保持角度，溶接速度,ワイヤ先端の位置を調整する（図7.14-7）。	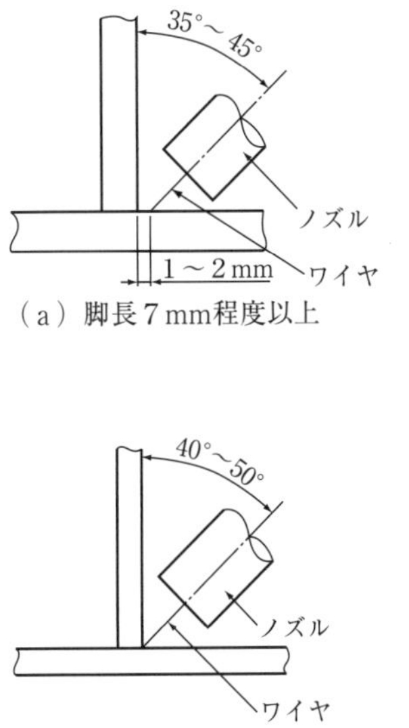 （図解：35°～45°、ノズル、ワイヤ、1～2mm） （a）脚長7mm程度以上 （図解：40°～50°、ノズル、ワイヤ） （b）脚長6mm程度以下
5	アークを切る （クレータ処理をする）	ビード終端ではクレータ部で小さな円運動によりクレータ処理をした後，トーチスイッチを切る。 No.7.4の作業順序5参照。	図7.14-7　脚長とワイヤ位置
6	検査する	No.7.4の作業順序6参照。	

備
考

1．板厚9mmの適正電流値は200～300Aである。
2．溶込みはやや浅いが，ビード形状の面と溶融池が見やすいという観点より一般的に前進溶接が用いられる。
3．多層盛溶接の仕方については，No.7.4の備考を参照（図7.14-8，-9）。

[mm]

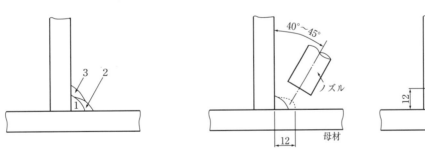

図7.14-8　2層3パスの溶接 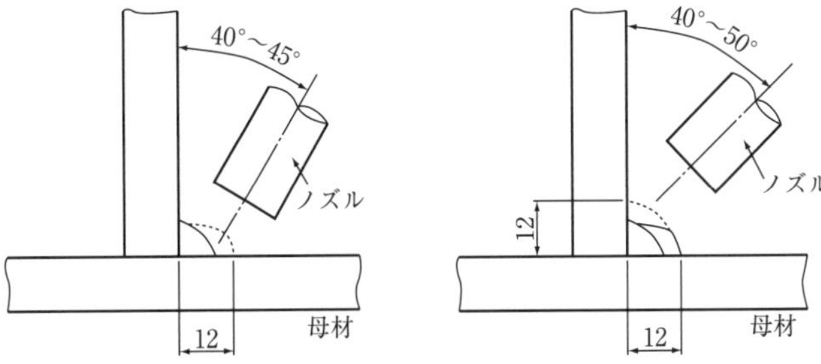　　　　　（a）2層目の1パス目の溶接　　（b）2層目の2パス目の溶接

図7.14-9　2層目のワイヤねらい位置

番号		No. 7.15
作業名	炭酸ガスアーク溶接による下向薄板突合せ溶接	主眼点	I 形開先継手の溶接

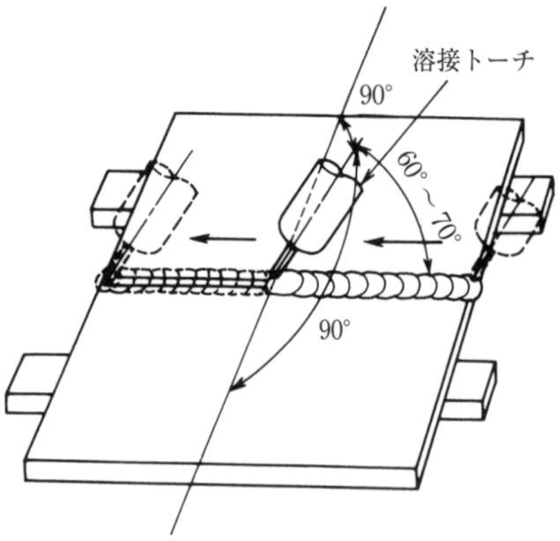

図7.15－1　トーチ保持角度と溶接方向

材料及び器工具など
軟鋼板（t 3.2 × 125 × 200）
炭酸ガスアーク溶接用ワイヤ（φ1.2）
炭酸ガスアーク溶接装置
溶接用保護具一式
モンキレンチ
ペンチ
溶接用清掃工具一式
平やすり
すきまゲージ
スパッタ付着防止剤
鋼製直尺

番号	作業順序	要　点	図　解
1	準備する	1．母材を必要寸法に切断し，ひずみをとってから突合せ面を図7.15－2のように平やすりで直角に仕上げたものを2枚用意する。 2．母材突合せ部を清浄にし，不純物を除く。 3．炭酸ガス流量を15ℓ/min に調整する。	 図7.15－2　突合せ面の加工
2	タック溶接する（仮付け溶接）	1．図7.15－3のように，両母材突合せ部の食違いがないように注意する。 2．溶接電流を105～115A，アーク電圧を19～20Vに調整する。 3．図7.15－4のようにルート間隔を1.5～2mmにし，タック溶接する（溶接長約10mm）。 （1）タック溶接は，本溶接のじゃまにならないように溶接面裏側の両端で丁寧に，しっかりと行う（図7.15－4）。 （2）ルート間隔が狭いと裏ビードが出にくいので，電流を高めにする。ルート間隔が広いと，溶け落ちたり，穴があいたりするので低めの電流を使用する。 　　極端に低い電流を用いると融合不良（コールドラップ）になり，均一なビードになっても曲げ試験で破断するおそれがあるので注意する必要がある。 4．タック溶接が終わったら，溶接後に起こるひずみを予想して，図7.15－5のように逆ひずみを与える。 5．1層目ビードを置く前に，突合せ部の状態が適当であることを確認する。	 図7.15－3　タック溶接の方法 図7.15－4　タック溶接部とルート間隔
3	アークを発生させる	始端のタック溶接上でアークを発生させ，少し間をおいて，アークが安定してから進行する。	 図7.15－5　逆ひずみ

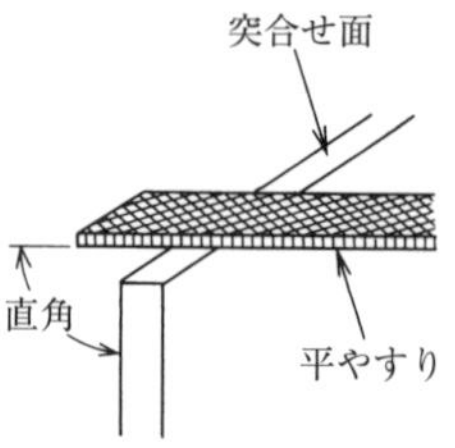

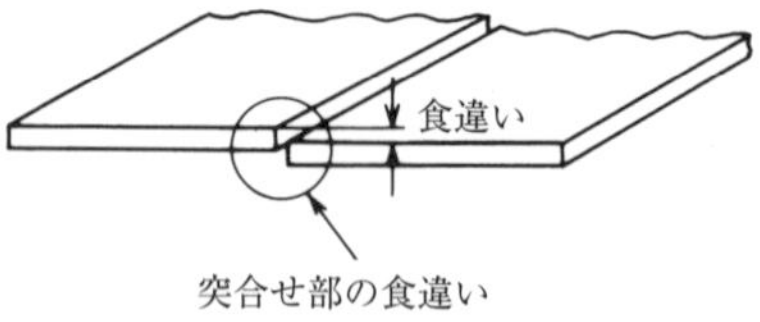

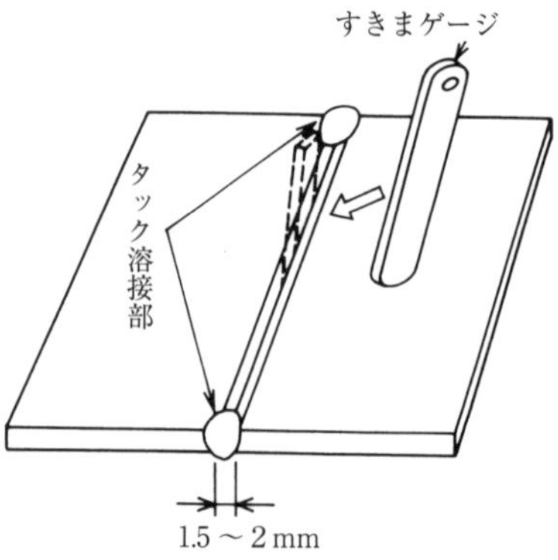

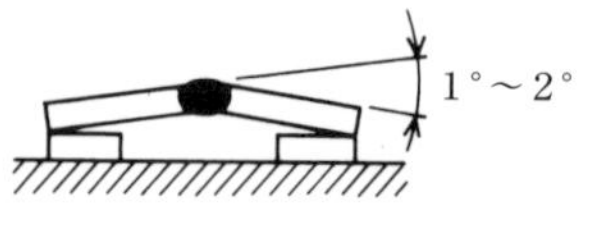

番号	作業順序	要　　点	図　　解
4	溶接を行う	1．溶接電流を 90A，アーク電圧を 20V，炭酸ガス流量を 15ℓ/min に調整する。 2．トーチ保持角度は，図 7.15 − 1，− 6 のように両母材面に対して 90°，進行方向にはさらに 30° 手前に保持する（前進溶接）。 3．突出し長さを 10 〜 15mm にする。 4．№.7.2 の作業順序 2 と同じ要領で姿勢を整える（図 7.15 − 6）。 5．ストリンガビードを置く（前進溶接）。 　　均一なビード幅，溶込み深さ，裏ビードを得るためには前進溶接のストリンガビードが適当と考えられる。 6．突出し長さを正しく保持し，ワイヤ先端位置がいつも溶融池の先端にあるようにする。 　　溶融池上にワイヤ先端がくると，融合不良（コールドラップ）になりやすいので注意が必要である。 7．両母材突合せ部を均等に溶かし，裏面まで完全に溶け込むようにする。 8．余盛高さは，母材表面より約 0.5 〜 1mm 高くなるようにする。 9．ビード高さが低い場合は，同じ電流，電圧でウィービングビード（前進溶接）を置く。 10．オーバラップになることを防ぐため，余盛高さが，1.5mm を超えないようにする。	 図 7.15 − 6　トーチ保持角度と突出し長さ
5	アークを切る（クレータ処理をする）	図 7.15 − 7 のように，№.7.2 の作業順序 5 と同じ要領で行う。	 図 7.15 − 7　クレータ処理
6	検査する	次のことについて調べる。 （1）裏ビードがよく出ているか。 （2）裏ビードの高さがそろっているか。 （3）表ビードの幅がそろっているか。 （4）表ビードの高さがそろっているか。 （5）アンダカット，オーバラップの有無。 （6）変形の状態。 （7）裏ビードの溶込み状態。 （8）清掃状態。 （9）ビード表面の酸化の有無。 （10）ビード始端及び終端の状態。	
備考		少し慣れたら，1 パスで仕上げるように練習する。	

作業名	炭酸ガスアーク溶接による全姿勢中肉管の突合せ溶接	主眼点	V形開先継手の溶接（裏当て金なし）

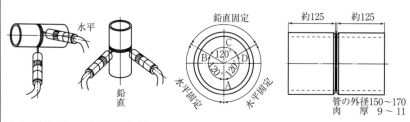

（a）水平固定　　（b）鉛直固定

図7.16－1　母材の固定

図7.16－2　母材の寸法

管の外径 150〜170
肉　厚　　9〜11

[mm]

材料及び器工具など

中肉管（φ150 × 125 × t 9.0）
炭酸ガスアーク溶接用ワイヤ（φ1.2）
炭酸ガスアーク溶接装置
溶接用保護具一式
モンキレンチ
ペンチ
溶接用清掃工具一式
平やすり
すきまゲージ
鋼製直尺
片手ハンマ

番号	作業順序	要　　点	図　　解
1	準備する	1．母材を図7.16－2に示す寸法に切断し，開先ベベル角度30°に加工したものを2個用意する。 2．開先加工は鋼管用開先加工機を使用するほか，旋盤にて開先加工する。 　　開先面は洗浄し，油類や不純物を除去する。 3．ルート面を約1.5〜1.8mmになるよう平ヤスリ等で加工する（図7.16－3）。 4．炭酸ガス流量を15〜20ℓ/minに調整する。	60°　[mm]　1.5〜1.8　9〜11　2.4〜2.6 図7.16－3　開先形状
2	タック溶接（仮付溶接）をする	1．溶接電流120〜130A，アーク電圧18〜19Vに調整する。炭酸ガス流量を20ℓ/minに調整する。 2．両母材をVブロック又はU型鋼の上に置き，突合せ部の食違いが生じないように2個並べて固定する。食違いがあると，裏ビードが片溶けしたり，裏ビードが出にくいことがある。 3．すきまゲージを用いて，ルート間隔は図7.16－4の①2.4mm，②③約2.6㎜となるよう，全周を120°ごとに3等分し，母材開先内に合計3ヶ所タック溶接する。 　　目違いになってしまった場合は，溶接部をたがね及び片手ハンマを用いてはつり取り，溶接部を平やすり加工してタック溶接をやり直す。 4．タック溶接完了後に，すきまゲージを用いてルート間隔を点検する。	120°　③　②　タック溶接　母材　①　タック溶接 図7.16－4　タック溶接部の位置 （3ヶ所／120°分割） 横向　②　③　立向　溶接トーチ　母材　上向　① 図7.16－5　溶接トーチの保持角度
3	管を水平に固定する	1．管を水平になるように固定する。管の位置は胸の高さになるようにする（図7.16－1（a））。 2．溶接トーチは，図7.16－5のように保持する。	

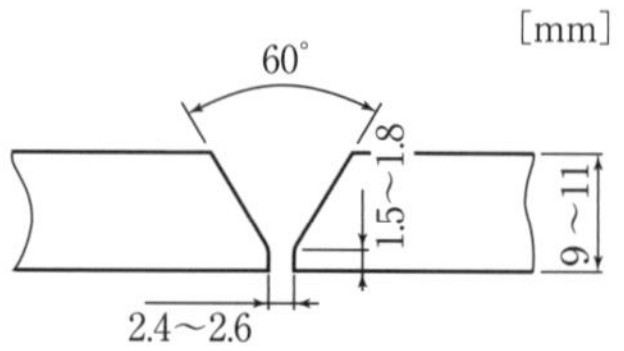

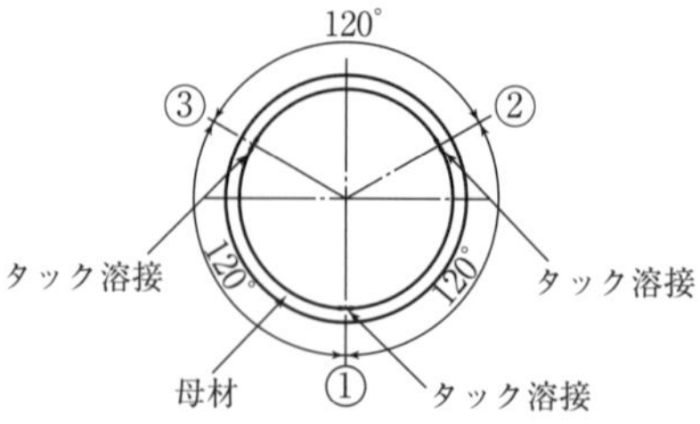

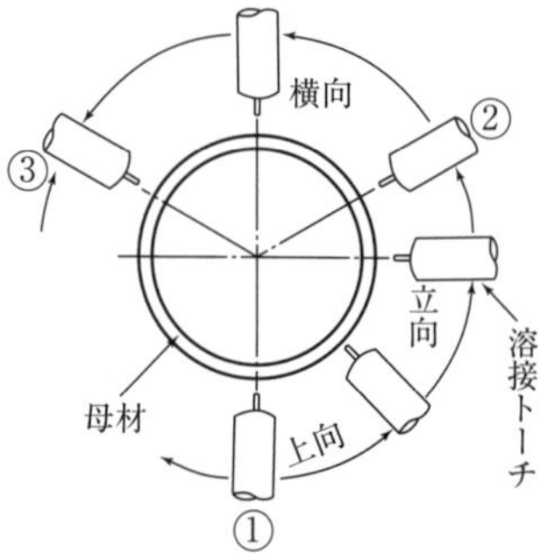

番号	作業順序	要　　点	図　　解
4	水平固定管の1層目の溶接を行う	1．溶接電流を 90 ～ 100A，アーク電圧を 18 ～ 19V，炭酸ガス流量を 20 ℓ /min に調整する。 2．運棒は前進溶接，トーチ保持角度は進行方向に 70°～ 80°前進角，母材に対しても 70°～ 80°に保ち，溶融池の状態を見ながら溶接を行う（図 7.16 － 6）。 3．突出し長さを 15 ～ 20mm に保ちながら運棒することが大切である。 4．ワイヤ先端が常に溶融池先端をねらうようにし，ストリンガ運棒法にて溶接を行う。 　また，ルート間隔程度のスモールウィービング法でもよい。 　ルート部が溶落ち，裏抜けする場合は電流，電圧を少し下げ，逆に裏波の出方が少ない時は電流，電圧を少し上げる。突出し長さが安定しないとアークも不安定となる。 5．溶接速度は裏ビードの状態を観察しながら決め，ビードが凹凸にならないように注意する。 6．図 7.16 － 4 の①でアークを発生するときは，突出し長さを 15mm 以下にする。 7．図 7.16 － 4 の①～②の溶接を裏波ビードの形成を確認しながら，図 7.16 － 7 に示すように溶接トーチの保持角度を変化させながら溶接をする。 8．図 7.16 － 7 の①のスタート部のビードの融合に注意して溶接する。	 図 7.16 － 6　水平固定管の1層目ビード 図 7.16 － 7　水平固定管の溶接範囲
5	管を鉛直に固定する	管を鉛直になるように固定する（図 7.16 － 1（b））。	図 7.16 － 8　鉛直固定管の溶接方向
6	鉛直固定管の1層目の溶接を行う	1．作業順序 4 を参照（図 7.16 － 8，－ 9）。 2．図 7.16 － 8 の③でアークを発生させ，突出し長さを 15mm 以下に保ちながら溶接する。 3．トーチの保持角度は，図 7.16 － 8 のように水平に維持しながら③から②へ溶接する。	 図 7.16 － 9　鉛直固定管の1層目ビード
7	水平固定管の2層目の溶接を行う	1．図 7.16 － 11 のように，1層目ビード止端部を溶かすようにワイヤねらい位置を定めながら溶接する。溶接電流を 120 ～ 130A，アーク電圧を 19 ～ 22V に調整する。 2．運棒法はウィービングである。運棒は中央部は速く，両端部で 0.5 ～ 1 秒程度止めながら，母材より 1 ～ 1.5mm 低くなるように溶接を行う。	 図 7.16 － 10　水平固定管の溶接方向

番号	作業順序	要　　　　点	図　　　解
8	鉛直固定管の2層目の溶接を行う	1．管を再び，図7.16 − 8の②〜③の溶接ができるように固定する。 2．No.7.12の作業順序4及び，図7.16 − 9を参照。	 図7.16 − 11　水平固定管の2層目ビード
9	水平固定管の仕上げの溶接を行う	1．管を図7.16 − 10のように，図7.16 − 7の①〜②と①〜③の溶接ができるように固定する。 2．溶接電流を110 〜 120A，アーク電圧を19 〜 22Vに調整する。 　　運棒法は，2層目と同様にウィービングとし，中央部は速く，両端部で0.5 〜 1秒止めるようにする。このとき，アンダカットになっていないか，溶融池をよく観察することが大切である。	
10	鉛直固定管の仕上げの溶接を行う	1．管を図7.16 − 8の②〜③の溶接ができるように固定する。 2．No.7.12の作業順序6及び図7.16 − 8を参照。	
11	検査する	No.7．5の作業順序7参照。	
備考			

8．マグ溶接（混合ガスアーク溶接作業）

作業名	マグ溶接装置の取扱い	主眼点	溶接機の取扱いと電流，電圧調整

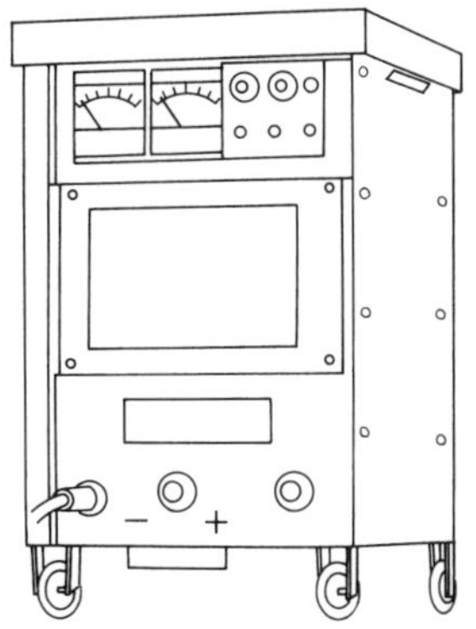

図8.1−1　マグ溶接機

材料及び器工具など

軟鋼板（ t 9.0 × 125 × 150）
マグ溶接用ワイヤ（φ1.2）
マグ溶接装置
混合ガスボンベ（Ar：80%，CO_2：20%）
溶接用保護具一式
容器弁開閉レンチ
モンキレンチ
ペンチ
鋼製直尺

番号	作業順序	要　　点	図　　解
1	溶接機の準備をする（図8.1−1）	1．一次側回路を点検する。 2．二次側回路を点検する。 3．混合ガスフローメータのヒータ電源を入れる（メータの凍結防止）。 4．水冷式のものは冷却水回路を点検する。 5．使用ワイヤ径に合ったワイヤ送給ローラであることを確認し，ワイヤをスプール軸に取り付ける（図8.1−2）。 6．溶接機の電源スイッチを入れる（水冷方式のものは，冷却水の循環状態を水冷確認ランプで確認する）。 7．溶接トーチのコンタクトチップを取り外し，ワイヤ径に合っているか，摩耗・損傷がないかを確かめる。 　コンタクトチップの摩耗・損傷は通電不良を生じ，溶接中のアーク不安定を生ずるため注意する（マグ溶接におけるアーク不安定及び溶接欠陥発生に対し，これが原因となっていることが特に多い）。 8．インチングボタンあるいはトーチスイッチを入れ，ワイヤをトーチに装着する（図8.1−3）。 　ワイヤをトーチに装着するとき，ワイヤがコンタクトチップから出る程度の長さにしておくことが望ましい（コンタクトチップにワイヤ先端が突っかかり，コンジットをいためる原因となる）。 9．コンタクトチップを取り付け，もう一度トーチケーブルのたるみを点検する。トーチケーブルはできるだけまっすぐになるようにしておく。	 図8.1−2　溶接用ワイヤのセット 図8.1−3　インチングボタンによるワイヤの装着
2	混合ガスの流量を調整する	1．混合ガスの容器バルブを開け，ガス圧を0.2〜0.3MPa に調整する。 　ガス流量20ℓ/min までは0.2MPa，30ℓ/min 以上使用する場合は0.3MPa が目安である。 2．溶接機のガススイッチをチェックに切り替え（ない場合は，ワイヤ送りを停止させトーチスイッチを入れる），ガス流量を20ℓ/min に調整し，終わったらガススイッチを溶接（あるいはワイヤ送り）に切り替える（図8.1−4）。	
3	溶接条件の調整をする	1．ワイヤを送り出し，ノズルより10mm 程度の長さに切り落とす（ワイヤ突出し長さ10〜15mm のため）。	図8.1−4　ガス流量計とガスチェック

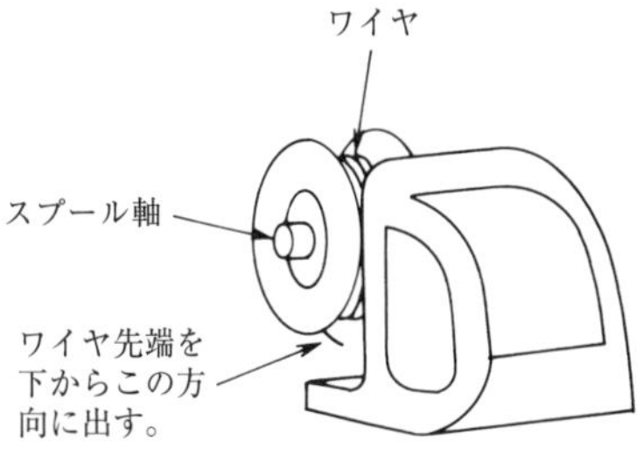

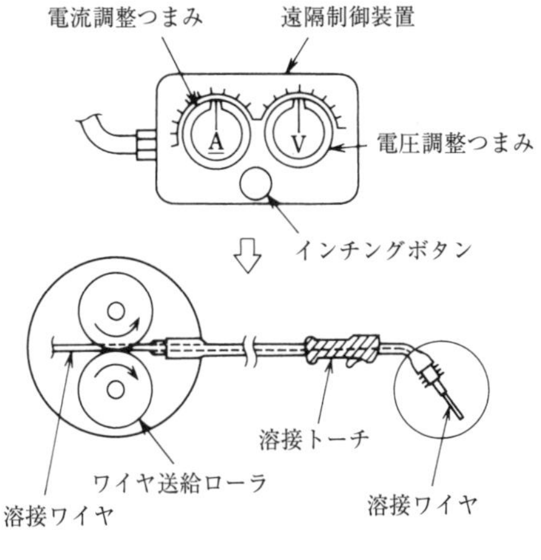

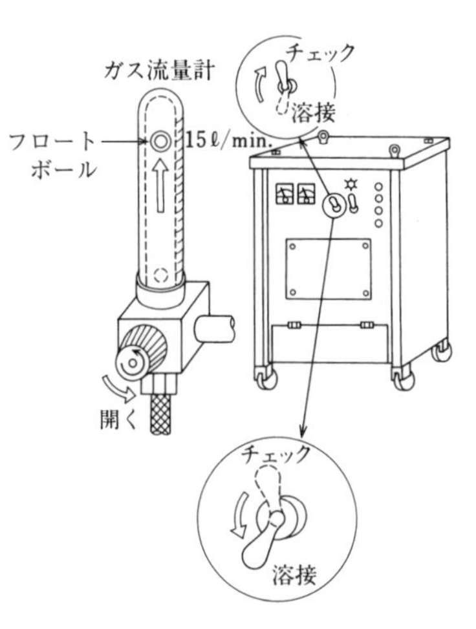

番号	作業順序	要　　点	図　　解
3		2．電流調整目盛（ワイヤ送り目盛），電圧調整目盛を適当な位置にセットする。 ・溶接条件の調整 　各溶接電流に対応した適正なアーク電圧は，次の式で与えられる。 $V = 0.04 \times I + 15.5 \pm 1.5$（サイリスタ電源） $V = 0.04 \times I + 14.5 \pm 1.5$（インバータ電源） 　この式でIは溶接電流（A），Vはアーク電圧（V）を示している。また，このアーク電圧の範囲で，溶接作業に合う電圧値を選択する。一例として，初層溶接ではやや低い電圧条件を選択し，仕上げ層の溶接ではやや高い電圧条件を選択することが望ましい。いずれにせよ，連続した短絡音になるように調整する。 3．チップ・ワイヤ先端距離を 10～15mm に一定に保つようトーチを保持し，トーチスイッチを入れ，アークを発生させる（図8.1−5）。 4．アークの状態を観察しながら電流調整目盛，電圧調整目盛を少しずつ変化させ，溶接条件を調整し，安定したアークを得るようにする。 　ワイヤが突っ込んでアークが不安定なときは電圧調整目盛を大きくし，アークが高くのぼって不安定なときは，電圧調整目盛を小さくし，この操作を繰り返し，安定したアークを得る（図8.1−6）。 5．突出し長さを一定にして，安定したアーク状態の電流値・電圧値を読み取る（図8.1−6）。その際，アークから発生する紫外線には十分に注意すること。	図8.1−5　ワイヤの突出し長さ 溶接機　　アーク 遠隔制御装置 トーチスイッチ "ON" 溶接条件をチェックする。 電流・電圧を変える。 トーチスイッチ "OFF" 図8.1−6　遠隔制御装置による溶接条件調整
4	ガスノズルを清掃する	ガスノズルをトーチより取り外し，ノズル内及びチップ先端に付着したスパッタを取り除く（図8.1−7）。 　ガスノズルへのスパッタの多量付着は，シールドガスの機能を不完全にし，アーク不安定・溶接品質の悪化の原因になる。また，スパッタの多量付着は，その除去が困難になる上，ガスノズルやコンタクトチップの破損のおそれが生じるため，一作業終了ごとに清掃することが望ましい。	（○）　　　（×） ガスノズル スパッタ 広い　　狭い
備 考		【安全衛生】 1．混合ガス溶接では，わずかではあるが，一酸化炭素が出るので，通風・換気に注意する。 2．電源スイッチ及び溶接スイッチは，休憩又は作業終了時には必ず切るようにする。 3．体，衣服等が汗などで湿っていないように注意する。 4．アーク光による目の災害を防止するため，正しい濃度のフィルタプレートのついたハンドシールドやヘルメットを使用し，付近の人々にもつい立などを用いて害を与えないようにする。 　マグ溶接では，特に強いアーク光を発生するので，電気性眼炎（角結膜炎）等の傷害が起こりやすい。遮光度番号 10 以上のフィルタを使用することが望ましい。詳しい選択基準については表2.1−1（p24）参照。	コンタクトチップ（×）（○） スパッタ 図8.1−7　ガスノズル，コンタクトチップの正常な状態

作業名	マグ溶接による下向ビード置き（1）	主眼点	ストリンガビードの置き方（前進溶接）

材料及び器工具など

軟鋼板（ t 9.0 × 150 × 200)
マグ溶接用ワイヤ（φ1.2)
マグ溶接装置
溶接用保護具一式
モンキレンチ
ペンチ
溶接用清掃工具一式
平やすり
鋼製直尺

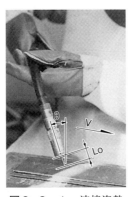

V：溶接速度
θ：トーチ角度
Lo：突出し長さ

図8.2-1　溶接姿勢

番号	作業順序	要　　　点	図　　解
1	準備する	1．母材を作業台の上に水平に置き，表面を清浄にし，アースの状態を点検する。 2．溶接電流（短絡方式の場合は130A，スプレー移行方式の場合は240A），アーク電圧（各電流値に対応する適正電圧範囲内のもの，130Aでは17V，240Aでは24V），混合ガス流量（20ℓ/min）に調整する。 　同一電流で電圧が低いと，溶込みが深く，幅の狭い盛り上がったビードになる。	溶接トーチ 作業台 鋼板 溶接方向 15°～20° 溶接トーチ 10～15mm 母材 図8.2-2　トーチ保持角度
2	姿勢を整える	1．母材に対し平行に腰を掛け，足を半歩開く。 2．トーチを軽く握り，肩の力を抜き，トーチを持つほうのひじを水平に張って溶融池の状態がよく見える程度に前かがみにする（図8.2-1，-2）。	
3	アークを発生させる	1．ワイヤを送り出し，ノズルより10mm程度の長さに切り落とす。 2．溶接開始点に，突出し長さ10～15mm程度にトーチを保持する。 3．トーチスイッチを入れる。	溶接トーチ アーク 溶融池 70°～75° 図8.2-3　トーチ保持角度
4	ビードを置く	1．トーチ保持角度は進行方向に70°～75°，母材に対しては90°に保ち，溶融池の状態を見ながらビードを置く（図8.2-3）。 （1）ソリッドワイヤを用いる方式では，ビード形状，溶接線の見やすさ，ガスのシールド効果の点で15°～20°の前進角が一般に用いられる。 （2）前進溶接では，幅の広い扁平なビード形状になり，溶込みは浅い。 （3）溶接開始点（母材の下端）の左方約10mmのところでアークを発生させ，速やかに始点に戻るアークスタート法で行う（バックステップ法）。 2．溶接速度，トーチ保持角度は，溶融池の状態に応じて変化させ，均一でまっすぐなビードを置く（図8.2-4）。 （1）溶接速度は40cm/minを目安にビードを置く（溶接長さは200mmで約30秒）。 （2）溶接速度が増大すると溶込み，余盛，ビード幅は減少し，幅の狭い凸ビード形状になる。	溶接トーチ 鋼板 図8.2-4　均一でまっすぐなビード波形

番号	作業順序	要　　点	図　　解
4		（3）深い開先内の溶接では速度を落とすと溶融金属が先行し，スパッタが多く，ビード不整や溶込み不良，コールドラップ（融合不良の一種で，両金属は接触しているが完全に融合していない状態）の欠陥が生じやすい。 （4）ワイヤ先端を常に溶融池先端に向ける。	 図8.2−5　クレータの処理
5	アークを切る（クレータ処理をする）	ビード終端では，クレータ部で小さな円運動によりクレータ処理をした後，トーチスイッチを切り，クレータが完全に冷却するまでトーチをクレータ上方で保持する（クレータフィラーのあるものについては，トーチスイッチを切りアークが切れ，クレータが完全に冷却するまでトーチをクレータ上方で保持する）（図8.2−5）。 　これは，シールドガスの効果によって，クレータ部の溶接欠陥を防止するためである。	 最大余盛高さ＝0.1×ビード幅＋0.5mm 図8.2−6　ビードの幅と余盛高さ
6	検査する	次のことについて調べる。 （1）ビードの表面及び波形の均一性。 （2）ビードの幅及び余盛高さの適否（図8.2−6）。 （3）アンダカット，オーバラップの有無。 （4）ビード表面の酸化の有無。 （5）ビードの始端及び終端の状態。	 図8.2−7　トーチ保持角度（後進溶接）
備考		1．前進溶接でストリンガビード置きができるようになったら，後進溶接でストリンガビード置きの練習もする（図8.2−7）。 　　後進溶接では，幅の狭い凸なビード形状になり，溶込みは深い。 2．基本動作の目的は，次のことを同時にできるようになることである。 （1）腕を水平に動かす。 （2）溶融池を絶えず観察し，アークの位置，短絡回数，運棒速度，トーチ保持角度を適正に調節しながら行う。 【安全衛生】 　No.8.1の備考参照。	

作業名	マグ溶接による下向ビード置き（2）	主眼点	ウィービングビードの置き方（後進溶接）

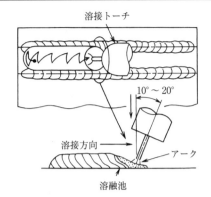

図8.3－1　溶接トーチの保持角度と運棒法

材料及び器工具など

軟鋼板（t 9.0 × 150 × 200)
マグ溶接用ワイヤ（φ1.2）
マグ溶接装置
溶接用保護具一式
モンキレンチ
ペンチ
溶接用清掃工具一式
平やすり
鋼製直尺

番号	作業順序	要　　点	図　　解
1	準備する	1．母材を作業台の上に水平に置き，表面を清浄にし，アースの状態を点検する。 2．溶接電流を 240 A，アーク電圧を 24 V，混合ガス流量を 20 ℓ/min に調整する。	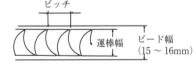 図8.3－2　アーク発生位置
2	姿勢を整える	No.8.2の作業順序2参照。	
3	アークを発生させる	1．図8.3－1，－2に示すように，始点より 10～20mm 前方のところでアークを発生させ，速やかに始点に戻る（バックステップ法）。 2．アークの発生要領は，No.8.2の作業順序3参照。	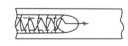 図8.3－3　ウィービングの方向
4	ビードを置く	1．トーチ保持角度は進行方向に 70°～75°，母材に対しては 90° に保ち，溶融池の状態を見ながらビードを置く（図8.3－1）。 2．運棒法は左から右へ，図8.3－3に示すようにウィービングを行いながら進行する。 3．ウィービングは，図8.3－3のようにビード中央を通るときは速くし，両止端は少し止まるように遅くする。 4．ウィービングのピッチは，不規則にならないように規則正しく運棒する（図8.3－4）。 5．運棒は，手首だけでなく，腕全体で操作する。 6．溶接速度，トーチ保持角度は，溶融池の状態に応じて変化させ，均一でまっすぐなビードを置く。 7．ビードの高さは，図8.2－6を参照する。	ピッチ　運棒幅　ビード幅（15～16mm) 図8.3－4　ウィービングの方法
5	アークを切る（クレータ処理をする）	1．図8.3－5のようにウィービングを行いながら，ビード中央でアークを切る。 2．クレータ処理は図8.3－6のような要領で行う。	ビード中央で切る。 図8.3－5　アークの切る位置
6	検査する	No.8.2の作業順序6参照。	
備考	基本動作の目的及びその他については，ストリンガビードの置き方の場合と同じである。 【安全衛生】 　No.8.1の備考参照。	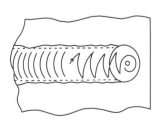 図8.3－6　クレータ処理

作業名	マグ溶接による水平すみ肉溶接	主眼点	T継手の溶接（1層仕上げ）

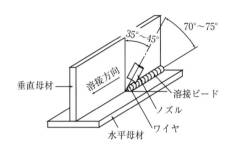

図8.4-1　溶接外観とトーチ保持角度

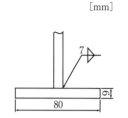

図8.4-2　溶接記号

材料及び器工具など

軟鋼板〔 t 9.0 × 80 × 200（2枚）〕
マグ溶接用ワイヤ（φ1.2）
マグ溶接装置
溶接用保護具一式
モンキレンチ
ペンチ
すきまゲージ
鋼製直尺
片手ハンマ

番号	作業順序	要　　　点	図　　　解
1	準備する	1．母材接合部にすきまができないように，水平母材に接する垂直母材の端面をやすりなどで仕上げる（図8.4-1～-4）。 2．母材接合部を清浄にし，ミルスケールなどの不純物を除く。 3．混合ガス流量を 20 ℓ/min に調整する。	 図8.4-3　母材接合部
2	タック溶接（仮付溶接）をする	1．母材を図8.4-3のように組み合わせる。 2．溶接電流を 180A，アーク電圧を 17～18 V に調整する。 3．タック溶接は図8.4-5に示すように，本溶接の支障にならない位置で行う。 4．タック溶接が終わったら，溶接線が水平になるように作業台に置く。	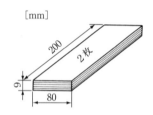 図8.4-4　母材の寸法
3	アークを発生させる	1．溶接電流を 200 A，アーク電圧を 21～22 V に調整する。 2．突出し長さを約 15mm にする（図8.4-6）。 3．ワイヤを図8.4-7に示すように，始点前方約 10mm のところでアークを発生させ，速やかに始点に戻る（バックステップ法）。溶接線上の始端より約 10mm 内側に保持する。 4．トーチスイッチを入れ，アークを発生させて，速やかにワイヤを始端部に移動させる（前進溶接）。	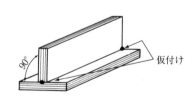 図8.4-5　タック溶接部

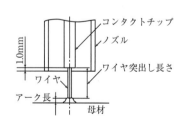

図8.4-6　ワイヤ突出し長さ

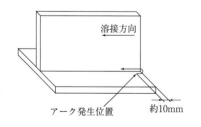

図8.4-7　アーク発生位置

番号	作業順序	要　　　点	図　　　解
4	ビードを置く	1．ストリンガ法の前進溶接で行う。 2．トーチ保持角度は図8.4-1に示すように，垂直母材より手前35°～45°に傾け，進行方向に70°～75°の前進角で保持する。 3．ワイヤ先端のねらい位置は，図8.4-8に示すように脚長の長さに応じて変える。 　　脚長を7～10mmに設定して，すみ肉溶接を行う場合は，図8.4-8（a）に示すようにルート部から1～2mm離れた位置をワイヤのねらい位置とする。 　　これは垂直母材側の止端部にアンダカットや水平母材側の止端部にオーバラップを生じさせないためである。 　　また，脚長を約6mm以下に設定して，すみ肉溶接を行う場合は，同図（b）に示すようにルート部をワイヤのねらい位置とする。 4．溶接速度は仕上がり脚長を溶融池の状態で見極めながら調整する。目安として，40cm/min程度とする。 5．ワイヤ先端は常に溶融池の先端にする。 6．アンダカット，オーバラップを生じさせないように，溶融池をよく観察しながらトーチ角度，溶接速度，ワイヤ先端の位置を調整する。	（a）脚長7～10mmの場合 （b）脚長約6mm以下の場合 図8.4-8　脚長とワイヤ位置 図8.4-9　脚長と溶込み
5	アークを切る（クレータ処理をする）	1．ビード終端で，トーチスイッチを切り，溶融池の赤熱部分が消える寸前に，再びアークを発生させ，これを1～2回繰り返すことにより，クレータの処理をする。 2．クレータが完全に冷却するまでトーチをクレータ上方で保持する。 　　シールドガスの効果によって，クレータ部の溶接欠陥を防止するためである。	
6	検査する	次のことについて調べる。 （1）ビードの表面及び波形の均一性。 （2）水平側母材と垂直側母材の脚長が設定どおりになっているか（図8.4-9）。 （3）アンダカット，オーバラップの有無。 （4）ビード表面の酸化やピットの有無。 （5）ビードの始端及び終端の状態及びビードの継ぎ目の状態。	

1．水平すみ肉溶接では，水平母材側にオーバラップが生じ
　やすいので，1パス仕上げの脚長は 10mm 程度までが望
　ましい。
　　これ以上の脚長を必要とする場合は，次のように多層盛
　溶接を行う。
2．多層盛溶接の仕方（2層3パス溶接）
　（1）第1層の溶接条件と運棒法
　　　トーチは前進角にし，ストリンガ法で，脚長が約
　　6mm になるようにやや速い速度で溶接する（図8.4
　　－10）。
　（2）第2層（1パス）の溶接条件と運棒法
　　　トーチ保持角度とワイヤのねらい位置は，図8.4－
　　11（a）に示すようなトーチ保持角度で，前進角のス
　　トリンガ法で溶接する。
　　　垂直母材側は第1層ビードと同じくらいの高さにし，
　　水平母材側の脚長を9mm になるように溶接をする。
　（3）第2層（2パス）の溶接条件と運棒法
　　　垂直母材側の脚長が9mm となるように，前進角の
　　ストリンガ法で溶接をする（図8.4－11（b））。
　　　1パス目と2パス目の重なり部分は，なだらかにな
　　るように溶接をする。
3．その他の多層盛溶接
　　その他の多層盛溶接の例を図8.4－12，－13に示す。

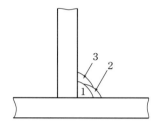

図8.4－10　2層3パスの溶接

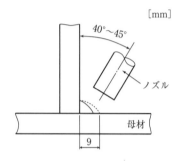

（a）2層目の1パス目の溶接

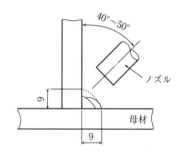

（b）2層目の2パス目の溶接

図8.4－11　2層目のワイヤねらい位置

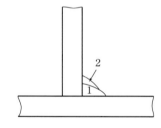

図8.4－12　1層2パスの溶接

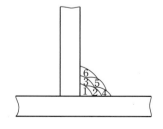

図8.4－13　3層6パスの溶接

作業名	マグ溶接による下向中板突合せ溶接	主眼点	V形開先継手の溶接（裏当て金あり）

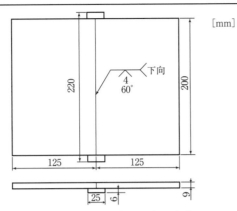

図8.5−1　母材と裏当て金の寸法

材料及び器工具など

軟鋼板（t 9.0 × 125 × 200）
裏当て金（t 6.0 × 25 × 220）
マグ溶接用ワイヤ（φ1.2）
マグ溶接装置
溶接用保護具一式
モンキレンチ
ペンチ
溶接用清掃工具一式
平やすり
すきまゲージ
鋼製直尺，片手ハンマ

番号	作業順序	要　　点	図　　解
1	準備する	1．母材を図8.5−1に示す寸法に切断し，開先を加工したものを2枚用意する。ルート面を約0.5mmに加工する。 2．裏当て金を図8.5−1に示す寸法に切断したものを1枚用意する。 3．ミルスケールや不純物を除去し，母材開先部及び裏当て金表面を清浄にする。 4．裏当て金に約3°の角度をつける。 5．混合ガス流量を15〜20ℓ/minに調整する。	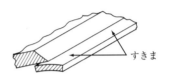 図8.5−2　母材と裏当て金のすきま
2	タック溶接（仮付溶接）をする	1．図8.5−2のように母材と裏当て金との間にすきまができないように，母材と裏当て金を完全に密着させる。 2．溶接電流を180 A，アーク電圧を18〜20 Vに調整する。 3．図8.5−3のように①〜⑩の順番でタック溶接をする。 　溶接後に起こるひずみを予想して，図8.5−4のように裏当て金に逆ひずみを与え，その上に2枚の母材をルート間隔約4mmにし，裏当て金とのすきまがないように置き，タック溶接部が溶接のじゃまにならないよう図8.5−3の位置でタック溶接をする。 4．タック溶接後は突合せ部の修正が困難なため，図8.5−5のようにならないようにする。 　ルート間隔約4mm，裏当て金と母材のすきまがないこと，溶接部にスパッタなどの異物のないことなどを確かめて，タック溶接を行う。	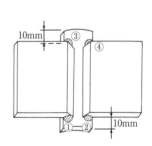 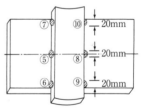 図8.5−3　タック溶接部

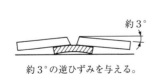

約3°の逆ひずみを与える。

図8.5−4　逆ひずみ角度

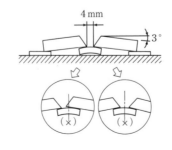

図8.5−5　タック溶接前の確認

番号	作業順序	要　　　点	図　　　解
3	アークを発生させる	1. 溶接電流を240 A，アーク電圧を23〜24 V，混合ガス流量を20ℓ/min に調節する。 2. 図8.5-6のように裏当て金の始端でアークを発生させ，少し間を置いて，アークが安定してから開先内に移動する。	 図8.5-6　アーク発生位置とトーチ保持角度
4	1層目の溶接を行う	1. トーチ保持角度は進行方向に70°〜80°（前進角），母材に対しては90°に保ち，溶融池の状態を見ながら溶接を行う（図8.5-6）。 2. 突出し長さを15〜20mmにする。 3. 姿勢を整える。No.8.2の作業順序2参照。 　（1）母材に正対して，足を半歩開く。 　（2）トーチを軽く握り，肩の力を抜き，トーチを持つほうのひじを水平に張って溶融池の状態がよく見える程度に前傾姿勢をとる。 4. ワイヤは溶融池先端をねらい，ルート間隔幅程度の小さいウィービングで溶接する（図8.5-7）。 　（1）ソリッドワイヤを用いる方式では，ビード形状，溶接線の見やすさ，ガスのシールド効果の点で15°〜20°の前進角がよい。 　（2）アークを溶融池先端（ワイヤのねらい位置は少なくとも溶融池の大きさの1/3より溶接進行方向側）に保持しないと，溶融金属が流れ込んだ状態と同様となり，母材の溶融がなく，融合不良などの欠陥が発生しやすい。 5. 両母材ルート部を均等に溶かし，裏面まで完全に溶け込むようにする。 6. 1層目のビード表面が，図8.5-8のように両止端がよく溶け込んで，平滑になるようにする。 　同図の下の2例のようなビード状態になると2層目ビードで溶込み不良になりやすくなるばかりでなく，2層目ビードが均一にならない。	 図8.5-7　1層目ビードのねらい位置 図8.5-8　1層目ビード
5	2層目及びそれ以後の溶接を行う	1. 1層目のビードを，十分に清浄にする。 2. 溶接電流を230A，アーク電圧を22〜23Vに調整する。 3. トーチ保持角度は進行方向に70°〜80°（前進溶接），母材に対しては90°に保ち，溶接する。 4. 運棒法はウィービングである（図8.5-10）。 5. ウィービングは，1層目ビードの止端で少し止め，中央は速く運棒する。 　止端部をよく溶かし込み，図8.5-9のように平滑なビードにするためである。 6. 溶接電流は各層ごとに5〜10Aぐらい下げながら行い，180A以下にならないようにする。 7. 図8.5-9のように仕上げ前のビード表面は，母材面より1〜1.5mmくらい低くなるようにビードを置く。 　開先が残っているので，幅の均一な仕上げビードが置ける。	 図8.5-9　2層目ビード

番号	作業順序	要　　　点	図　　　解
5		8．クレータ処理は図8.5－10のように，ビード終端で，トーチスイッチを切り，溶融池の赤熱部分が消える寸前に，再びアークを発生させ，これを1～2回繰り返す。	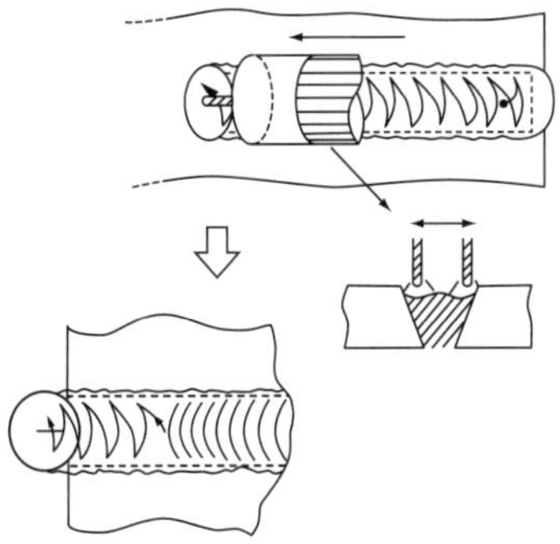
6	仕上げの溶接を行う	1．溶接電流を220A，アーク電圧を20～22Vに調整し，ウィービングビードを置く。 2．作業順序4と同様のトーチ角度を保持する。 3．運棒幅は図8.5－10のように開先内で確実に，作業順序5と同じ要領で行う。 4．ビード幅は開先幅＋2mmになるようにする（目標を15mmとする）。 　　ビード幅が狭すぎるとオーバラップになりやすく，ビード幅が広すぎるとビード波形が不均一になる。 5．余盛高さは，図8.5－11のように3mmを超えないようにする。	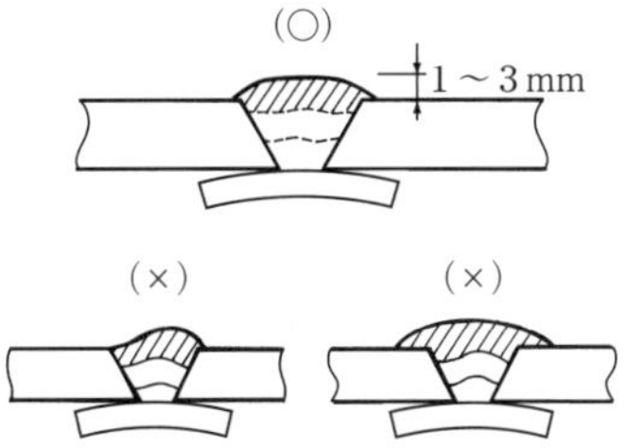 図8.5－10　2層目ビード 図8.5－11　余盛高さ
7	検査する	次のことについて調べる。 （1）ビードの表面及び波形の均一性。 （2）ビードの幅及び余盛高さの良否（図8.5－12）。 （3）始端，終端の処理。 （4）アンダカット，オーバラップの有無。 （5）溶接変形の状態。 （6）清掃の状態。	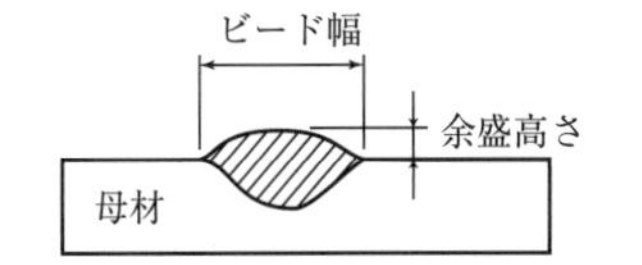 ビード幅／余盛高さ／母材 最大余盛高さ＝0.1×ビード幅＋0.5mm 図8.5－12　ビードの幅と余盛高さ
備 考		1．1層目の溶込みは，裏当て金裏面に現れる酸化による変色のすじで判断する。 2．ビードの始端と終端の処理がおろそかにならないように注意する。	

作業名	マグ溶接による立向ビード溶接（1）	主眼点	ストリンガビード溶接（上進法）

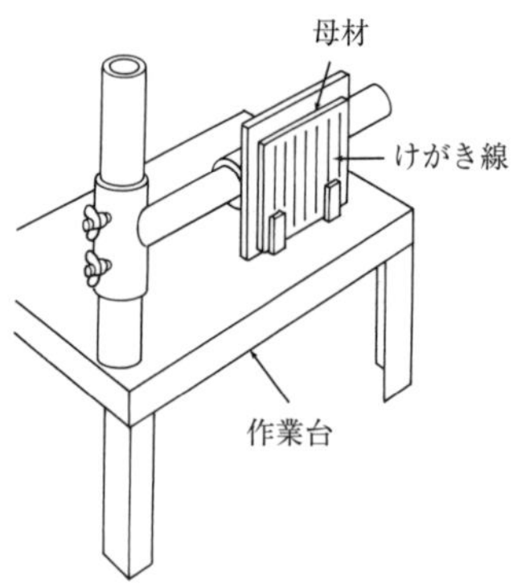

図8.6-1　母材の固定

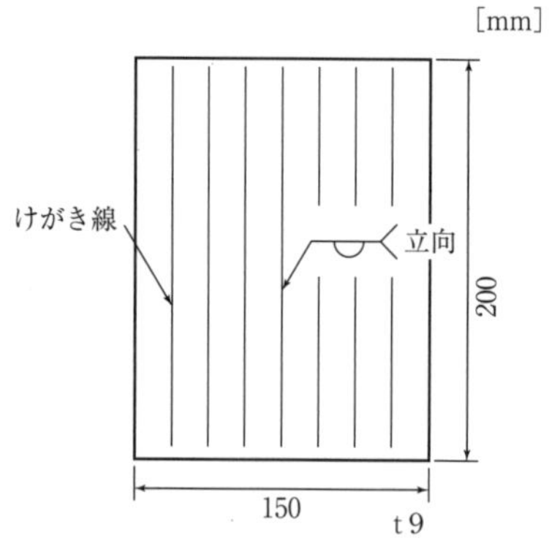

図8.6-2　母材の寸法

材料及び器工具など

軟鋼板（ t 9.0 × 150 × 200）
マグ溶接用ワイヤ（φ1.2）
マグ溶接装置
溶接用保護具一式
モンキレンチ
溶接用清掃工具一式
平やすり
鋼製直尺
片手ハンマ

番号	作業順序	要　　点	図　　解
1	準備する	1．母材の表面を清浄にし，母材が目と胸との中間の高さになるように作業台に垂直に固定する（図8.6-1，-2）。 2．溶接電流を 110 ～ 130A，アーク電圧を 16 ～ 18V，炭酸ガス流量を 20ℓ/min に調整する。 　ビードのたれ下がりの心配があるので，低い値の短絡移行電流条件を用いる。	 図8.6-3　溶接姿勢とトーチ保持角度
2	姿勢を整える	1．母材に対して体を 15°～ 20°開いて腰を掛け，足を半歩開く（作業台によっては立ったままでもよい）（図8.6-3）。 2．トーチを軽く握り，肩の力を抜き，トーチを持つ側のひじを後ろに引くようにして，溶融池の状態がよく見えるようにする（図8.6-3）。	
3	アークを発生させる	1．ワイヤを送り出し，ノズルより 10 ～ 15mm の長さに切り落とす。 2．溶接開始点にトーチを近づけ，突出し長さを 10 ～ 15mm に保持する。 3．溶接開始点（母材の下端）の上方約 10mm のところでアークを発生させ，速やかに始点に戻る（バックステップ法）（図8.6-9参照）。	 図8.6-4
4	ビードを置く	1．トーチ保持角度は母材面に 90°，溶接線の上方に 15°～ 20°に保ち，溶融池の状態を見ながらビードを置く。 　ワイヤ先端は常に溶融池先端に向ける（図8.6-4）。 2．溶接速度，トーチ角度は，溶融池の状態に応じて変化させ，均一でまっすぐなビードを置く。 3．けがき線に沿って，ストリンガ法（上進法）で溶接する（図8.6-5）。	 図8.6-5　ストリンガ法（上進法）

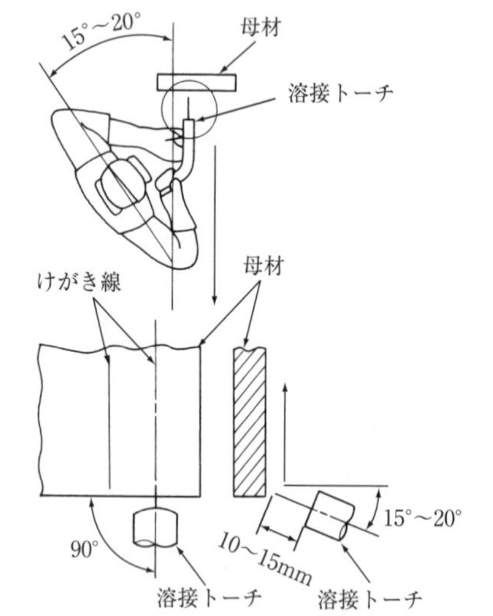

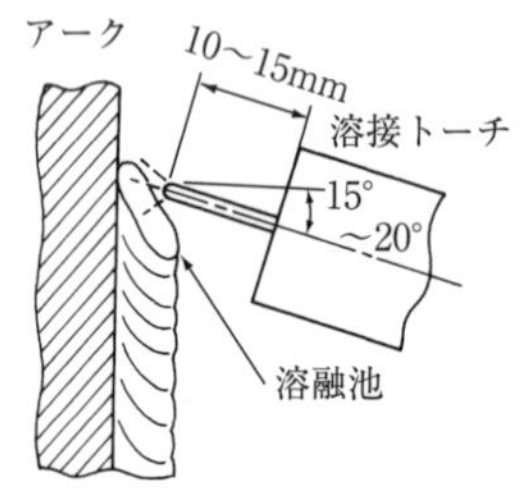

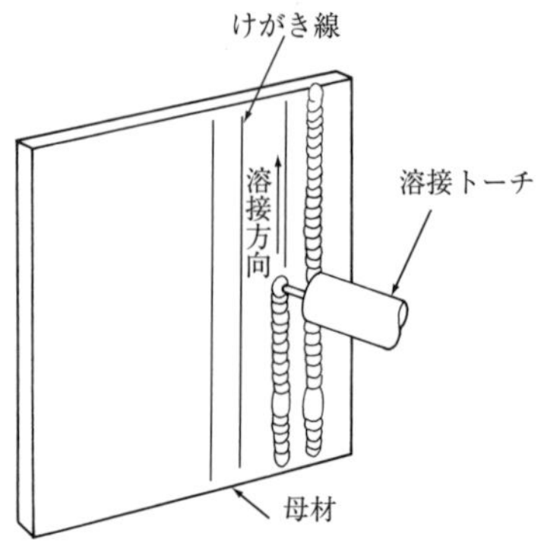

番号	作業順序	要　　点	図　　解
5	アークを切る（クレータ処理をする）	ビード終端で，トーチスイッチを切り，溶融池の赤熱部分が消える寸前に，再びアークを発生させて小さな円を描くように，2〜3回繰り返すことにより，クレータの処理をする（図8.6-6）。	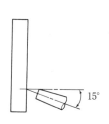 図8.6-6　クレータの処理
6	検査する	次のことについて調べる。 （1）ビードの表面及び波形の均一性。 （2）ビードの幅及び余盛高さの適否（図8.5-11，-12参照）。 （3）アンダカット，オーバラップの有無。 （4）ビード表面の酸化やピットの有無。 （5）ビードの始端及び終端の状態及びビードの継ぎ目の状態。	

備考

1．溶融池を絶えず観察し，アークの位置，短絡回数，運棒速度，トーチ保持角度を適正に調節しながら溶接する。
2．ストリンガビードと同様に上進法のウィービングビードの練習をする（図8.6-7）。このとき両端ではゆっくり，中央で速く運棒し，運棒幅は15〜16mmを目標とする。また上進の速度が遅くなると図8.6-8のように溶融金属がたれ下がる。ウィービングビードの運棒は図8.6-9を参照して行う。
3．ビード継ぎについて
（1）ストリンガビードの場合
　　図8.6-10（a）に示すように，クレータより10〜20mm前方でアークを発生させて，素早くクレータ中央に戻り，クレータビード幅と同じになるようにクレータの円弧をなぞりながら，注意して溶接を行う。
（2）ウィービングビードの場合
　　図8.6-10（b）に示すように，クレータより10〜20mm前方でアークを発生させて，素早くクレータ中央に戻り，クレータビード幅と同じになるようにクレータの円弧をなぞりながら，注意して溶接を行う。

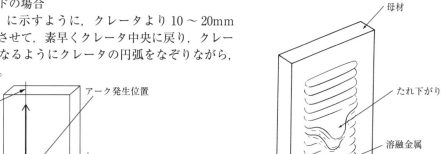

図8.6-7　上進法による
　　　　　　ウィービングビード

図8.6-8　溶接速度不良によるたれ下がり

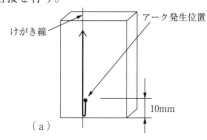

（a）

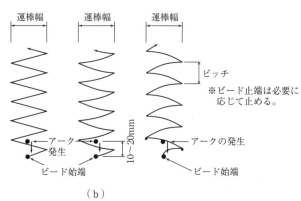

（b）

図8.6-9　ウィービングビードの運棒

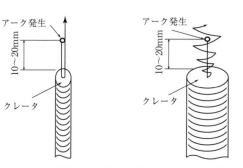

（a）ストリンガビードの場合　（b）ウィービングビードの場合

図8.6-10　ビード継ぎの運棒

番号		No. 8.7
作業名	マグ溶接による立向ビード溶接（2）	主眼点	ストリンガビード溶接（下進法）

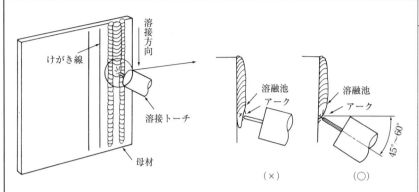

図8.7－1　下進法によるストリンガビードとトーチ保持角度

材料及び器工具など

軟鋼板（ t 9.0 × 150 × 200)
マグ溶接用ワイヤ（φ1.2)
マグ溶接装置
溶接用保護具一式
モンキレンチ
ペンチ
溶接用清掃工具一式
平やすり
鋼製直尺

番号	作業順序	要　　点	図　　解
1	準備する	1．溶接電流を 200 〜 210A，アーク電圧を 21 〜 22V，混合ガス流量を 15 〜 20ℓ/min に調整する。 2．その他については，No.8.6 の作業順序 1，図8.7－2 参照。	[mm] けがき線　　立向 200 150　t 9 図8.7－2　母材寸法
2	姿勢を整える	No.8.6 の作業順序 2 参照。	
3	アークを発生させる	溶接開始点は母材の上端とし，No.8.6 の作業順序 3 と同じ要領で行う。	
4	ビードを置く	1．2本の上進法ビードの間に下進法ビードを置く。 2．ワイヤ先端が常に溶融池先端（溶融池の最下部）をねらうようにし，No.8.6 の作業順序 4 と同じ要領で行う（図8.7－1）。このとき，トーチ角度は 45°〜60°になるように保持する。 3．下進法は溶接速度が速いので，アーク発生後始点から終端まで一気に溶接する。 　下進法は，トーチ保持角度が悪い場合や溶接速度が遅い場合には溶融池の溶融金属がたれ下がり，アークによる母材の溶融がなくなり，融合不良や裏波の形成不足の原因となる。	
5	アークを切る（クレータ処理をする）	No.8.6 の作業順序 5 参照。	
6	検査する	No.8.6 の作業順序 6 参照。	

備考	立向下進法は，主として薄板の立向裏波溶接などで用いるが，一般に溶込みが浅く，融合不良などが起こりやすいので，中板の立向溶接には使用しないことが望ましい。

| 作業名 | ミグ溶接装置の取扱い | 主眼点 | 溶接機の点検と操作 |

図9.1－1　ミグ溶接装置外観 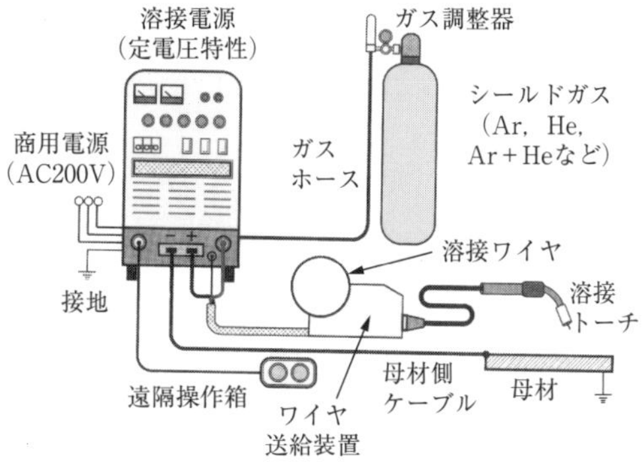　　　図9.1－2　ミグ溶接機接続図

材料及び器工具など

アルミニウム合金板（A5052P）
　〔ｔ 8.0 × 150 × 150〕
アルミニウム合金用ミグ溶接ワイヤ
　（φ1.2　A5356WY）
ミグ溶接装置（図9.1－1）
溶接用工具一式
溶接用保護具一式
容器弁開閉レンチ
モンキレンチ
ペンチ

番号	作業順序	要　　　点	図　　解
1	一次側の電源回路を点検する	ミグ溶接装置の外観を図9.1－1に示す。 1．200V 三相電源が溶接機にしっかりと接続されているか，一次側ケーブルの断線や被覆の破れがないかを点検する。 2．アース（接地）線が確実に溶接機に取り付けられ，接地されているかを点検する。	 図9.1－3　ミグ溶接の原理
2	二次側の溶接回路を点検する	溶接機二次側プラス端子からのケーブルがワイヤ送給装置に，またマイナス端子からのケーブルが作業台にしっかり接続されているかを点検する（図9.1－2）。 　ミグ溶接，マグ溶接は，自動送給される溶接ワイヤと母材との間にアークを発生させて溶接する方法である。ワイヤはアークを発生させる電極の役割とともに溶融して溶融金属となる。また，ワイヤは棒プラスの極性で溶接する（図9.1－3）。	
3	付属回路を点検する	1．ガス容器及び水道口から溶接機，溶接機からワイヤ送給装置への各ホースの接続状態を点検する。 2．ワイヤ送給装置の所定の位置にトーチ各部がしっかり接続されていることを点検する。 3．ワイヤ送給装置のワイヤ送りローラが使用するワイヤ径のもので，加圧ローラの圧力がワイヤ径やワイヤの材質に合っているかを点検する（図9.1－4，－5参照）。	 （a）
4	溶接トーチを点検する	1．ミグ溶接用トーチには，先端の電極にチップを用いる「カーブドトーチ」とコンタクトチューブを用いる「ピストル形トーチ」がある（図9.1－6）。 　溶接トーチのガスノズル内のスパッタの付着や損傷のないことを点検する。 2．コンタクトチューブを取り外し，使用するワイヤ径に合ったものであることを確認し，スパッタの付着や損傷のないことを点検する。 3．溶接トーチの各部品の点検が完了したら，それぞれをトーチ本体に組み付ける。この場合，ワイヤはコンタクトチューブ又はチップ先端から15mm程度出るようにする。	 （b） 図9.1－4　ワイヤ送給装置

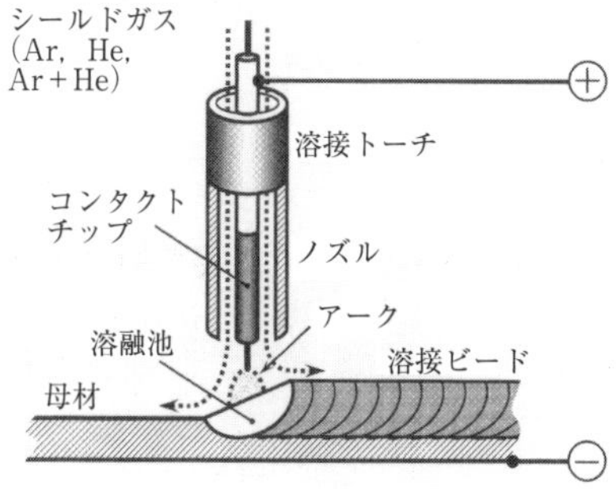

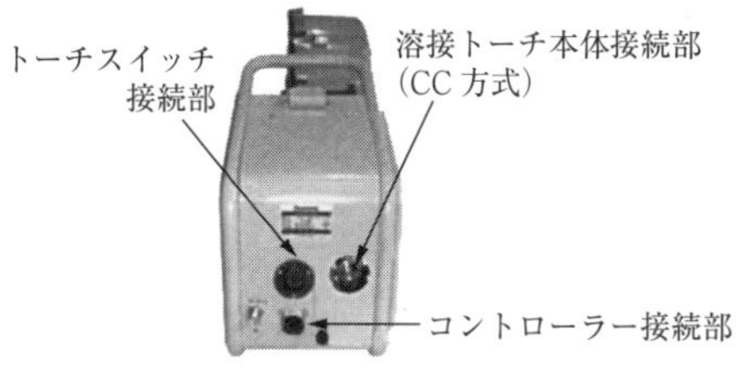

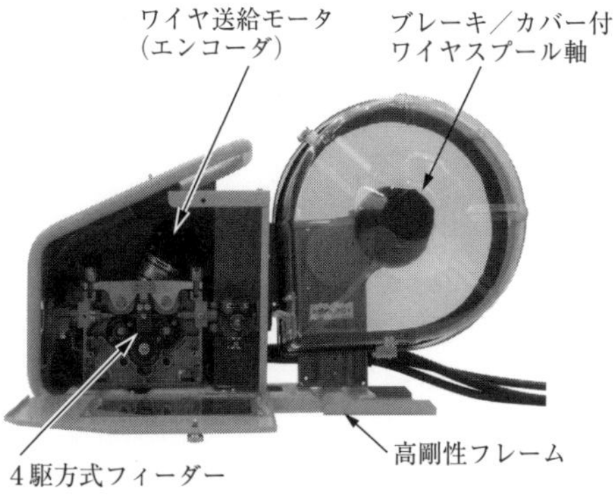

番号	作業順序	要　　点	図　　解
5	一次電源を入れる	一次電源を入れ，溶接機のパイロットランプなどで確認する。	アルミ仕様　ギヤ付加圧ローラ ギヤ付送給ローラ　ワイヤストレイナ 図9.1−5　ワイヤ送給ローラ，加圧ローラの詳細
6	溶接機の各スイッチを所定の位置に入れる	1．制御電源スイッチを入れる。 2．冷却方式を"水冷"にする（空冷トーチ使用の場合は"空冷"）。 3．クレータ切替えスイッチが"無"の場合は，トーチスイッチを押してアークを点弧させ，トーチスイッチを押し続けることによりアークが維持される。トーチスイッチを離すとアークが消弧する。 　クレータ切替えスイッチが"有"の場合は，トーチスイッチを押してアークを点弧させた後にトーチスイッチを離すと，アークは自己保持機能により維持される。再びトーチスイッチを押すとクレータ電流に変わり，トーチスイッチを離すと消弧する。	
7	シールドガス流量を調整する	1．シールドガス（アルゴンあるいはヘリウムガス）容器のバルブを開ける。 2．溶接機のシールドガススイッチを"ガスチェック"に切り替え，シールドガスを20ℓ/minに調整し，スイッチを"溶接"に戻す。	（a）アルミ用水冷ピストル形トーチ （b）アルミ用水冷カーブドトーチ 図9.1−6　ミグ溶接用トーチ
8	アークを発生させる	1．アーク発生板とノズル先端との間隔が10〜15mm程度になるようトーチを保持し，トーチスイッチを押しアークを発生させる。 2．アーク電圧は，やや低めの値からアークを点弧させ，少しずつ電圧を上げて，適正アーク長になるように調整する。 ※アークスタート時に，アーク電圧が高いとバーンバッグ（電極ワイヤがチップに溶着すること）が起こりやすいため。	
9	トーチを清掃する	ガスノズルやチップ又はコンタクトチューブのスパッタを除去する。	
備 考		ミグ溶接機には各種のものがあるが，ここでは一般的なミグ溶接機の取扱いについて述べた。なお，装置は基本的に炭酸ガスアーク溶接機と同じである。 　ミグ溶接[*1]（MIG溶接）とは，溶極式のイナートガスアーク溶接の一種で，母材と同質の溶接ワイヤを電極とする溶接である。シールドガスには，アルゴン（Ar），ヘリウム（He），Ar＋Heなどの不活性ガスを用いる。 　マグ溶接[*2]（MAG溶接）とは，二酸化炭素（CO_2），ArとCO₂との混合ガスなど，酸化性のシールドガスを用いる溶接の総称である。したがって，炭酸ガスアーク溶接はマグ溶接の一種であり，炭酸ガスアーク溶接を除いたアーク溶接を混合ガス（Ar-CO₂）アーク溶接という。 [*1]MIG（metal inert gas）welding　[*2]MAG（metal active gas）welding	

溶接ワイヤを電極とする自動又は半自動溶接にはミグ溶接，マグ溶接がある。母材材質とシールドガス組成との組合せで表9.1-1のような溶接が行われている。

表9.1-1　母材材質とシールドガス組成との組合せ

溶接方法	シールドガス組成	母材材質						
		軟鋼	低合金鋼	SUS	Al	Cu	Ni	Ti
ミグ	Ar	①			●	●	●	●
	Ar + He				●	●	●	●
マグ	CO_2 [1]	●	●	②				
	Ar + CO_2	●	●					
	Ar + 2～5 % O_2 [2]			●				
	Ar + 5～10% O_2 [3]		●	●				
	Ar + He + O_2 (CO_2)	③						

1）従来はマグと区別されていたが，最近はマグの一種とされることが多い。
2），3）　従来はミグの一種とされていたが，最近は厳密に，マグの一種とされている。
①：ミグ，ブレーズ溶接の場合
②：フラックス・コアードワイヤの場合
③：厚板高溶着溶接の場合

（出所）
図9.1-1，図9.1-4：パナソニック（株）
図9.1-2／図9.1-3／表9.1-1：（社）軽金属溶接構造協会「溶接法及び溶接機器」2009，p36，図2.59／p34，図2.58／p35，表2.12
図9.1-5／図9.1-6：（一社）軽金属溶接協会「アルミニウム合金薄板における交流ティグ溶接及び直流パルスミグ溶接の基礎的技法」2013，p9，図18／p10，図20

備

考

| 作業名 | アルミニウム合金の下向ビード溶接 | 主眼点 | ストリンガビード溶接 |

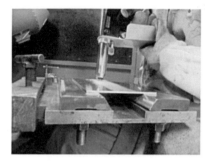 

図9.2-1　溶接姿勢

材料及び器工具など

アルミニウム合金板（A5052P）
　（t 3.0 × 200 × 125）
ミグ溶接用ワイヤ
　（φ1.2　A5356WY）
パルスミグ溶接装置
溶接用保護具
アーク溶接用工具一式
モンキーレンチ
ペンチ
マイナスドライバ

番号	作業順序	要　　　点	図　　解
1	準備をする	1．パルスミグ溶接装置を準備する（№9.1参照）。 2．シールドガス流量は 15 ～ 20ℓ/min に設定する。	
2	溶接条件を設定する	1．溶接電流 90 ～ 120A，アーク電圧 20V 前後に設定する。溶接姿勢は図9.2-1のようにとる。 2．溶接トーチは，母材に対しては90°，溶接方向に対しては 75 ～ 85°の前進角をとる（図9.2-2参照）。 3．電極ワイヤのねらい位置は，図9.2-3のように，溶融池の先端が望ましい。	図9.2-2　トーチ保持角度
3	アークを発生させる	1．№9.1の作業番号8参照。 2．アークを発生したときのアーク長は 3 ～ 5mm とする。アーク長が短すぎるとパチパチと短絡音が激しく，ビード形状が不良になったり，気孔が発生しやすくなる。逆に長すぎると溶込み不良やシールド不良を起こす。	
4	ビード溶接をする	図9.2-4のようなビード幅，高さが均一でまっすぐなビードを置く練習をする。 　溶接電流，アーク電圧，溶接速度が不適当な場合は，ビード形状が一様にそろいにくくなり，溶込み不良やオーバラップ，融合不良が発生しやすい。	図9.2-3　電極ワイヤねらい位置
5	アークを切る	1．終端部まできたらアークを切り，再びトーチスイッチを"ON"にし，クレータフィラーにより定常ビードの高さまでクレータ部を盛り上げる。 2．クレータフィラー"無"の場合は，アークを切り，再びアーク点弧・消弧を短時間に繰返し，クレータを盛り上げる。	
6	検査する	次のことについて調べる。 （1）ビードの状態（高さ，幅，均一性） （2）ビードの始端，終端の処理状態 （3）アンダカット，オーバラップの有無 （4）気孔，割れの有無	図9.2-4　ストリングビードの練習

1．アルミニウム（合金）のミグ溶接では，ワイヤ先端の溶滴が小さな粒となって母材側に移行する，いわゆるスプレー移行と呼ばれるアークの形態を利用することが多い。

2．溶滴のスプレー移行には，臨界電流以上の電流を通電する必要がある。薄板のミグ溶接では，電流値が小さいため，溶滴はスプレー移行とはならず，グロビュール移行もしくは短絡移行となり，良好な溶接ができない。パルスミグ溶接では，図9.2-5のように臨界電流以上の電流を同期的にパルス通電することにより，溶滴のスプレー移行を可能とした。このパルスミグ溶接により，平均電流値が臨界電流値以下でも薄板のミグ溶接が可能となった。

3．このパルスミグ溶接では，数10～数100Hz程度の範囲でパルス周波数を変化させることが可能であり，小電流から大電流にいたる電流域で安定したスプレー移行が可能である。そのため，薄板から厚板までの広範囲な継手の溶接が可能である。

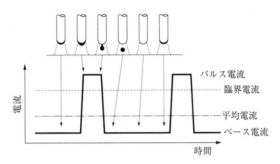

図9.2-5　パルスミグ溶接

備

考

（出所）
図9.2-1／9.2-2／図9.2-3／図9.2-4：（一社）軽金属溶接協会「アルミニウム合金薄板における交流ティグ溶接及び直流パルスミグ溶接の基礎的技法」2013，p21，写真19／p21，図44／p22，図45／p22，図47
図9.2-5：（一社）軽金属溶接協会「アルミニウム（合金）のイナートガスアーク溶接入門講座」2012，p54，図4.13

| 作業名 | アルミニウム合金の下向突合せ溶接 | 主眼点 | I形開先継手の溶接 |

材料及び器工具など

アルミニウム合金板（A5052P）
〔t 3.0 × 200 × 125（2枚）〕
ミグ溶接用ワイヤ
（φ1.2　A5356WY）
パルスミグ溶接装置
アーク溶接用工具一式
モンキーレンチ
ペンチ
マイナスドライバ
ステンレス製ワイヤブラシ

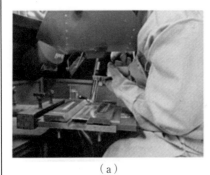 

（a）　　　　　　　　　　　（b）

図9.3－1　溶接姿勢

番号	作業順序	要　点	図　解
1	準備をする	1．パルスミグ溶接装置を準備する（No.9.1参照）。 2．アルゴンガス流量は 15 〜 20ℓ/min に設定する。	
2	溶接条件を設定する	1．溶接電流 110 〜 140A，アーク電圧 15 〜 19V に設定する。溶接姿勢は図9.3－1のようにとる。 2．母材の突合せ部は，図5.3－2（p59）のようにワイヤブラシと有機溶剤により前処理を行う。その後，図9.3－2のように母材を突合せる。	図9.3－2　母材を突合せる
3	アークを発生させる	1．No.9.2の作業番号3参照。 2．始終端部に 5 〜 10mm 程度の大きさでタック溶接を行う。タック溶接時のスマット（黒煤）はワイヤブラシで除去する。	
4	ビード溶接をする	1．No.9.2の作業番号4参照。 2．ビードの形状は，表ビード幅十数mm，裏ビード幅約 5mm，表ビード高さ約 1mm，裏ビード高さ約 2mm とする。ビード外観は図9.3－3のような形状とする。 3．溶接ビード断面は図9.3－4となるように練習を行う。溶接速度は裏ビードが出て，表ビードが沈まない程度に調整を行う。	
5	アークを切る	No.9.2の作業番号5参照。	
6	検査する	No.9.2の作業番号6参照。	

約 200mm
約 250mm
3mm

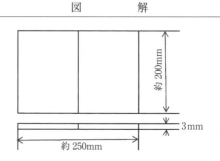

（a）表ビード

（b）裏ビード

図9.3－3　溶接ビード外観

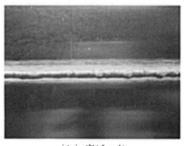

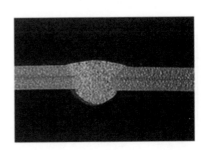

図9.3－4　溶接ビード断面

備考

（出所）
図9.3－1／図9.3－2／図9.3－3／図9.3－4：（一社）軽金属溶接協会「アルミニウム合金薄板における交流ティグ溶接及び直流パルスミグ溶接の基礎的技法」2013，p24，写真20／p23，図51／p24，写真21／p24，写真22

作業名	アルミニウム合金の水平すみ肉溶接	主眼点	T継手の溶接

図9.4-1 溶接姿勢（水平すみ肉）

材料及び器工具など

アルミニウム合金板（A5052P）
〔t 3.0 × 200 × 125（2枚）〕
ミグ溶接用ワイヤ
（φ1.2 A5356WY）
パルスミグ溶接装置
アーク溶接用工具一式
モンキーレンチ
ペンチ
マイナスドライバ
ステンレス製ワイヤブラシ

番号	作業順序	要 点	図 解
1	準備をする	1．No.9.3参照。 2．アルゴンガス流量は15 ～ 20ℓ/min に設定する。	
2	溶接条件を設定する	1．溶接電流120 ～ 160A，アーク電圧15 ～ 19V に設定する。 2．母材のすみ肉継手部は，図5.4-2（p61）のように，ワイヤブラシと有機溶剤により前処理を行う。	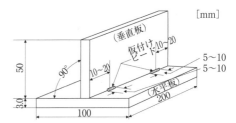 図9.4-2 水平すみ肉継手のタック溶接
3	アークを発生させる	1．図9.4-1のような溶接姿勢をとる。 2．No.9.2の作業番号3参照。 3．図9.4-2のように，水平すみ肉継手溶接部，裏面の始終端部10 ～ 20mm の箇所に，5 ～ 10mm のタック溶接を行う。	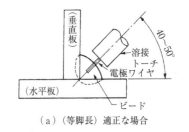 （a）（等脚長）適正な場合
4	ビード溶接をする	1．No.9.2の作業番号4参照。 2．角度と電極ワイヤ先端ねらい位置は，図9.4-3（a）のように行う。同図（b）及び（c）のような角度，ねらい位置の場合は，不等脚長や溶込み不良，アンダカット及びオーバラップの溶接不具合が発生する。 3．ビード形状は図9.4-4のように，水平板側と垂直板側の脚長が同程度になるようにトーチ角度とワイヤねらい位置を調整する。	（b）（不等脚長）不適正な場合
5	アークを切る	No.9.2，作業番号5参照。	
6	検査する	No.9.2，作業番号6参照。	
備考		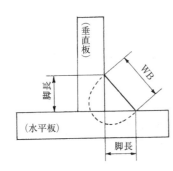 図9.4-4 水平すみ肉溶接の脚長	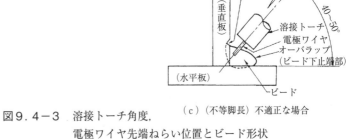 図9.4-3 溶接トーチ角度，電極ワイヤ先端ねらい位置とビード形状 （c）（不等脚長）不適正な場合

　すみ肉溶接では，図9.4-5のような溶接欠陥が発生しやすい。また，脚長は少なくとも母材の板厚に等しい長さだけ，母材表面が溶け合っていなければならない。正しい脚長を得るためには，溶接電流，溶接速度，溶接トーチの角度，電極ワイヤ先端ねらい位置に注意し，溶融池の目視判断を正しくすることが大切である。

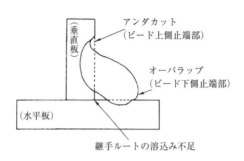

図9.4-5　すみ肉溶接に発生しやすい欠陥

（出所）
図9.4-1／図9.4-2／図9.4-3／図9.4-4／図9.4-5：(一社) 軽金属溶接協会「アルミニウム合金薄板における交流ティグ溶接及び直流パルスミグ溶接の基礎的技法」2013，p30，写真29／p28，図57／p30，図62／p30，図63／p29，図61

10. 被覆アーク溶接作業

作業名	被覆アーク溶接機の取扱い	主眼点	溶接機の取扱い及び電流調整

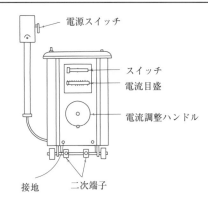

電源スイッチ

スイッチ
電流目盛

電流調整ハンドル

接地　二次端子

図 10. 1－1　被覆アーク溶接機（可動鉄心形）

材料及び器工具など

軟鋼板
被覆アーク溶接棒
被覆アーク溶接機（図 10. 1－1）
電流計

番号	作業順序	要　　　　点	図　　　解
1	溶接機の準備をする	1．一次側回路（電源回路）を点検する。 2．二次側回路（溶接回路）を点検する。 （1）アースケーブルを作業台に確実に取り付ける。 （2）ホルダ及びホルダケーブルを点検する（図 10.1－2）。	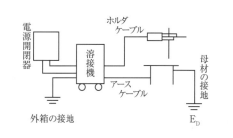 電源開閉器　溶接機　ホルダケーブル　母材の接地 外箱の接地　アースケーブル　E_D 図 10. 1－2　溶接回路
2	電流計を準備する	1．電流計を準備し，その機能について点検する。 2．溶接電流を測定するときは図 10.1－3（a）に示すように，ケーブルを穴の中に確実に通して測定する。	
3	溶接機の取扱い及び溶接電流の調整をする	溶接機の取扱い及び溶接電流の調整を，次のような順序で行う。 （1）電源スイッチを確実に入れる。 （2）溶接機のスイッチを確実に入れる。 （3）電流調整ハンドルを回して，矢印を使用電流目盛に正しく合わせる（図 10.1－4）。 （4）電流計で適正電流を確認する。 （5）溶接機のスイッチを確実に切る。	  （a）良　　　　（b）不良 図 10. 1－3　溶接電流の測定方法  図 10. 1－4　ハンドルによる溶接電流調整（交流機）
備 考		1．溶接機の機能を十分発揮させ，よい作業を行うには，溶接機を正しく取り扱い，常に点検を怠ってはいけない。 2．溶接電流調整時には，必ず電流計を使用する。電流計に複数の目盛があるときには，大容量で測定してから，必要な小容量に切り替えるほうがよい。 3．溶接作業準備について，一次側の点検及び二次側の点検については，毎回作業前に必ず行うことなので，以後省略する。 【安全衛生】 1．電源スイッチ及び溶接機スイッチは，休憩又は作業終了時には必ず切るようにする。 2．溶接機を設置する場合，雨漏れ，浸水のおそれ，湿気の多い場所は避ける。 3．溶接機の内部はときどき点検し，接続部の緩みを締め，回転部は注油を行うことを忘れない。 4．長時間作業の場合，巻線及び溶接回路における温度上昇に注意する。もし焼損のおそれがあるときは，直ちにスイッチを切って自然冷却する。	

作業名	被覆アーク溶接のアーク発生法	主眼点	アークの発生方法

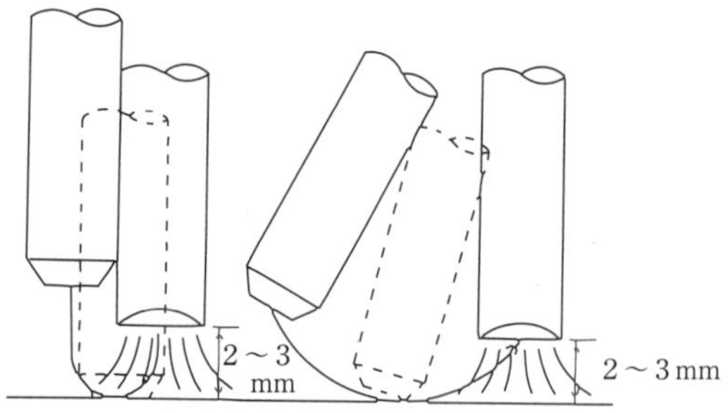

（a）タッピング法　　（b）ブラッシング法

図10.2-1　アーク発生法

材料及び器工具など

軟鋼板（t 9.0 × 125 × 150）
被覆アーク溶接棒（φ4.0　E 4319，E 4303）
被覆アーク溶接装置
溶接用保護具一式
溶接用清掃工具一式
電流計
ワイヤブラシ

番号	作業順序	要　点	図　解
1	準備する	1．母材（軟鋼板）を作業台の上に水平に置き，表面をワイヤブラシで清浄にし，不純物を除く（図10.2-2）。 　不純物とは，さび，はがれやすいミルスケール，スラグ，油脂，どろ，ほこり，水分，ペイントなどを指す。 2．溶接電流を 140～160A に調整する。 　初めは高い電流で練習すると比較的容易にアークを発生させることができる。	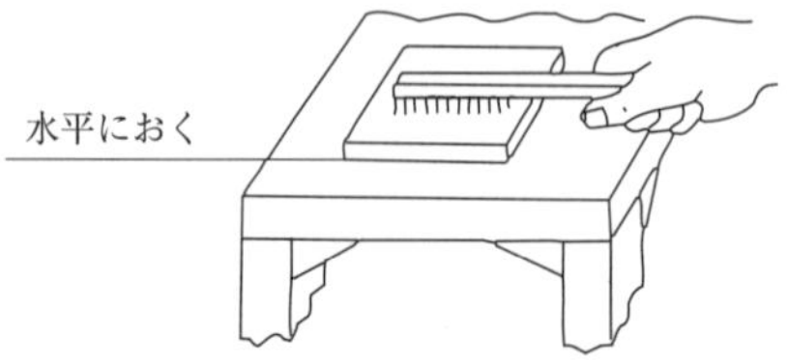 水平におく 図10.2-2　母材の清掃
2	姿勢を整える （図10.2-3）	1．作業台に対して平行に腰を掛けて足を半歩開く。 2．ホルダを軽く握り，肩の力を抜いて，ホルダを持つほうのひじを水平に張って，上半身をやや前かがみにする。 3．溶接姿勢は上記の範囲内で，無理のない安定した姿勢にする。	 図10.2-3　溶接姿勢
3	アークを発生させる	1．溶接棒をホルダに直角に挟む（図10.2-4）。 2．溶接棒先端を母材面のアーク発生位置より，約10mmのところまで近づける（図10.2-5）。 3．ハンドシールド又はヘルメットで顔面を保護する。 4．アークの発生方法としては，次に示す2つの方法で行う。 （1）溶接棒を図10.2-1（a）のように垂直保持し，棒先端を母材面に軽く打って，その反動で2～3mmの間隔にしてアークを発生させる（タッピング法）。 （2）同図（b）のようにマッチをするときの要領で母材面を棒先端で軽くすって，2～3mmの間隔にしてアークを発生させる（ブラッシング法）。	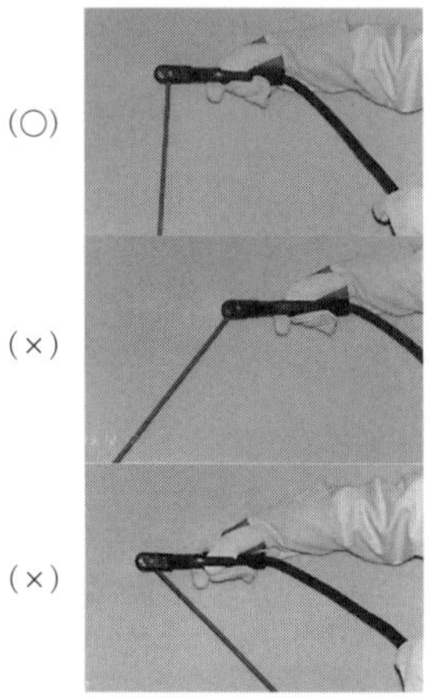 (○) (×) (×) 図10.2-4　溶接棒の正しい保持の仕方
4	アークを切る	切る直前に2～3mmの間隔をやや短くして"素早く"切る（斜め左上へ）。	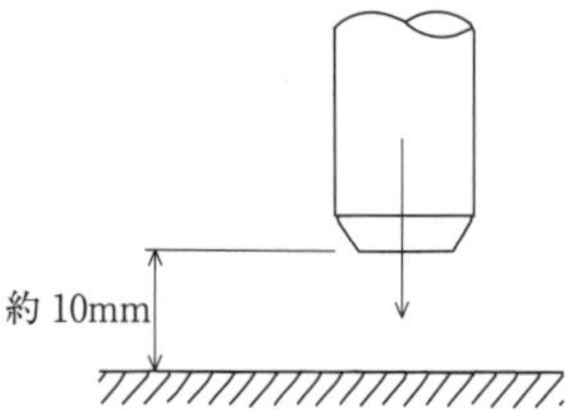 約10mm 図10.2-5　アーク発生準備位置

番号	作業順序	要　　　点	図　　　解
5	繰り返す	1．アーク発生→切る，を繰り返し行う。 　　溶接棒先端の被覆剤を"くずさない"で発生できるまで練習する。 2．発生と同時にアークの発生間隔2〜3mmを保つことができるまで練習する。	

備 考	1．アーク発生方法でタッピング法を用いる場合，図10.2−6（a）のように母材面に溶接棒先端が接触するときに少し傾けて行うと接触面積が小さくなり，アークの発生が容易にできる。 2．アークの発生操作を乱暴に行うと，溶接棒先端の被覆剤が欠け落ちて良好な溶接ができないので注意する。 3．溶接棒が母材に溶着して取れないときは，スイッチを切り，少し間をおいてから離す。 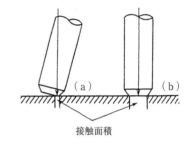 図10.2−6　タッピング法による 　　　　　　アークの発生

作業名	被覆アーク溶接による下向ビード溶接（1）	主眼点		番号	No. 10. 3

作業名	被覆アーク溶接による下向ビード溶接（1）	主眼点	ストリンガビードの置き方

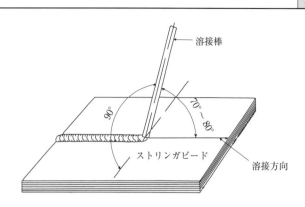

図10.3−1　溶接棒保持角度及び運棒法

材料及び器工具など

軟鋼板（ t 9.0 × 125 × 150)
被覆アーク溶接棒（φ4.0　E 4319)
被覆アーク溶接装置
溶接用保護具一式
溶接用清掃工具一式
電流計
すきまゲージ
鋼製直尺

番号	作業順序	要　点	図　解
1	準備する	1．母材を作業台の上に水平に置き，表面を清浄にする。 2．溶接電流を 140 ～ 160A に調整する。	図10.3−2　アーク発生位置
2	姿勢を整える	No.10.2 の作業順序 2 参照。	
3	アークを発生させる	1．図10.3−2，−3 に示すように始点より 10 ～ 20mm 前方のところで，アークを発生させ，アーク長をやや長目にして始点に戻す。 　溶接開始部の予熱の効果とともに，この間にアークを安定させる意味がある。 2．アークの発生要領は，No.10.2 の作業順序 3 と同様に行う。	（予熱が目的） 図10.3−3　アーク発生と標準アーク長
4	ビードを置く	1．溶接棒保持角度は，図10.3−1 に示すように母材面に対して 90° に保ち，進行方向には 70°～ 80° に保つ。 2．運棒法は左から右へ一直線に進行する。 3．溶接棒先端の消耗につれて溶接棒を徐々に下げ，図10.3−4 のように，アークの長さを棒径（心線の直径）程度に保ちながら進行する。 　アークの音に留意し，"バチバチバチ"という音が出ているときは正しいアーク長と判断できるが，"ボウボウ"という音のときはアーク長が長すぎるのでアーク長を短くする。 4．アークは常に溶融池の先端に保ちながら進行する。 5．ビード幅は均一にし，棒径（心線の直径）の 2 倍を超えないようにする。 6．ビードの高さは 1.5mm を超えないようにする。 　1.5mm を超えると，オーバラップになり，止端に応力が集中しやすくなる。	図10.3−4　アークの長さ
5	アークを切る	図10.3−5 のように，ビード中断位置より少し手前で，アークをやや短くしながら，速やかに引き離すようにしてアークを切る。	図10.3−5　アークの切り方

番号	作業順序	要　　　　点	図　　　　解
6	ビードを継ぐ	1．クレータのスラグを除き，ワイヤブラシで清掃する。 2．図10.3－6に示すように①でアークを発生させて，①→②→③と速やかに折り返してビードを継ぐ。	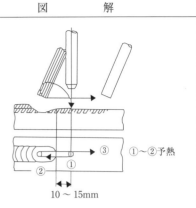 図10.3－6　ビードの継ぎ方 ①アーク長は，10～15mmとし，アーク発生時は母材に直角にする。 ①～②（予熱）溶接部がよく見え，重複溶接が防げる。 ③クレータの中心よりややビード寄りで溶接棒は85°くらいにし，徐々に標準アーク長にする。
7	クレータ処理をする	1．図10.3－7に示すように①連続にビードを置き，②の母材終端部手前に近づいたら，③④とアーク長を短くしながら溶接棒を母材終端部まで移動させて，⑤のビード方向に素早く溶接棒を動かしてアークを切る。 2．図10.3－8のように，ビード高さと同じになるまでアークを発生させてクレータ処理をする。このときのクレータ処理方法は，図10.3－7の③の位置でアークを再び発生させ，④までアーク長を短く移動した後，⑤方向に溶接棒を素早く移動してアークを切る。このように③④⑤を繰り返してクレータ処理をする。	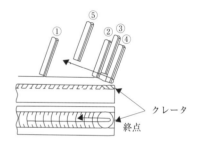 図10.3－7　クレータの処理
8	検査する	1．次のことについて調べる。 　（1）ビード形状（幅，高さ，波形，始端の溶込み，幅と高さをゲージで測定する）（図10.3－9）。 　（2）ビードの始端及び終端の状態（始端の肉やせ，クレータ処理の良否）。 　（3）ビードの継ぎ目の状態。 　（4）アンダカット，オーバラップの有無（図10.3－10）。 　（5）清掃状態。 2．図10.3－11は，溶接電流とビードの外観及び溶込みの関係を示したものである。 　（1）同図（a）は，電流が弱すぎたときのビードの外観と溶込み。 　（2）同図（b）は，電流が適当なときのビード外観と溶込み。 　（3）同図（c）は，電流が強すぎたときとのビードの外観と溶込み。 　以上のように溶接電流の強弱は，ビードの外観及び溶込みに大きく影響するため，常に適正電流を用いるようにしなければならない。	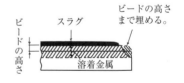 図10.3－8　クレータ処理（側面）
備考		基本動作の目的は，次の事項が同時にできるようになることである。 （1）腕を水平に動かす。 （2）腕を徐々に降下させる。 （3）アークの長さを一定に保つ（音に留意する）。 （4）溶融池を絶えず観察し，アークの位置，運棒速度，溶接棒の保持角度を適正に調節しながら行う。 　最初は4つの事項を同時に行うことは無理なので，まず，アーク長を一定に保つことから練習を始め，慣れるに従い，徐々に目的に近づける。	 （a）100A　（b）150A　（c）200A 図10.3－11　表ビード

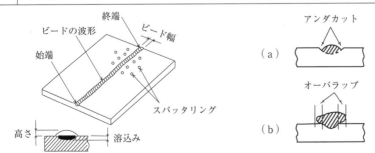

図10.3－9　ビード外観　　　　図10.3－10　アンダカットとオーバラップ

作業名	被覆アーク溶接による下向ビード溶接（2）	主眼点	ウィービングビードの置き方

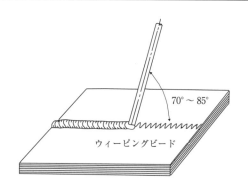

70° ～ 85°

ウィービングビード

図 10. 4 - 1　溶接棒保持角度及び運棒法

材料及び器工具など
軟鋼板（ t 9.0 × 125 × 150） 被覆アーク溶接棒（φ4.0　E 4319） 被覆アーク溶接装置 溶接用保護具一式 溶接用清掃工具一式 電流計 すきまゲージ 鋼製直尺

番号	作業順序	要　　点	図　解
1	準備する	1．母材を作業台の上に水平に置き，表面を清浄にする。 2．溶接電流は 150 ～ 170A に調整する。 　　150A 以下では，スラグの巻込みやオーバラップになりやすく，170A 以上の場合はスラグのかぶりが悪く，波形が不良となり，アンダカットもできやすい。	止まるように（約 0.5 秒） 速く 図 10. 4 - 2　ウィービングの仕方
2	姿勢を整える	No. 10. 2 の作業順序 2 参照。	ピッチ（約 4 mm） 運棒幅　ビード幅 ピッチ 図 10. 4 - 3　ウィービングのピッチ
3	アークを発生させる	1．アーク発生位置は，No. 10. 3 の作業順序 3 参照。 2．アークの発生については，No. 10. 2 の作業順序 3 参照。	
4	ビードを置く	1．溶接棒保持角度及びアーク長については，No. 10. 3 の作業順序 4 参照。 2．運棒法はウィービングである。運棒法は左から右へ，図 10. 4 - 1 に示すように溶接を行う。 3．運棒は，図 10. 4 - 2 のようにする。 　　ビード中央を通るときは速くし，両止端は少し止めることにより，波形を整えることができる。 4．ウィービングのピッチは，不規則にならないように規則正しく運棒する（図 10. 4 - 3，- 4）。 5．運棒は，図 10. 4 - 5 のように手首だけでなく，腕全体で操作する。 　　同図（b）の方法では，ピットやアンダカットができやすく，ビード幅が均一になりにくい。 6．運棒幅は，溶接棒径（心線の直径）の 3 倍を超えないようにする。 　　棒径の 3 倍以上になると，溶接金属が冷却し，うろこ状のビード波形になりやすい。 7．ビードの高さは，1.5mm を超えないようにする。 　　1.5mm を超えると，オーバラップになり，止端に応力が集中しやすくなる。	正しい　不規則　ピッチの過大　ピッチの過小 図 10. 4 - 4　ウィービング運棒 （a）○　　（b）× 図 10. 4 - 5　ウィービング操作の良否
5	アークを切る	図 10. 4 - 6 のように運棒を行いながら，アークを切る。 　　アークを短くし，ビード中央で速やかに引き離すようにして，一気に切る。	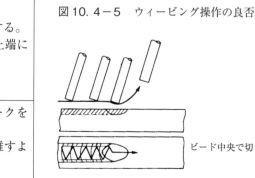 ビード中央で切る。 図 10. 4 - 6　アークの切り方

番号	作業順序	要　　点	図　　解
6	ビードを継ぐ	1．クレータのスラグを除き，ワイヤブラシで清掃し，溶接を進めようとする部分も清浄にする。 2．図10.4−7のように①でアークを発生させ，②まで戻り，折り返してウィービング運棒を行いながら③に進み，ビードを継ぐ。 　②の折返しは速やかに行い，重複溶接を避け，きれいなビードにする（図10.4−8）。	①→②予熱 ②→③溶着 ② ① ③ 10〜20mm 図10.4−7　ビードの継ぎ方
7	クレータ処理をする	1．ビード終端にできるクレータは，必ず溶接金属で補充する。 　補充しないままだと，応力が集中し，割れなどの原因となる。 2．ビード終端でアークの長さを短くし，図10.4−9（a）のように①〜④の順番で小さく円を描きながら引き離すようにして逆方向にアークを切る。 　アークを切った後，なおもくぼみがあるときは再びくぼみの中でアークを発生させ，同図（b）のようにアークを断続しながらビードの高さまで溶接金属を補充する。	良 不良（盛り上がりすぎ） 不良（へこみすぎ） 図10.4−8　ビードの継目の状態
8	検査する	1．No.10.3の作業順序8参照。 2．図10.4−10は，溶接電流と溶込み及びビード外観との関係を示したものである。 　（1）同図（a）は，電流が低すぎたときのビード外観と溶込み。 　（2）同図（b）は，電流が適当なときのビード外観と溶込み。 　（3）同図（c）は，電流が高すぎたときのビード外観と溶込み。	① ② ④ ③ 小さく円を描きながら切る。 （a） （b） 図10.4−9　クレータ処理
備 考		1．ウィービング操作は，手首で行ってはいけない。溶接棒の保持角度が母材に対して変わるので，腕全体で規則正しいピッチで確実に操作ができるように練習する。 2．基本動作の目的及びその他については，ストリンガビードの置き方の場合と同様に行う。 3．図10.4−11はアーク発生，ビード継ぎ，クレータ処理を一本のウィービングビード中に示したものである。 始端　始点　アーク発生点　アーク発生点　終点　終端 ビード中継部　クレータ処理 図10.4−11　ウィービングビード	（a）100A　（b）150A　（c）200A 図10.4−10　溶接電流，溶込み， ビード外観の関係

| 作業名 | 被覆アーク溶接による下向中板突合せ溶接（1） | 主眼点 | V形開先継手の溶接（裏当て金あり） |

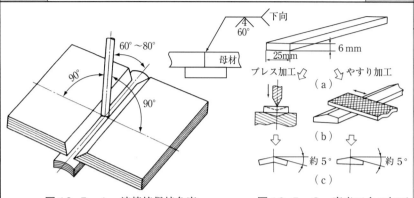

図10.5-1　溶接棒保持角度　　　図10.5-2　裏当て金の加工

	材料及び器工具など
	軟鋼板（t 9.0 × 125 × 150）
	裏当て金（t 6.0 × 25 × 170）
	被覆アーク溶接棒（φ4.0　E 4319，E 4303）
	被覆アーク溶接装置
	溶接用保護具一式
	溶接用清掃工具一式
	すきまゲージ
	電流計
	平やすり
	鋼製直尺

番号	作業順序	要　　　点	図　　　解
1	準備する	1．母材を図10.5-3（a）に示す寸法に加工し，ルート面を0.5mmに加工したものを2枚用意する。 2．裏当て金を図10.5-3（b）に示す寸法に切断したものを1枚用意する。 3．ミルスケールや不純物を除去し，母材開先部及び裏当て金表面を清浄にする。 4．図10.5-2（c）のように，裏当て金は曲げ加工か，やすり加工により，約5°の角度をつける。 5．保護具を着用し，溶接機を準備する。	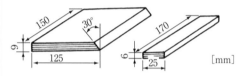 （a）母　材　　　（b）裏当て金 図10.5-3　母材と裏当て金の寸法
2	タック溶接（仮付溶接）をする	1．図10.5-4のように母材と裏当て金との間にすきまができないように，母材と裏当て金を完全に密着させる。 2．溶接電流を180Aに調整する。 3．図10.5-5（a）のようにタック溶接をする。 　溶接後に起こるひずみを予測して，同図（b）のように逆ひずみを与え，ルート間隔を4mmに設定して，本溶接のじゃまにならないように，母材端面にタック溶接をする（約5mm）。 4．タック溶接後，必ず突合せ部が適当であるかを確認する（ルート間隔，裏当て金と母材のすきまのないこと，タック溶接部のスパッタ，スラグなどの異物を除去する）。	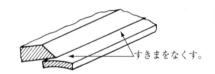 図10.5-4　母材と裏当て金のすきま
3	アークを発生させる	1．溶接電流は180〜200Aに調整する。 　スラグを巻き込まず，平滑なビードが置ける電流。 2．図10.5-6（a）のように裏当て金の始端でアークを発生させ，少し間を置いて，アークが安定してから開先内に移動する。	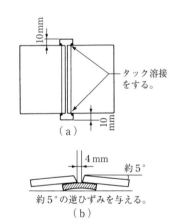 図10.5-5　タック溶接と逆ひずみのとり方
4	1層目の溶接を行う	1．溶接棒保持角度は，図10.5-1に示すように両母材面に対して90°，進行方向には60°〜80°の後進角に保持する。 2．運棒法はストリンガである。 　溶接棒先端を図10.5-7のようにルート部に接触させ，裏当て金と両母材を十分に溶け込ませながら進行する。 　このときアークは常に溶融池の先端に保ち，溶接棒より前にスラグが先行しないようにする。	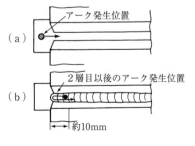 図10.5-6　アークの発生位置

番号	作業順序	要　　　点	図　　　解
5	2層目の溶接を行う	1．1層目のスラグを除き，十分に清浄にする。 2．溶接電流は 170 ～ 190A に調整する。 3．溶接棒保持角度は，1層目と同じにする。 4．運棒法は，小さなウィービングで行う。 　ウィービングは，図 10.5－8 のように1層目ビードの止端で少し止め，中央は速く運棒する。	心線 フラックス 図 10.5－7　1層目ビード
6	3層目及びそれ以後の溶接を行う	1．溶接電流を 165 ～ 185A に調整する。運棒法はウィービングである（図 10.5－9）。 2．その他の要領については，2層目の場合と同様である。 3．3層目以後のビードを置く。 　溶接電流は各層ごとに5 ～ 10A ぐらい下げながら行い，150A 以下にならないようにする。 （1）150A 以下ではビード波形がうろこ状になり，スラグ巻込みが起こりやすい。また電流が高すぎると，スラグが溶接金属を覆わなくなり，ビード波形が荒れやすい。 （2）図 10.5－10 のように仕上げ前のビード表面は，母材面より，0.5 ～ 1mm くらい低くなるようにビードを置くと，溶込みがよく，ビード幅がそろう。	図 10.5－8　2層目ビード 図 10.5－9　3層目ビード
7	仕上げの溶接を行う	1．溶接電流を 150 ～ 155A に調整する。 2．溶接棒保持角度は，母材面に対し 90°，進行方向に 70°～ 80° にし，運棒法はウィービングである。 3．運棒幅は，図 10.5－11 のように開先内で確実に行い，ビード幅は，開先幅＋2mm になるようにする。 　図 10.5－12 のように溶接棒を傾けると，アンダカットができやすくなるので注意する。 　余盛高さは，図 10.5－13 のように 1.5mm を超えないようにし，オーバラップによる止端部への応力集中を防ぐ。	0.5～ 1 mm 図10.5－10　4層目ビード（仕上げ前のビード）
8	検査する	次のことについて調べる。 （1）ビードの形状。 （2）ビード始端及び終端の状態。 （3）ビード継ぎ目の状態。 （4）アンダカット，オーバラップの有無。 （5）変形の状態（図 10.5－14）。 （6）清掃の状態。	1 mm　1 mm 図 10.5－11　仕上げビード

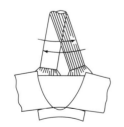

図 10.5－12　悪い運棒

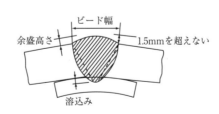

余盛高さ　ビード幅　1.5mmを超えない

溶込み

図 10.5－13　ビード断面

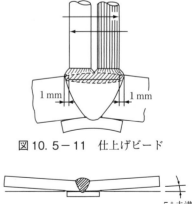

5°未満

図 10.5－14　ひずみ

備考	1．1層目の溶込みは，裏当て金裏面に現れる酸化による変色のすじで判断する。 2．層を重ねるごとにビード幅が広くなり，母材の温度が上昇する。したがって，運棒と溶接電流の調整を適切に行わないと，良好な溶接はできない。 3．ビードの始端と終端の処理がおろそかにならないように注意する。 4．欠陥ができたときは，必ず修正してから次の層を置くようにする（修正電流は溶接電流と同じ電流を用いる）。

			番号	No. 10. 6
作業名	被覆アーク溶接による下向中板突合せ溶接（2）	主眼点		V形開先継手の溶接（裏当て金なし）

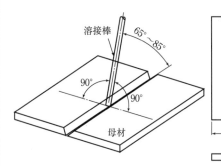

図 10. 6－1　溶接棒保持角度

図 10. 6－2　母材の寸法

[mm]

材料及び器工具など

軟鋼板〔t 9.0 × 125 × 150（2枚）〕
被覆アーク溶接棒（φ3.2　E 4316）
　　　　　　　　　（φ4.0　E 4319）
被覆アーク溶接装置（交流機）
溶接用保護具一式
溶接用清掃工具一式
電流計
平やすり
すきまゲージ
鋼製直尺

番号	作業順序	要点	図解
1	準備する	1．母材を図 10. 6－2，－3（a）に示す寸法に切断し，開先を加工したものを2枚用意する。 　　図 10. 6－3（b）のように，開先のルート面を平やすりで丁寧に仕上げる。この場合，平やすりは母材に対して直角にする。 　　さらに2枚の母材開先部を清浄にし，不純物を除く。 2．保護具を着用し，溶接機を準備する。	図 10. 6－3
2	タック溶接（仮付溶接）をする	1．図 10. 6－4のように，両母材突合せ部の食違いがないように注意する。ルート面を1〜1.5mm，ルート間隔を2〜2.5mmに設定する。 　　食違いがあると，裏ビードが片溶けしたり，裏ビードが出ないことがある。 2．溶接電流はφ3.2の溶接棒で，90〜100Aに調整する。 3．図 10. 6－5（a）のようにタック溶接を行う場合，本溶接のじゃまにならないように溶接面裏側の両端で，丁寧にしっかりとタック溶接をする。 4．タック溶接が終わったら，溶接後に起こるひずみを予測して，図 10. 6－5（b）のように逆ひずみを与える。 5．1層目ビードを置く前に，突合せ部の状態が適当であるかを確認する。	図 10. 6－4　突合せ部の食違い 母材開先の裏側にタック溶接をする。 （a） 約1.5°の逆ひずみを与える。 （b） 図 10. 6－5
3	アークを発生させる	1．溶接棒は（E 4316, φ3.2）裏波専用棒を使用する。 2．溶接電流は90〜100Aに調整する。 3．図 10. 6－6のように始端のタック溶接部の上でアークを発生させ，少し間を置いて，アークが安定してから進行する。	タック溶接 図 10. 6－6　アーク発生位置
4	1層目の溶接を行う	1．溶接棒保持角度は図 10. 6－1に示すように，両母材面に対して90°，進行方向には65°〜85°の後進角に保持する。 2．運棒法はストリンガである。 　　アークを短く保ち，図 10. 6－7のように開先底部のルート部に押し付けるようにし，かつ溶融池の先端に小穴を開けながら，ストリンガビードを置く（図 10. 6－8）。	溶接棒の位置 図 10. 6－7　1層目ビードの置き方

番号	作業順序	要　　点	図　　解
5	2層目の溶接を行う	1．1層目のスラグを除き，十分に清浄する。 2．2層目からの溶接棒は，E4319のφ4.0を使用する。 3．溶接電流は180〜190Aに調整する。 4．溶接棒保持角度は，1層目と同じにする。 5．運棒法はストリンガビードとする。 　（1）このとき，図10.6-9のように1層目ビードの止端を十分溶かすように運棒する。 　（2）高めの電流でアーク長をやや長めにするとスラグを巻き込まずに，平滑なビードを置くことができる。	溶接棒 φ3.2　E4316裏波棒 図10.6-8　1層目ビード 溶接棒 φ4.0　E4319 1層目ビードの止端 図10.6-9　2層目ビード
6	3層目及びそれ以後の溶接を行う	1．溶接電流を170〜180Aに調整する。運棒法はウィービングである。 　運棒は，図10.6-10のように2層目ビードの止端で少し止め，中央は速く運棒する。 2．3層目以後のビードを置く。 　溶接電流は各層ごとに5〜10Aぐらい下げながら行い，150A以下にならないようにする。 　（1）150A以下ではビード波形がうろこ状になり，スラグ巻込みが起こりやすい。また電流が高すぎると，スラグが溶接金属を覆わなくなり，ビード波形が荒れやすい。 　（2）図10.6-11のように仕上げ前のビード表面は，母材面より，0.5〜1mmくらい低くなるようにビードを置くと，溶込みがよく，ビード幅がそろう。	図10.6-10　3層目ビード 0.5〜1mm 図10.6-11　4層目ビード （仕上げ前のビード）
7	仕上げの溶接を行う	1．溶接電流は150〜155Aに調整する。 2．溶接棒保持角度は，母材面に対し90°，進行方向には80°〜85°に保持する。運棒法はウィービングである。 　（1）仕上げビードで，図10.6-12のように溶接棒を傾けると，アンダカットができやすくなるので注意が必要である。 　（2）運棒幅は図10.6-13のように開先内で確実に行い，ビード幅は開先幅＋2mmになるようにする。余盛高さは，高すぎるとオーバラップになりやすく，止端部に応力が集中するので図10.6-14のように1.5mmを超えないようにする。 No.10.5の作業順序7参照。	図10.6-12　　　図10.6-13 悪い運棒　　　仕上げビード 1mm　1mm
8	検査する	次のことについて調べる。 　（1）ビードの形状。 　（2）ビード始端及び終端の状態。 　（3）ビード継ぎ目部の状態。 　（4）アンダカット，オーバラップ。 　（5）変形の状態（図10.6-15）。 　（6）裏面の溶込み状態。 　（7）清掃の状態。	ビード幅 余盛高さ 1.5mmを超えない 裏ビード高さ 図10.6-14　ビード断面 2.5°未満　　　2.5°未満 図10.6-15　ひずみ
備考		1．溶接電流，溶接棒の保持角度，運棒速度などが成否を大きく左右することは，どの溶接作業でも同じである。特に裏当て金なしの場合では，1層目ビードの置き方は最も重要であり，正確度を要する。 2．運棒操作として，裏当て金ありの場合より開先の幅が狭いので注意する。また層数についても，計画的に行わないと仕上げがうまくいかない。	

| 作業名 | 被覆アーク溶接による立向ビード溶接（1） | 主眼点 | ストリンガビード溶接（上進法） |

材料及び器工具など

軟鋼板（ t 9.0 × 125 × 150）
被覆アーク溶接棒
　（φ4.0　E 4319 又は E 4316）
被覆アーク溶接装置
溶接用保護具一式
溶接用清掃工具一式
すきまゲージ
電流計
鋼製直尺

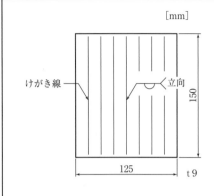

図 10. 7－1　母材の寸法

図 10. 7－2　立向溶接姿勢

番号	作業順序	要　　　　点	図　　　解
1	準備する	1．母材（図 10. 7－1）の表面を清浄にし，母材が目と胸との中間の高さになるように支持台に垂直に固定する（図 10. 7－2）。 2．保護具を着用し，溶接機を準備する。	溶接棒 45° 90° ホルダ 図 10. 7－3　溶接棒の保持
2	姿勢を整える	1．前項までの下向溶接では，溶接棒とホルダの角度が 90°になるように挟んだ。立向溶接ではその角度をさらに 45°大きくなるよう，溶接棒をホルダの斜め溝に挟む（図 10. 7－3）。 2．溶接線の正面に立ち，足を半歩開いて上体を安定させる（図 10. 7－4）。 　ケーブルを直接腕で支えずに，重みを肩や，支持台などに掛ける。このとき肩の力を抜き，ひじを身体から離す。	母材 約 45° 図 10. 7－4　足の位置
3	アークを発生させる	1．溶接電流を 100 ～ 120A に調整する。 　溶融金属がたれたり，ビード波形が乱れるような場合には少し低い電流を用いる。 2．溶接棒を母材に 90°に保ち，始点（母材の下端）に近づける。 3．始点の上方 10 ～ 20mm のところでアークを発生させ，速やかに始点に戻る（図 10. 7－5）。 　アークが安定したら，アーク長を極力短くする。	母材 アーク発生 10～20mm 溶接棒 溶融金属 図 10. 7－5　アーク発生位置
4	ビードを置く	1．溶接棒保持角度は母材面に 90°，溶接線の下方に 70°～ 80°に保持する（図 10. 7－6）。 2．母材が溶融したら，まっすぐに上進する。 　進行中はアークの長さを一定に保ち，溶融金属がたれないよう，常にスラグより先行してビードを置く。	母材 90° 70°～ 80° 溶接棒 図 10. 7－6　溶接棒保持角度
5	アークを切る（ビード継ぎのため）	アークを徐々に短くし，素早く上方に引き離してアークを切る。	
6	ビードを継ぐ	1．クレータ部分のスラグを除去して清浄にする。 2．クレータの上端より約 10mm 上でアークを発生させ，長めのアークで予熱しながらクレータ部に戻り，溶融したらアークを短くしてビードを継ぐ。	

番号	作業順序	要　　　点	図　　　解
7	クレータ処理をする	終端でアークを断続させ，溶着金属（溶加材から溶接部に移行した金属）を少量ずつ補充してクレータを埋める。 　母材が赤熱しているときにアークを発生させると，溶融金属がたれ落ちるので注意が必要である。	
8	検査する	次のことについて調べる。 （1）ビードの表面及び波形の均一性。 （2）ビードの幅及び高さの適否。 （3）始端，終端の処理。 （4）アンダカット，オーバラップの有無。 （5）溶融金属のたれ下がりの有無。 （6）スラグ巻込みの有無。	

備考

1．アークの長さが不適当になれば，ビードの表面は凹凸の激しい整っていない波形になる。
2．溶接電流が低いと，溶込みが浅く，オーバラップが生じやすく，ビードの凹凸が多くなる。
3．溶接電流が高いと，溶込みが深く，ビードが低くなりアンダカットが生じやすく，ビードはたれ下がる。
4．立向下進法は溶接速度も速く，能率的であるが，下進用の溶接棒でなければ使用できない。

作業名	被覆アーク溶接による立向ビード溶接（2）	主眼点	ウィービングビード溶接（上進法）

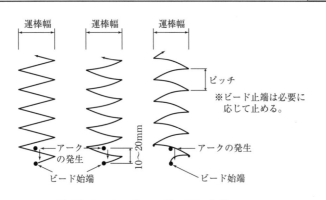

図 10. 8－1　ウィービングの仕方

材料及び器工具など
軟鋼板（ t 9.0 × 125 × 150）
被覆アーク溶接棒
（φ4.0　E 4319，E 4303 又は E 4316）
被覆アーク溶接装置
溶接用保護具一式
溶接用清掃工具一式
すきまゲージ
電流計
鋼製直尺

番号	作業順序	要　　　　点	図　　　解
1	準備する	No. 10. 7 の作業順序 1 参照。	溶融池（常に楕円形にする）　溶接棒
2	姿勢を整える	No. 10. 7 の作業順序 2 参照。	ピッチ 母材側 溶接ビード
3	アークを発生させる	1．溶接電流を 110 ～ 120A に調整する。 2．その他については，No. 10. 7 の作業順序 3 参照。	図10. 8－2　ウィービングのピッチ（良い例）
4	ビードを置く	1．運棒は腕全体で行い，アークを短く保ち，両端でゆっくり，中央で速く運棒する（図 10. 8－1）。 　　運棒幅は溶接棒径の 3 倍以下にし，上進のピッチは左右に運動してできたビードと母材を半分ずつ溶融させる程度とする。このときの溶融池は常に楕円形になるように注意する（図 10. 8－2）。 2．その他については，No. 10. 7 の作業順序 4 参照。	
5	アークを切る（ビード継ぎのため）	ビードの幅の中央でアークを短くして素早く上方に引き離して，アークを切る。	
6	ビードを継ぐ	1．クレータ部分のスラグを除去して清浄にする。 2．アークの発生はクレータの中央上方で行い，母材をやや長めのアークで溶融させ，速やかにアークを短くしてクレータの端からビードを継ぐ。	
7	クレータ処理をする	No. 10. 7 の作業順序 7 参照。	
8	検査する	No. 10. 7 の作業順序 8 参照。	
備考		1．左右の運棒に対して上進の速度が遅れると，溶融金属はたれ下がるので注意が必要である。 2．ウィービングの際，両端で止めすぎて中央を速く運棒すると，ビード波形が魚のうろこ状になってしまうので注意する（図 10. 8－3）。	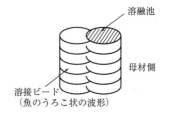 図 10. 8－3　両端で止めすぎて中央を速く運棒 したウィービングビード（悪い例）

作業名	被覆アーク溶接による立向中板突合せ溶接（1）	主眼点	V形開先継手の溶接（裏当て金あり）

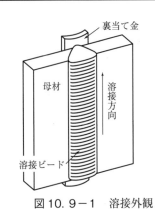

図10.9−1　溶接外観

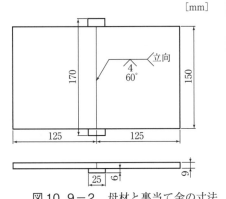

図10.9−2　母材と裏当て金の寸法

[mm]

		材料及び器工具など

軟鋼板〔t 9.0 × 125 × 150（2枚）〕
裏当て金（t 6.0 × 25 × 170）
被覆アーク溶接棒
　（φ4.0　E 4319 又は E 4316）
被覆アーク溶接装置
溶接用保護具一式
溶接用清掃工具一式
電流計
すきまゲージ
鋼製直尺

番号	作業順序	要　　　点	図　　解
1	準備する	1．母材を図10.5−3（a）及び図10.9−2の寸法に切断し，ルート面を0.5mmに開先加工したものを用意する。 2．保護具を着用し，溶接機を準備する。 No.10.5の作業順序1参照。	
2	タック溶接（仮付溶接）をする	No.10.5の作業順序2参照。	
3	姿勢を整える	No.10.7の作業順序2参照。	図10.9−3　溶接棒保持角度
4	アークを発生させる	1．溶接棒は棒径φ4.0を使用する。 2．溶接電流を120〜130Aに調整し，その他についてはNo.10.7の作業順序3参照。	
5	1層目の溶接を行う	1．溶接棒保持角度は図10.9−3のように保つ。 2．運棒はストリンガビード又は，小さなウィービングの上進法で行う。 　溶融池，スラグのかぶりをよく観察し，ルート面及び両母材の開先先端を十分溶け込ませる。また，溶融金属がたれ下がらないように，ビードは薄く置く。 3．その他については，No.10.7の作業順序4参照。	図10.9−4　2層目ビード
6	2層目の溶接を行う	1．溶接電流を120〜130Aに調整する。 　加熱しすぎないように運棒に注意して，平滑なビードにする（図10.9−4）。 2．その他については，No.10.8の作業順序4参照。	
7	2層目以後の溶接を行う	1．2層目以後のビードはウィービングビードを置き，各層は1パスで行う。 2．溶接電流は各層ごとに下げるが，110A以下にならないようにする。 　仕上げビードは，母材の縁に0.5〜1mmほど溶け込ませて溶接する（図10.9−5）。 3．その他については，No.10.8の作業順序4参照。 　なお，溶接の外観は図10.9−1のとおりである。	図10.9−5　仕上げビード
8	検査する	No.10.7の作業順序8参照。	
備考		1層目の溶込み状態は，裏当て金裏面に現れる酸化による変色のすじで判断する。	

		番号	No. 10.10

作業名	被覆アーク溶接による立向中板突合せ溶接（2）	主眼点	V形開先継手の溶接（裏当て金なし）

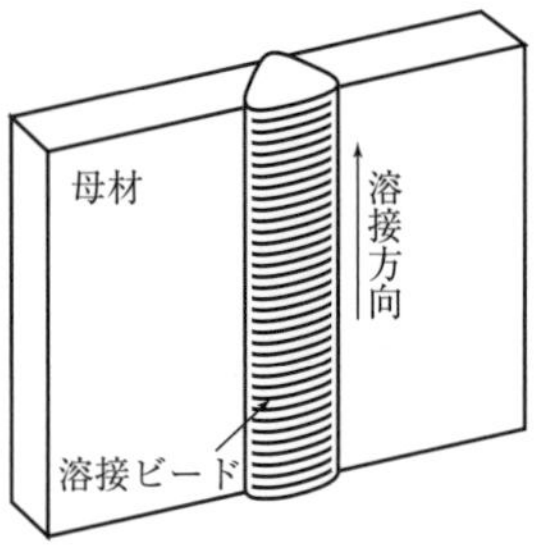

図 10.10－1　溶接外観 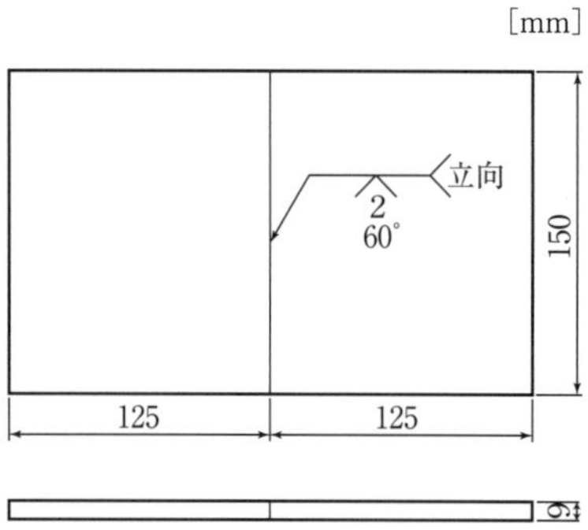　　　図 10.10－2　母材寸法

材料及び器工具など

軟鋼板〔t 9.0 × 125 × 150（2枚）〕
被覆アーク溶接棒
　〔φ3.2（裏波専用棒）　E 4316〕
　（φ4.0　E 4319，E 4316）
被覆アーク溶接装置（交流機）
溶接用保護具一式
溶接用清掃工具一式
電流計
すきまゲージ
鋼製直尺

番号	作業順序	要　　点	図　解
1	準備する	No. 10. 6 の作業順序 1 参照（図 10.10－2）。	図 10.10－3　1層目ビード
2	タック溶接（仮付溶接）をする	No. 10. 6 の作業順序 2 参照。	
3	姿勢を整える	No. 10. 7 の作業順序 2 参照。	
4	アークを発生させる	1．溶接棒は（φ3.2　E 4316）裏波専用棒を使用する。 2．溶接電流を 80 ～ 90A に調整する。その他についてはNo. 10. 7 の作業順序 3 参照。	
5	1層目の溶接を行う	1．運棒はストリンガビード又は，小さなウィービングの上進法で行う。 　溶融池，スラグのかぶりをよく観察し，裏波を形成する音（パリパリとアークが抜ける音）に注意し，両母材のルート部を十分溶け込ませて，裏波を出す。このとき溶接速度に注意し，溶融金属がたれ下がらないように，薄めにビードを置く（図 10.10－3）。 2．その他については，No. 10. 7 の作業順序 4 参照。	
6	2層目の溶接を行う	1．溶接棒はE 4319 又は，E 4316 のφ4.0 を使用する。 2．溶接電流を 110 ～ 120A に調整する。 3．No. 10. 8 の作業順序 4 と同じ要領でウィービングビードを置く。	
7	2層目以後の溶接を行う	No. 10. 9 の作業順序 7 参照。 なお，溶接の外観は図 10.10－1 のとおりである。	
8	検査する	次のことについて調べる。 （1）裏ビードの適否。 （2）その他については，No. 10. 7 の作業順序 8 参照。	
備考	裏波は幅約 4 mm，高さ約 1 mm を目標にし，均一に形成できるまで十分練習する。		

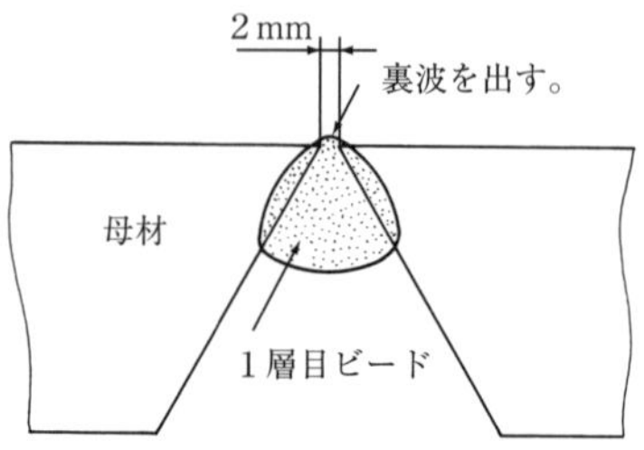

番号		No. 10.11
作業名	被覆アーク溶接による立向すみ肉溶接	主眼点	ウィービングビード溶接（上進法）

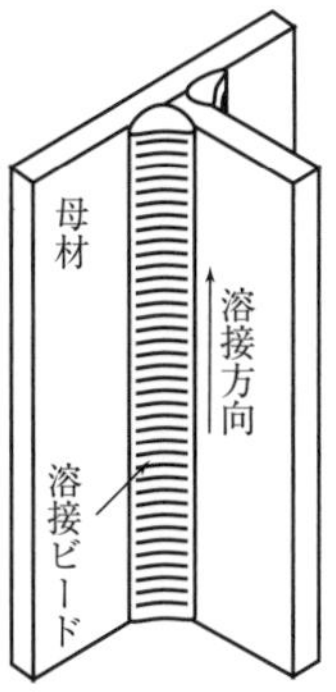

材料及び器工具など

軟鋼板〔t 9.0 × 70 × 150（2枚）〕
被覆アーク溶接棒（φ4.0　E 4319, E 4316）
被覆アーク溶接装置
溶接用保護具一式
溶接用清掃工具一式
電流計
すきまゲージ
鋼製直尺

図 10.11 － 1　溶接外観

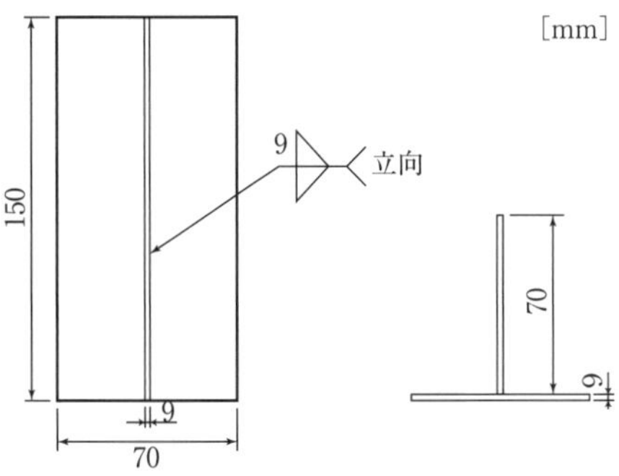

図 10.11 － 2　母材の寸法　[mm]

番号	作業順序	要　　　点	図　　解
1	準備する	1．母材（図 10.11 － 2）の接合部を清浄にし，不純物を除く。 2．保護具を着用し，溶接機を準備する。	図 10.11 － 3　溶接棒の保持角度
2	タック溶接（仮付溶接）をする	1．溶接電流を 180A に調整する。 2．本溶接の支障にならないように，溶接線両端でタック溶接をする。 3．タック溶接が終わったら，溶接線を垂直に固定する（図 10.11 － 3）。	
3	アークを発生させる	1．溶接電流を 110 ～ 130A に調整する。 2．溶接棒を両母材に対し 45°に保ちつつ，溶接始点（母材の下端）に近づける（図 10.11 － 3）。 　始点の上方でアークを発生させ，速やかに始点に戻り，母材が溶融するまで待つ。	
4	1層目の溶接を行う	1．溶接棒は図 10.11 － 3のように保持する。 2．両母材とルート部を十分溶け込ませ，ストリンガビードで上進する。 3．その他については，№ 10. 7の作業順序 4参照。	（a）
5	2層目の溶接を行う	1．ウィービングで上進する（図 10.11 － 4（a））。 　1層目のビードの両止端を十分溶かし，完全に溶け込ませてビードを置く（同図（b））。 2．その他については，№ 10. 8の作業順序 4参照。 　なお，溶接の外観は図 10.11 － 1のとおりである。	（b） 図 10.11 － 4　2層目ビード
6	検査する	次のことについて調べる。 （1）脚長を測定し，均一性を見る。 （2）その他については，№ 10. 7の作業順序 8参照。	

| 備考 | 1．E 4319を使用した場合，1層目，2層目を 1パスで盛り上げるには，三角運棒（図 10.11 － 5）の要領で行い，溶接金属を一度に多く溶着させる。
2．継手部を破断して，両母材やルート部の均等な溶込み状態を確かめる。 | 
図 10.11 － 5 |

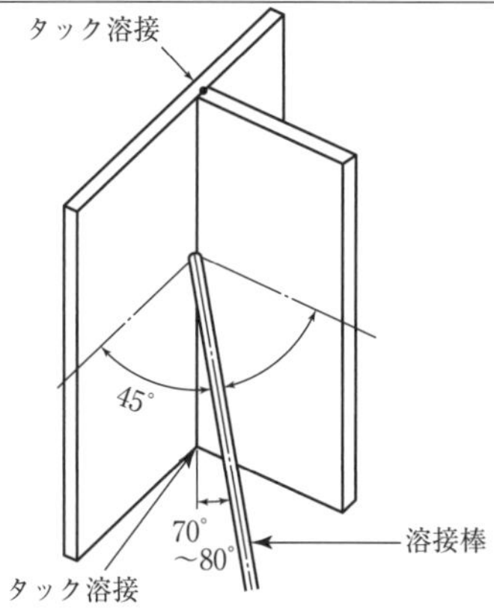

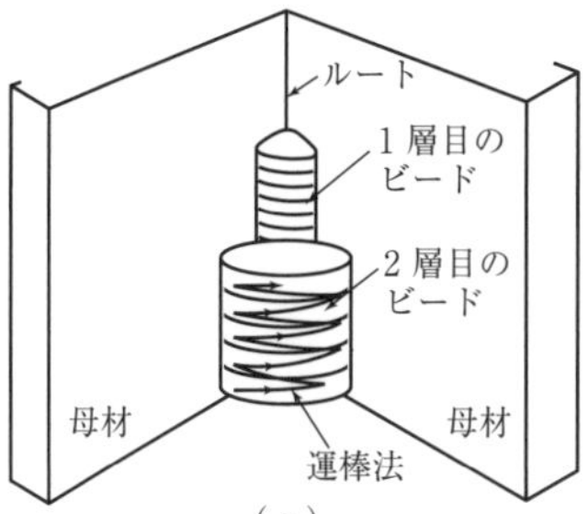

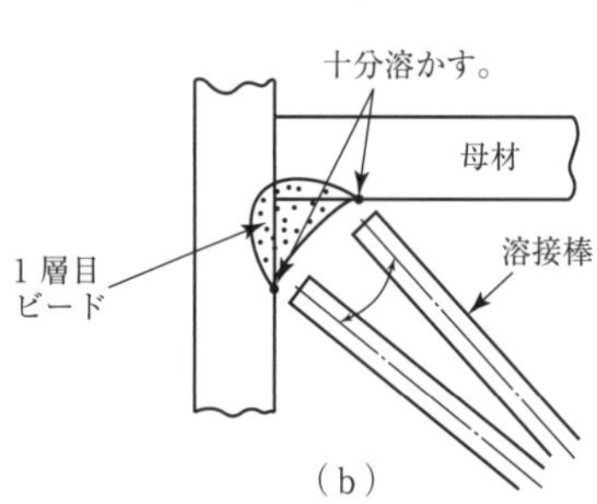

作業名	被覆アーク溶接による水平すみ肉溶接	主眼点	積層法及び運棒法

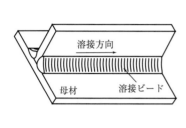

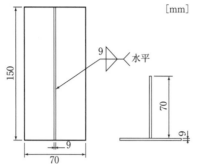

図 10.12－1　溶接外観　　　　図 10.12－2　母材の寸法

材料及び器工具など

軟鋼板〔t 9.0 × 70 × 150（2枚）〕
被覆アーク溶接棒（φ3.2，φ4.0　E 4319，E 4316）
被覆アーク溶接装置
溶接用保護具一式
溶接用清掃工具一式
電流計
すきまゲージ
鋼製直尺
片手ハンマ

番号	作業順序	要　　　点	図　　解
1	準備する	1．母材（図10.12－2）の接合部を清浄にし，不純物を除く。 2．保護具を着用し，溶接機を準備する。	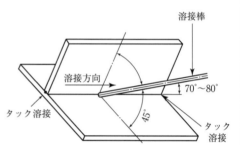 図 10.12－3　溶接棒の保持角度
2	タック溶接（仮付溶接）をする	1．溶接電流を140Aに調整する。 2．本溶接の支障にならないように，溶接線両端でタック溶接をする。溶接棒はE 4319，φ3.2を使用する。 3．タック溶接が終わったら，溶接線を水平に固定する（図10.12－3）。	
3	1層目の溶接を行う	1．溶接電流を140〜160Aに調整する。溶接棒はE 4316，φ4.0を使用する。 2．溶接棒を両母材に対し45°に保ちつつ，溶接始点位置より10〜15mm手前からアークを発生させ，すばやく溶接始点に戻って溶接する（図10.12－4）。 3．溶接棒は図10.12－3のように保持しながら後進溶接で行う。 4．両母材とルート部を十分溶け込ませ，ストリンガビードで溶接する。 5．すみ肉サイズは約6mmを目安とする（図10.12－5）。	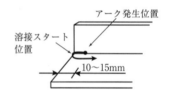 図 10.12－4　アークスタート法
4	2層目の溶接を行う	ウィービングで後進溶接する（図10.12－6）。 　1層目のビードの両止端から3mm下側，上側にそれぞれ広がるように溶融池をコントロールし，スラグ巻込みに注意しながら溶接する。 　なお，溶接の外観は図10.12－1のとおりである。	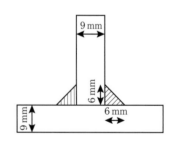 図 10.12－5　1層目ビードを置く
5	検査する	次のことについて調べる。 （1）脚長を測定し，均一性を見る。 （2）その他については，№ 10.7の作業順序8参照。	
備考			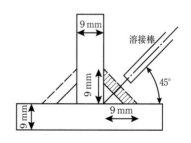 図 10.12－6　2層目ビードを置く

| 作業名 | 被覆アーク溶接による横向ビード溶接 | 主眼点 | ストリンガビード溶接 |

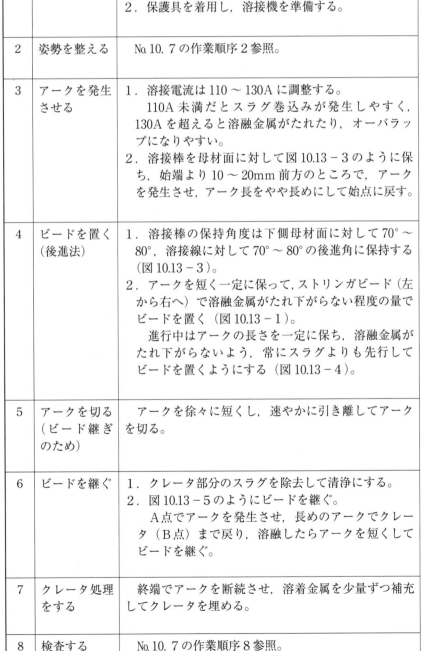

図 10.13－1　溶接外観　　　　図 10.13－2　母材の寸法

材料及び器工具など

軟鋼板（ t 9.0 × 125 × 150）
被覆アーク溶接棒（φ4.0　E 4319，E 4316）
被覆アーク溶接装置
溶接用保護具一式
溶接用清掃工具一式
すきまゲージ
電流計
鋼製直尺

番号	作業順序	要　　　点	図　　　解
1	準備する	1．母材（図 10.13－2）の表面を清浄にし，母材が目の高さになるように支持台に垂直に固定する。 2．保護具を着用し，溶接機を準備する。	
2	姿勢を整える	No. 10. 7 の作業順序 2 参照。	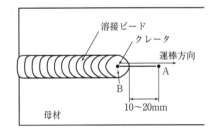 図 10.13－3　溶接棒の保持角度
3	アークを発生させる	1．溶接電流は 110 ～ 130A に調整する。 　110A 未満だとスラグ巻込みが発生しやすく，130A を超えると溶融金属がたれたり，オーバラップになりやすい。 2．溶接棒を母材面に対して図 10.13－3 のように保ち，始端より 10 ～ 20mm 前方のところで，アークを発生させ，アーク長をやや長めにして始点に戻す。	
4	ビードを置く（後進法）	1．溶接棒の保持角度は下側母材面に対して 70°～ 80°，溶接線に対して 70°～ 80°の後進角に保持する（図 10.13－3）。 2．アークを短く一定に保って，ストリンガビード（左から右へ）で溶融金属がたれ下がらない程度の量でビードを置く（図 10.13－1）。 　進行中はアークの長さを一定に保ち，溶融金属がたれ下がらないよう，常にスラグよりも先行してビードを置くようにする（図 10.13－4）。	図 10.13－4　溶融金属のたれ
5	アークを切る（ビード継ぎのため）	アークを徐々に短くし，速やかに引き離してアークを切る。	図 10.13－5　ビードの継ぎ方
6	ビードを継ぐ	1．クレータ部分のスラグを除去して清浄にする。 2．図 10.13－5 のようにビードを継ぐ。 　A点でアークを発生させ，長めのアークでクレータ（B点）まで戻り，溶融したらアークを短くしてビードを継ぐ。	
7	クレータ処理をする	終端でアークを断続させ，溶着金属を少量ずつ補充してクレータを埋める。	
8	検査する	No. 10. 7 の作業順序 8 参照。	

1．ウィービングビードの置き方
（1）溶接棒の保持角度は母材に対して 70°～80°，進行方向（溶接方向）に 60°～80°の後進角に保持する（図 10.13 − 6）。
（2）運棒は図 10.13 − 7 のように小さく操作する。
（3）右下に下がるときはゆっくり，左上に上がるときはアークを短く速く運棒する。
（4）溶融金属がたれ下がらないようビードは薄く置く。
（5）後進法は前進法の逆の操作で行えばよい。

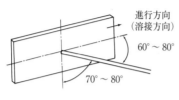

図 10.13 − 6

図 10.13 − 7

2．重ねビード溶接
（1）溶接棒の保持角度を図 10.13 − 8 に示すように傾ける。
（2）アークのねらいは，前のビードの上側止端（図 10.13 − 8 の④）を中心に行い，溶融池の下側への広がりは前のビード中央（同図の⑧）より下にならないように注意する。
（3）ビードの重ねは，図 10.13 − 9 のように①，②，③とパスを下から順に行い，重ねビード表面全体が平滑になるようにする（図 10.13 − 1）。

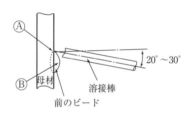

図 10.13 − 8

図 10.13 − 9

作業名	被覆アーク溶接による横向中板突合せ溶接	主眼点	V形開先継手の溶接（裏当て金なし）

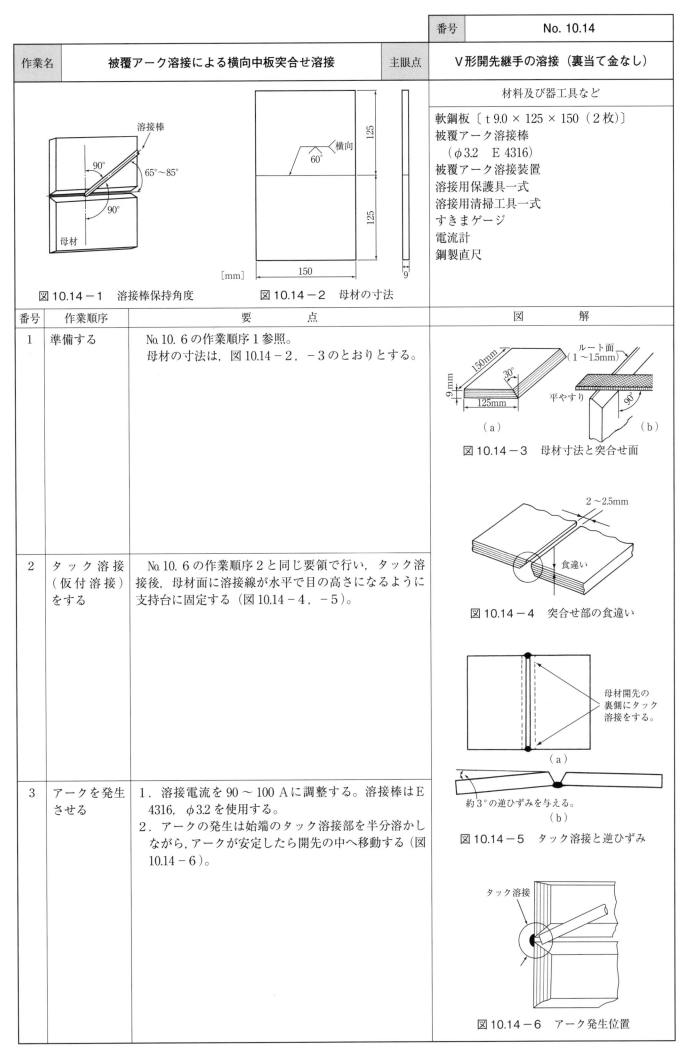

図 10.14 － 1　溶接棒保持角度

図 10.14 － 2　母材の寸法

材料及び器工具など

軟鋼板〔t 9.0 × 125 × 150（2枚)〕
被覆アーク溶接棒
　（φ3.2　E 4316）
被覆アーク溶接装置
溶接用保護具一式
溶接用清掃工具一式
すきまゲージ
電流計
鋼製直尺

番号	作業順序	要　　点	図　　解
1	準備する	No. 10. 6 の作業順序 1 参照。 母材の寸法は，図 10.14 － 2，－ 3 のとおりとする。	図 10.14 － 3　母材寸法と突合せ面
2	タック溶接 （仮付溶接） をする	No. 10. 6 の作業順序 2 と同じ要領で行い，タック溶接後，母材面に溶接線が水平で目の高さになるように支持台に固定する（図 10.14 － 4，－ 5）。	図 10.14 － 4　突合せ部の食違い 図 10.14 － 5　タック溶接と逆ひずみ
3	アークを発生 させる	1．溶接電流を 90 ～ 100 A に調整する。溶接棒は E 4316，φ3.2 を使用する。 2．アークの発生は始端のタック溶接部を半分溶かしながら，アークが安定したら開先の中へ移動する（図 10.14 － 6）。	図 10.14 － 6　アーク発生位置

番号	作業順序	要　　　点	図　　　解
4	1層目の溶接を行う	1．溶接棒を開先内にコンタクトさせながら，母材に対して90°，進行方向に対して65°〜85°の後進角にて運棒する（図10.14－1，－7）。 2．薄くビードを置く。 　アークを短く一定に保ち，両母材の開先先端を十分溶け込ませてビードを置く。アークは常に溶融池の先端にくるようにし，溶接棒の先端は常にスラグが先行しないように注意する。 3．No.10.6の作業順序4を参照。	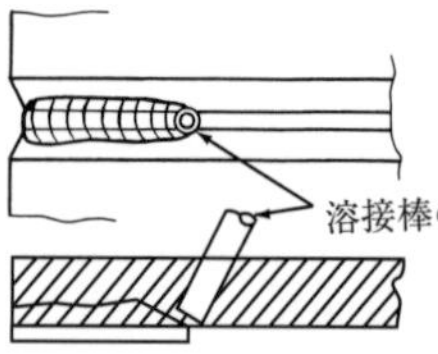 溶接棒の位置 図10.14－7　　1層目ビードの置き方 母材 図10.14－8　　パスの順序と置き方
5	2層目以後の溶接を行う	1．溶接電流は110〜120Aに調整する。溶接棒は，E4316，φ3.2を使用する。 2．2層目以後は前層のビード幅によりパスの回数を定める。 3．パスは下から順に上にビードを置く（図10.14－8，－9）。 4．仕上げビードは，母材の縁に0.5〜1mmほど溶け込ませて溶接する。 5．ビードとビードの重なり部にスラグを巻き込ませないように注意する。	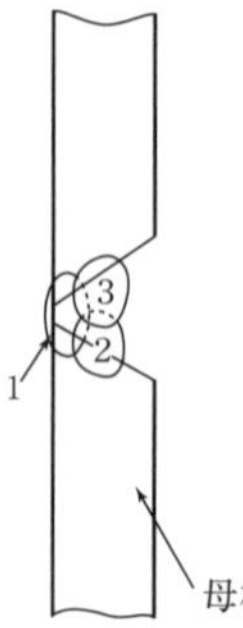 0.5〜1mm 0.5〜1mm
6	検査する	No.10.7の作業順序8参照。	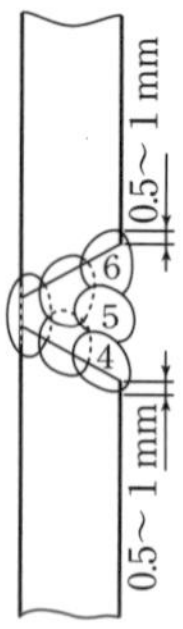 図10.14－9　　仕上げビードの置き方
備考		1．大きく運棒して幅の広いビードを置くよりも，小さく運棒して幅の狭いビードでパス数を多くして溶接するほうが欠陥が起こりにくい。 2．ビードの表面に溶融金属のたれ下がりや，凹凸ができないよう注意する。	

| 作業名 | 被覆アーク溶接による上向ビード溶接 | 主眼点 | ストリンガとウィービングビード溶接 |

材料及び器工具など

軟鋼板（ t 9.0 × 125 × 150）
被覆アーク溶接棒（φ4.0　E 4319，E 4316）
被覆アーク溶接装置
溶接用保護具一式
溶接用清掃工具一式
すきまゲージ
電流計
鋼製直尺

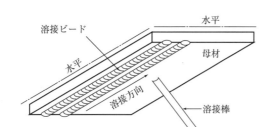

図 10.15 − 1　溶接外観

番号	作業順序	要　　　　点	図　　　解
1	準備する	母材の表面を清浄にし，母材を目の高さより少し高くなる位置で，水平に固定する（図 10.15 − 1）。 　母材の寸法は図 10.15 − 2 のとおりとする。	
2	姿勢を整える	1．溶接棒ホルダと一直線上になるよう溶接棒を挟む（図 10.15 − 3）。 2．溶接線に対してやや半身に構え，足を半歩開いて上体を安定させる。 　ケーブルを肩や支持台などに掛ける。このとき，肩の力を抜き，ひじを身体から離す。	
3	アークを発生させる	1．溶接電流を 120 ～ 140A に調整する。 2．溶接棒を図 10.15 − 4 に示すように，保持する。 3．始点より 10 ～ 20mm 手前のところで，アークを発生させ，速やかに始端に戻る。始端に戻ったとき，溶接棒を垂直にする。 　アークが安定したら，アーク長を極力短くする（図 10.15 − 5）。	

図 10.15 − 2　母材の寸法

図 10.15 − 3　溶接棒の保持

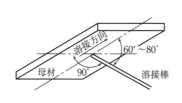

図 10.15 − 4　溶接棒の保持角度

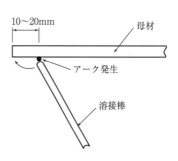

図 10.15 − 5　アーク発生位置

番号	作業順序	要　　　　点	図　　　　解
4	ビードを置く	1．ストリンガビード 　　母材が溶融したら，次のことに注意して溶接棒を手前に進行させる。 　　進行中はアークの長さを一定に保ちながら，溶融金属がたれないように，常にスラグより先行させて溶接をする。このときの溶接棒の保持角度は，進行方向に60°〜80°程度の後進角とする。 　　スラグが溶接棒と接触するようになるときは，アークを長めにするか保持角を傾ける。 　　スラグがアークより先行する場合は，溶接棒の先端でスラグを払い落として，素早く溶接棒を元に戻して，保持角度をやや進行方向に傾けて運棒する。 2．ウィービングビード 　　立向ビード溶接と基本的には同じ要領で行う。 　　運棒幅は溶接棒径の3倍以下で，溶融池は常に楕円形になるように注意する（図10.15－6，－7）。	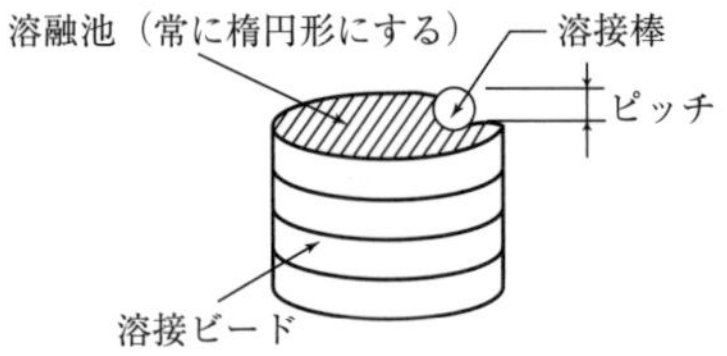 図10.15－6　ウィービングのピッチ （良い例） 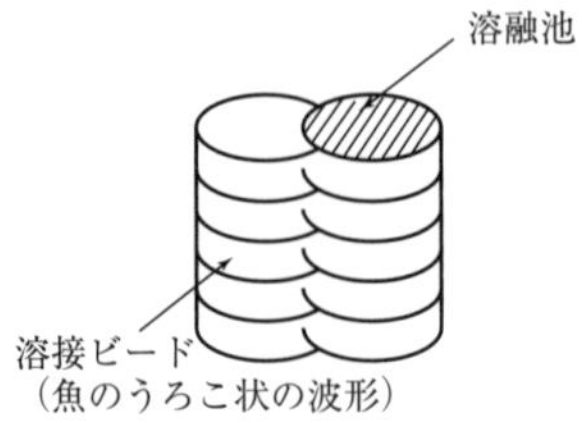 図10.15－7　両端に止めすぎて中央を速く運棒したウィービングビード（悪い例）
5	アークを切る （ビード継ぎのため）	ビードの幅の中央でアークを短くして，溶接棒を素早く引き離してアークを切る。	
6	ビードを継ぐ	1．クレータ部分のスラグを除去して清掃する。 2．クレータの位置より10〜20mm手前でアークを発生させ，アーク長を長めにして，クレータ部を予熱しながら，クレータ部に戻り，溶融したらアーク長を短くしてビードを継ぐ。	
7	クレータ処理をする	終端でアークを断続させ，溶着金属を少量ずつ補充して，クレータを埋める。 　　母材が赤熱しているとき，アークを発生させると，溶融金属がたれ落ちるので，注意が必要である。	
8	検査する	No.10.7の作業順序8参照。	
備考			

| 作業名 | 被覆アーク溶接による上向中板突合せ溶接 | 主眼点 | V形開先継手の溶接（裏当て金なし） |

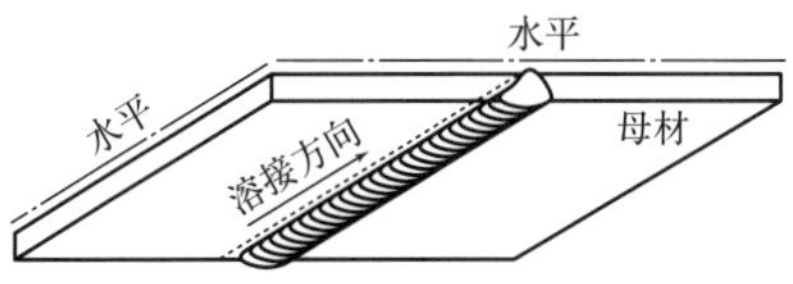

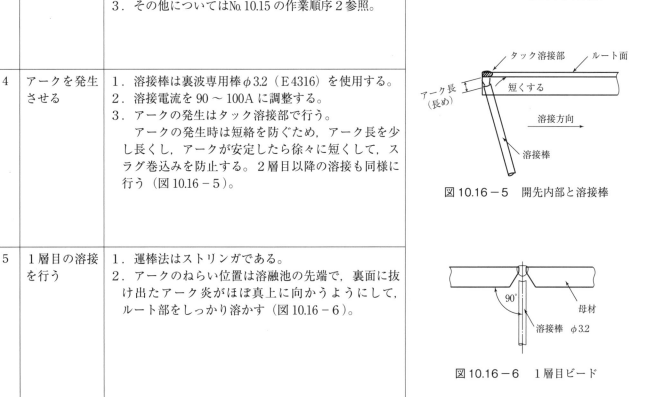

図 10.16－1　溶接外観

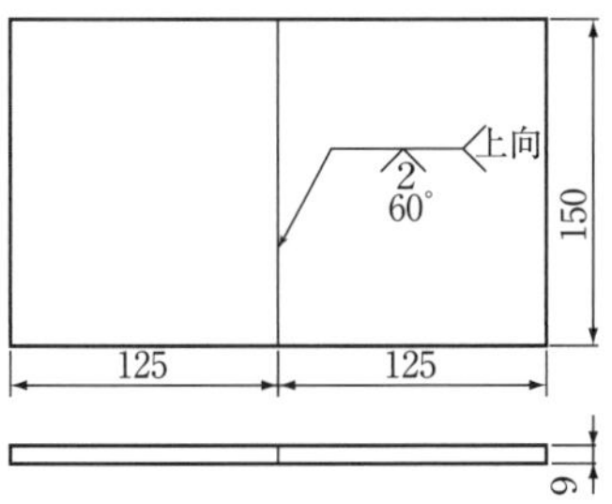

図 10.16－2　母材寸法

[mm]

材料及び器工具など

軟鋼板〔t 9.0 × 125 × 150（2枚）〕
被覆アーク溶接棒
　（φ4.0，φ3.2　E 4316）
　（φ4.0，φ3.2　E 4319）
被覆アーク溶接装置
溶接用保護具一式
溶接用清掃工具一式
すきまゲージ
鋼製直尺

番号	作業順序	要　　　点	図　　解
1	準備する	1．母材を図 10.16－2 の寸法に切断し用意する。 2．開先形状は図 10.16－3 のように加工する。 3．母材開先部を清浄にし，不純物を除く。 4．保護具を着用し，溶接機を準備する。	図 10.16－3　開先形状
2	タック溶接 （仮付溶接） をする	1．溶接棒は棒径φ3.2（E 4319）を使用する。 2．溶接電流を 90 ～ 100 A に調整する。 3．約 3°の逆ひずみを与える。 4．その他については№ 10. 6 の作業順序 2 参照。	図 10.16－4　溶接棒保持角度
3	姿勢を整える	1．母材は頭より少し高い位置で，水平に固定する。 　　№ 10.15 の作業順序 2 参照。 2．母材に対する溶接棒保持角度は，図 10.16－4 のようにする。 3．その他については№ 10.15 の作業順序 2 参照。	
4	アークを発生 させる	1．溶接棒は裏波専用棒φ3.2（E 4316）を使用する。 2．溶接電流を 90 ～ 100A に調整する。 3．アークの発生はタック溶接部で行う。 　　アークの発生時は短絡を防ぐため，アーク長を少し長くし，アークが安定したら徐々に短くして，スラグ巻込みを防止する。2 層目以降の溶接も同様に行う（図 10.16－5）。	図 10.16－5　開先内部と溶接棒
5	1 層目の溶接 を行う	1．運棒法はストリンガである。 2．アークのねらい位置は溶融池の先端で，裏面に抜け出たアーク炎がほぼ真上に向かうようにして，ルート部をしっかり溶かす（図 10.16－6）。	図 10.16－6　1 層目ビード

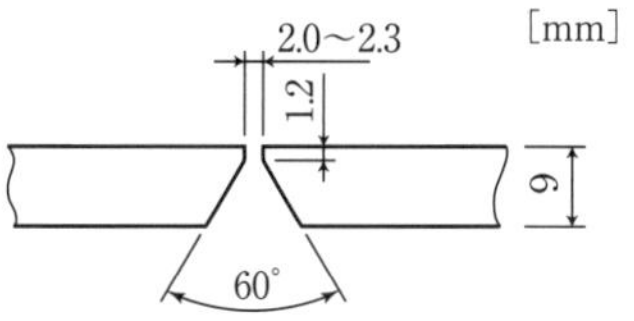

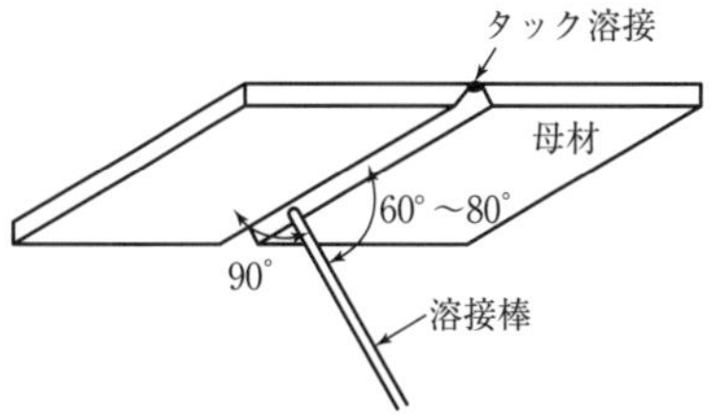

番号	作業順序	要　　　　点	図　　　解
6	2層目の溶接を行う	1．溶接棒はφ3.2を使用する（溶接棒は，スラグの流し方や，溶融池の形成を練習する目的において，E4319を使用する。近年はスラグ巻込みの危険性を少なくするため，2層目以降の溶接もE4316を使用する傾向にある）。 2．溶接電流を105～115Aに調整する。 3．運棒法は幅の小さいウィービングである（図10.16－7）。 　スラグを巻き込まないように注意して運棒する。	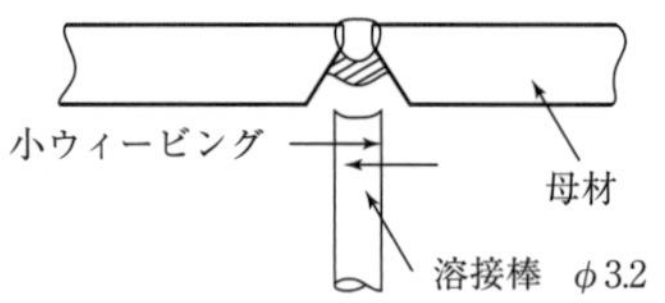 小ウィービング　　母材 溶接棒　φ3.2 図10.16－7　2層目ビード
7	3層目の溶接を行う	1．溶接棒はφ3.2を使用する。 2．溶接電流を80～90Aに調整する。 3．運棒法はウィービングである。 　前層の止端をよく溶かして，中央は速く動かして，平滑なビードにする。 4．仕上げ前のビードのため，図10.16－8のように3層目のビード表面は両母材面より，0.5～1mm程度低くなるようにする。	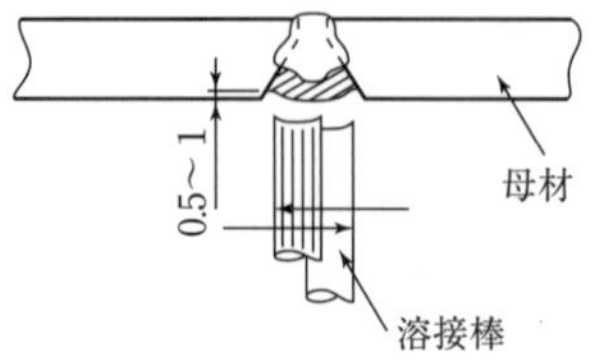 [mm] 0.5～1　母材 溶接棒 図10.16－8　3層目ビード
8	仕上げの溶接を行う	1．溶接棒はφ3.2を使用する。 　また，ビード幅を広くするためにφ4.0を使用してもよい。 2．溶接電流は3層目とほぼ同じ電流に調整する（φ4.0のときは110～120Aに調整する）。 3．運棒法はウィービングである。 　ウィービングのピッチを細かくして，速い運棒にすることによって，平滑なビードにする。 4．ビード幅は図10.16－9のように，開先端から約1mmずつ左右に幅を広げて溶接をする。 　なお，溶接の外観は図10.16－1のとおりである。	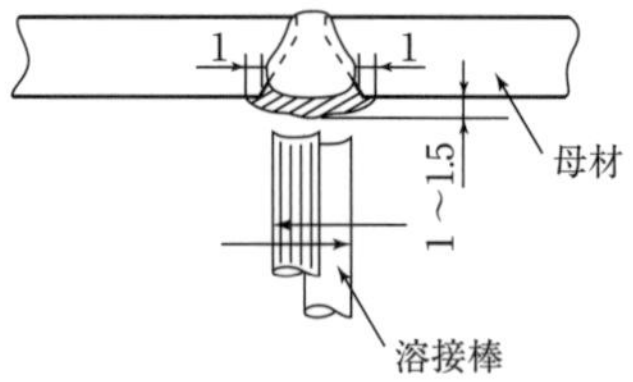 [mm] 1　　1　母材 1～1.5 溶接棒 図10.16－9　仕上げビード
9	検査する	No.10.6の作業順序8参照。	

作業名	被覆アーク溶接による中肉管の突合せ溶接	主眼点	V形開先継手の溶接（裏当て金なし）

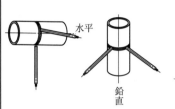

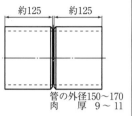

（a）水平固定　　（b）鉛直固定

図10.17－1　母材の固定

図10.17－2　母材の寸法

管の外径150～170
肉　厚　9～11

材料及び器工具など

軟鋼中肉管（図10.17－2）
被覆アーク溶接棒（φ3.2　E4316）
被覆アーク溶接装置
溶接用保護具一式
溶接用清掃工具一式
すきまゲージ
鋼製直尺

番号	作業順序	要　　　点	図　　　解
1	準備する	1．母材を図10.17－2に示す寸法に切断し，図10.17－3のように開先加工したものを用意する。 　　開先加工は鋼管用開先加工機を使用するか，又は旋盤にて開先加工をする。 2．母材の開先部を清浄にし，油類や不純物を取り除く。 3．保護具を着用し，溶接機を準備する。	[mm] 60° 1.2～1.5 9～11 2.5～3 図10.17－3　開先形状
2	タック溶接 （仮付溶接） をする	1．両母材をVブロックやアングル材の上に置き，突合せ部の食違いが生じないように固定する。 　　食違いがあると，裏ビードが片溶けしたり，裏ビードが出にくいことがある。 2．タック溶接の位置は図10.17－4の6ヶ所で，ルート間隔は2.5～3mmになるようにする。 3．溶接電流はφ3.2の溶接棒で，90～100Aに調整して，タック溶接を行う。 4．タック溶接後，ルート間隔を点検する。	母材　　　　タック溶接 図10.17－4　タック溶接部の位置
3	管を水平に固定する	1．図10.17－1（a）に示すように，母材を水平に固定する。 2．母材の位置は胸の高さになるようにする。 3．溶接棒は，図10.17－5のように保持する。	横向 ③　　② 立向 溶接棒 母材　　上向 ① 図10.17－5　溶接棒の保持角度

番号	作業順序	要　点	図　解
4	水平固定管の1層目の溶接を行う	1．溶接棒はφ3.2 の裏波専用棒（E4316）を使用する。 2．溶接棒は図10.17－6に示すように斜めに溶接棒ホルダに保持する。 3．溶接電流を約80A に調整する。 4．運棒法はストリンガである（図10.17－7）。 5．図10.17－4でアークを発生するときは，No.10.16の作業順序4参照。 6．図10.17－4の溶接を裏波ビードの形成を確認しながら，図10.17－8に示すように溶接棒の保持角度を変化させながら溶接をする。 7．次に図10.17－8の①〜③を同様の方法で溶接をする。 　①のスタート部のビードの融合に注意して溶接する。 8．その他については，No.10.10の作業順序5とNo.10.16の作業順序5参照。	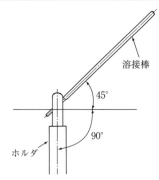 図10.17－6　溶接棒の保持 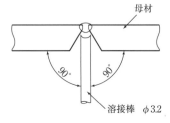 図10.17－7　水平固定管の1層目ビード
5	鉛直固定管の1層目の溶接を行う	1．作業台の上に，図10.17－8の②〜③の溶接ができるように管を図10.17－1（b），－9のように固定する。 2．溶接棒はφ3.2 の裏波専用棒（E4316）を使用する。 3．溶接棒を図10.17－6に示すようにホルダに保持する。 4．溶接電流を80〜90A に調整する。 5．図10.17－9の②〜③の溶接を裏波ビードの形成を確認しながら，図10.17－10に示すように溶接を行う。	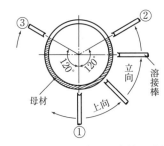 図10.17－8　水平固定管の溶接範囲
6	水平固定管の2層目の溶接を行う	1．管を図10.17－11のように固定する。 2．溶接棒はφ3.2（E4316）を使用する。 3．溶接電流を110〜120A に調整する。 4．図10.17－8の①〜②と①〜③の溶接は前層の止端部を溶融させながら，幅の小さいウィービングビードを置く。 　ビード高さは母材表面より約1mmほど低く平滑なビードにする。 5．その他については，No.10.10の作業順序6とNo.10.16の作業順序6参照。	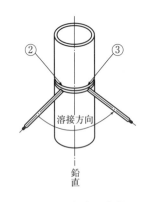 図10.17－9　鉛直固定管の溶接方向

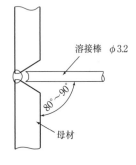

図10.17－10　鉛直固定管の1層目ビード

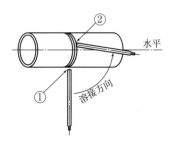

図10.17－11　水平固定管の溶接方向

番号	作業順序	要　　点	図　　解
7	鉛直固定管の2層目の溶接を行う	1．管を再び，図10.17－9の②～③の溶接ができるように固定する。 2．溶接棒は φ3.2（E4316）を使用する。 3．溶接電流を 110～120A に調整する。 4．運棒は横向突合せ溶接の仕上げ層前のビードの注意点を参考にして行う。 　　ビード表面が母材表面より約1mmほど低く平滑なビードにする。 5．その他については，No.10.6 の作業順序5参照。	
8	水平固定管の仕上げの溶接を行う	1．管を図10.17－11のように，図10.17－8の①～②と①～③の溶接ができるように固定する。 2．溶接棒は φ3.2（E4316）を使用する。 3．溶接電流を 110～120A に調整する（φ4.0 の溶接棒を使用するときは，120～130A に調整する）。 4．運棒は上向突合せ溶接と立向突合せ溶接の仕上げビードの注意点を参考にして行う。 5．その他については，No.10.9 の作業順序7とNo.10.16 の作業順序8参照。	
9	鉛直固定管の仕上げの溶接を行う	1．管を図10.17－9の②～③の溶接ができるように固定する。 2．溶接棒は φ3.2（E4316）を使用する。 3．溶接電流を 110～120A に調整する（φ4.0 の溶接棒を使用するときは，140～150A に調整する）。 4．運棒は横向突合せ溶接の仕上げビードの注意点を参考にして行う。 5．その他については，No.10.14 の作業順序5参照。	
10	検査する	No.10.6 の作業順序8参照。	
備考		1．水平固定管の溶接は上向から立向姿勢に変化するので，溶接棒ホルダを持つ手首が，スムーズに動く位置に管を固定する。 2．低水素系の溶接棒（E4316）を使用した溶接方法を示したが，イルミナイト系（E4319）の溶接棒でも良好な溶接が可能である。	

作業名	被覆アーク溶接によるステンレス鋼の下向中板突合せ溶接	主眼点	V形開先継手の溶接（裏当て金あり）

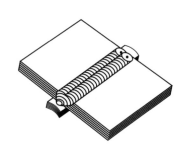
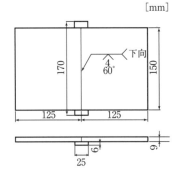

図 10.18－1　溶接外観　　　　図 10.18－2　母材と裏当て金の寸法

[mm]

材料及び器工具など

ステンレス鋼板（SUS304 又は SUS304L）
〔t 9.0 × 125 × 150（2枚）〕
〔t 6.0 × 25 × 170（1枚）〕
被覆アーク溶接棒
（φ4.0　D 308-16 又は 308L-16）
被覆アーク溶接装置
溶接用保護具一式
溶接用清掃工具一式
ステンレス製ワイヤブラシ
（オーステナイト系）

番号	作業順序	要　　点	図　　解
1	準備する	1．保護具を着用し，溶接機を準備する。 2．その他については，No. 10. 5 の作業順序 1 参照（図 10.18－2，－4）。	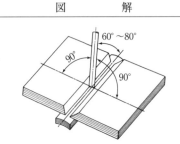 図 10.18－3　溶接棒保持角度
2	タック溶接（仮付溶接）をする	1．溶接電流を約 150 A に調整する。 2．その他については，10. 5 の作業順序 2 参照（図 10.18－5，－6）。	
3	アークを発生させる	No. 10. 5 の作業順序 3 参照（図 10.18－7）。	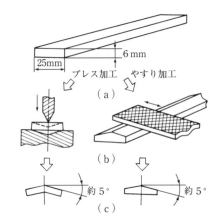 図 10.18－4　裏当て金の加工
4	1層目の溶接を行う	1．溶接電流を 170 ～ 190A に調整する。 2．溶接棒保持角度は図 10.18－3 に示すように，両母材面に対して 90°，進行方向に対しては 60°～ 80°の後進角に保持する。 3．運棒法はストリンガである（図 10.18－8）。	

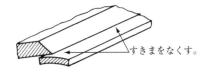

図 10.18－5　母材と裏当て金のすきま

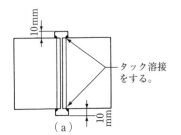

図 10.18－6　タック溶接と逆ひずみのとり方

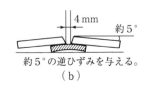

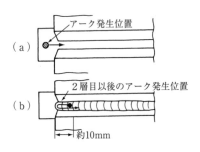

図 10.18－7　アークの発生位置

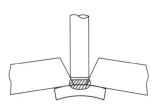

図 10.18－8　1層目ビード

番号	作業順序	要　　　点	図　　　解
5	2層目の溶接を行う	1．溶接電流を160〜180Aに調整する。 2．運棒法は幅の小さいウィービングである。 　スラグ巻込みの危険を防ぐために，ピッチを細かく，素早い運棒がよい（図10.18－9）。	図10.18－9　2層目ビード
6	3層目以後の溶接を行う	1．溶接電流を160〜180Aに調整する。 2．運棒法はウィービングである。 3．仕上げ前のビードは，母材表面より0.5〜1mm程度低くなるようにする（図10.18－10）。	0.5〜1mm 図10.18－10　3層目ビード （仕上げ前のビード）
7	仕上げの溶接を行う	1．溶接電流を150〜160Aに調整する。 2．運棒法はウィービングである。 3．図10.18－11，－12のように，2パスで仕上げる。 　ビード幅はそれぞれ開先上端より1mmずつ幅を広げて，溶接をする。 　余盛高さは，1.5mmを超えないようにし，オーバラップによる止端部への応力集中を防ぐ（図10.18－13）。 　なお，溶接の外観は図10.18－1のとおりである。	1.5mm未満 1mm 図10.18－11　仕上げビード（1パス目） 1.5mm未満 1mm 図10.18－12　仕上げビード（2パス目）
8	検査する	No.10.5の作業順序8参照。	ビード幅 余盛高さ 溶込み 図10.18－13　ビード断面

備 考	1．溶接部の清掃には，ステンレス製ワイヤブラシを使用する。 2．溶接部の汚れ及び油脂は，脱脂剤で取り除く。 3．溶接棒の乾燥条件は，メーカーの推奨条件に従う。 4．運棒はなるべく，ストリンガ法で行う。 　溶接入熱が多くなると，母材や溶接金属の耐食性が劣化するためで，ウィービングをするときは棒径の2.5倍以内がよい。 5．溶接電源は，交流及び棒プラスの直流を使用する。 　直流を使用する場合の溶接電流は，交流の電流値とほぼ同じである。

| 作業名 | 被覆アーク溶接による下向薄板突合せ溶接 | 主眼点 | I 形開先継手の溶接 |

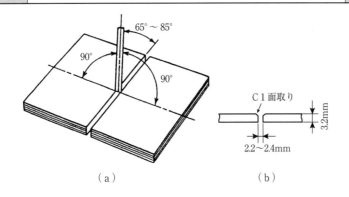

（a）　　　　　　　　　　　（b）

図 10.19 － 1　溶接棒保持角度と突合せ角の寸法

材料及び器工具など

軟鋼板〔 t 3.2 × 125 × 150（2 枚）〕
溶接棒（φ3.2　E 4316 又は E 4319）
被覆アーク溶接装置
溶接用保護具一式
溶接用清掃工具一式
電流計
平やすり
すきまゲージ
鋼製直尺

番号	作業順序	要　点	図　解
1	準備する	1．母材を図 10.19 － 2（a）に示す寸法に切断し，ひずみをとってから突合せ面を同図（b）のように平やすりで直角に仕上げた後に，図 10.19 － 1（b）のように C 1 面取りを行ったものを 2 枚用意する。 2．母材突合せ部を清浄にし，不純物を除く。	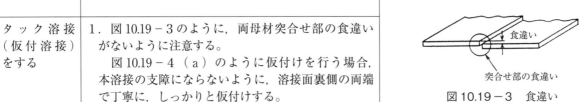 （a）　　　　　　（b） 図 10.19 － 2　母材寸法と突合せ面
2	タック溶接（仮付溶接）をする	1．図 10.19 － 3 のように，両母材突合せ部の食違いがないように注意する。 　図 10.19 － 4（a）のように仮付けを行う場合，本溶接の支障にならないように，溶接面裏側の両端で丁寧に，しっかりと仮付けする。 2．仮付けが終わったら，溶接後に起こるひずみを予想して図 10.19 － 4（b）のように逆ひずみを与える。 3．1 層目ビードを置く前に，突合せ部の状態が適正であるかを確認する。	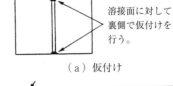 図 10.19 － 3　食違い 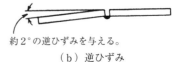 （a）仮付け （b）逆ひずみ 図 10.19 － 4　タック溶接と逆ひずみ
3	アークを発生させる	図 10.19 － 5 のように，始端の仮付け上でアークを発生させ，少し間をおいて，アークが安定してから進行する。	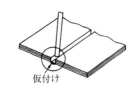 図 10.19 － 5　アーク発生位置
4	1 層目の溶接を行う	1．溶接棒は E 4316，φ3.2 を使用する。 2．溶接電流は 80 ～ 90 A に調整する。 3．溶接棒保持角度は，図 10.19 － 1（a）に示すように両母材面に対して 90°，進行方向には，65°～ 85° の後進角に保持する。 4．運棒法はストリンガである。 　（1）アークの長さを短く保ち，図 10.19 － 6 のように溶接棒先端位置がいつも溶融池の先端にあるようにする。 　（2）図 10.19 － 7 のように，両母材突合せ部を均等に溶かし，裏面まで完全に溶け込むようにする。余盛高さは 1.5mm を超えないようにする。	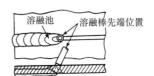 図 10.19 － 6　1 層目ビード 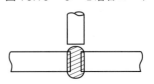 図 10.19 － 7　1 層目ビード

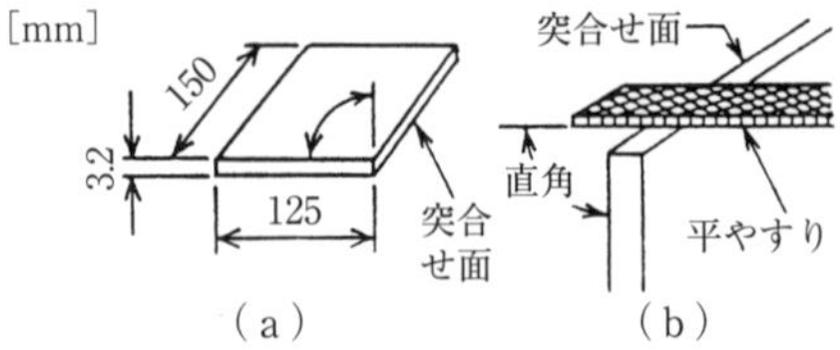

番号	作業順序	要　　　　　点	図　　　解
5	検査する	次のことについて調べる（図10.19 − 8）。 （1）ビードの形状。 （2）ビード始端及び終端の状態。 （3）ビード継ぎ目の状態。 （4）アンダカット，オーバラップの有無。 （5）変形の状態。 （6）裏ビードの溶込み状態。 （7）清掃の状態。	図10.19 − 8　ビード断面

備 考	1．突合せ溶接で重要なことは，ルート間隔の取り方である。狭すぎると溶込みが浅く，裏面にビードが出ず，逆に広すぎると溶落ちを作るので，板厚及び溶接棒に適したルート間隔を選ばなければならない（図10.19 − 9）。 2．1層目ビードを置くときに重要なことは，裏ビードが十分溶け込んでいるかどうかが溶接部の強度を左右することである。また，溶接部の外観の良否も，製品の価値に大きな影響を与える。したがって，溶込みとともに仕上がりをよくすることが必要である（図10.19 − 10）。 3．少し慣れたら，電流を90A前後に調整し，一層で仕上げるように練習する。 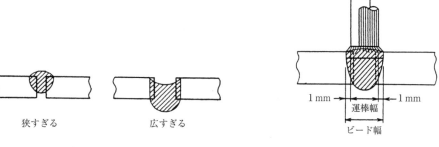 図10.19 − 9　開先間隔　　　　　　図10.19 − 10　運棒幅とビード幅

作業名	ティグ溶接と被覆アーク溶接による横向中板突合せ溶接	主眼点	V形開先継手の溶接（裏当て金なし）

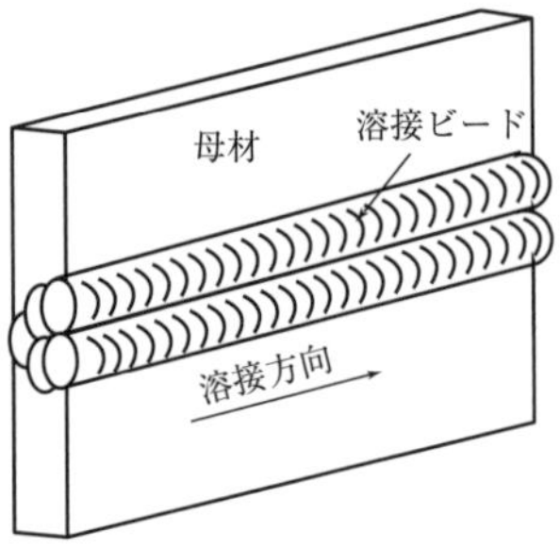

図 10.20 － 1　溶接外観

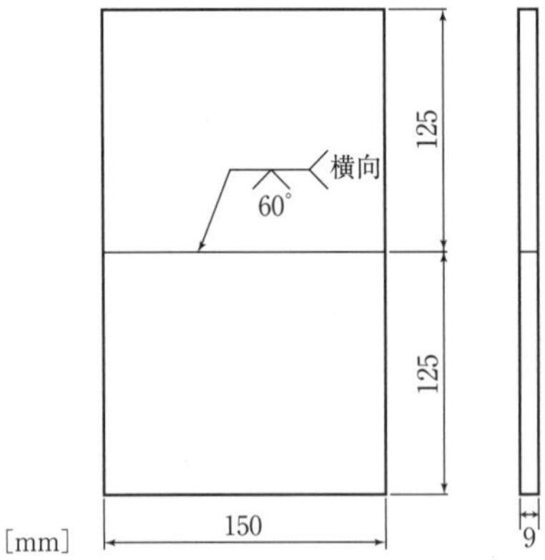

図 10.20 － 2　母材の寸法

[mm]　150　125　125　9　60°　横向

材料及び器工具など

軟鋼板（ t 9.0 × 125 × 200）
被覆アーク溶接棒（φ3.2，φ4.0）
被覆アーク溶接装置
ティグ溶接棒（φ2.4）
直流ティグ溶接装置
溶接用保護具一式
電流計，ペンチ
ワイヤブラシ
溶接用清掃工具一式
平やすり，鋼製直尺
すきまゲージ，片手ハンマ

番号	作業順序	要　　　点	図　　　解
1	準備をする	1．No.4.1及びNo.4.3の作業手順1～6参照。 2．母材を図10.20－2に示す寸法に切断し，開先ベベル角度30°に加工したものを2枚用意する。 3．ミルスケールや不純物を除去し，母材開先部を清浄にする。 4．ルート面が約1.5～1.8mmになるよう，平ヤスリ等で加工する。 5．アルゴンガス流量を8～10ℓ/minに調整する。	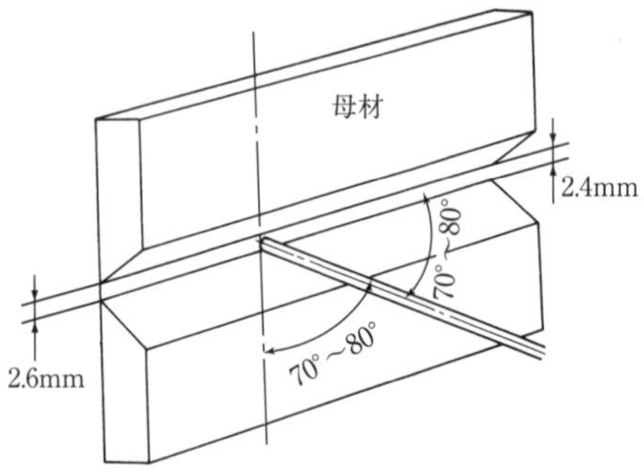 母材　2.4mm　2.6mm　70°～80° 図10.20－3　母材の支持と溶接棒の保持角度 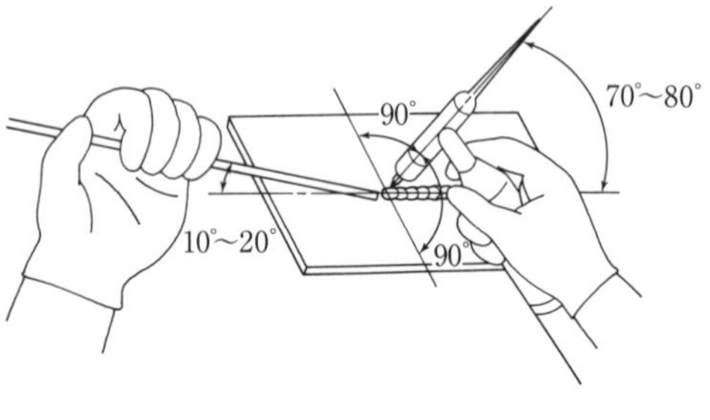
2	タック溶接（仮付溶接）をする	1．No.4.3の作業手順4を参照。 2．溶接電流100～110Aに調整する。 3．図10.20－3のように，すきまゲージを用いてルート間隔をスタート側約2.4mm，クレータ側約2.6mmとなるよう母材開先の裏側端面にする。このとき，2枚の板の面が目違いにならないようにタック溶接する。目違いになってしまった際は，片手ハンマによるハンマリングで修正する。 4．約3°の逆ひずみを与える。	
3	アークを発生させる	アーク発生点は，開先始端部の仮付け溶接位置中央部からアークを発生させ，仮付け溶接部を半分溶かしながら開先内に移動する。	 70°～80°　90°　90°　10°～20° 図10.20－4　1層目ティグ裏波溶接のトーチ及び溶接棒の保持角度
4	1層目の溶接を行う（ティグ溶接裏波）	1．No.4.3の作業手順6を参照。 2．溶接電流を90～100A，アルゴンガス流量を8～10ℓ/minに調整する。 3．前進溶接で，トーチ保持角度は進行方向に70°～80°前進角，母材に対しても70°～80°に保ち，溶融池の状態を見ながら運棒する（図10.20－3）。 4．タングステン突出し長さを6～7mmに調整する。 5．アーク長は2～3mm，運棒法は幅の小さいウィービングである。 　（1）電極は母材に接触させないように，手首や肘を作業台又は自分の身体に固定させる。 　（2）固定することでアーク長が一定に保たれ，電極の接触が防げる。	 母材 図10.20－5　パスの順序と置き方

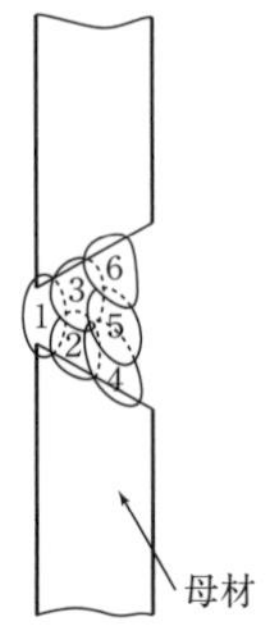

番号	作業順序	要　　　　点	図　　　　解
4		6．溶接速度は裏波の出方状態を観察しながら決め ビードが凹凸にならないように注意する（図10.20 －4）。	
5	2層目及びそ れ以後の溶接 を行う（被覆 アーク溶接	1．No.10.14の作業手順1〜5の作業手順及び要領で 行う。 2．1層目ビードを，ワイヤブラシ等で清掃する。 3．溶接電流を120〜140Aに調整し，アークを短く 保ち両母材の開先内部を十分に融合させる。 4．2層目以降の溶接はNo.10.14の作業順序4，5を参 照（図10.20－5，－6参照）。 5．ビード高さ，幅についてはNo.10.14の作業順序6 に順ずる。 6．横向の運棒ポイントは，大きいウィービングより， スモールウィービングにてパス数を多くして溶接す るほうが溶接欠陥が入りにくい。 7．運棒は円を描くように上側で少し止め，ピッチは 2〜3mmとし，下側は直線性を出しながら運棒す るのがよい（図10.20－7）。 8．2層目以降は1層毎に電流を5〜10Aずつ下げ， 120Aより低くならないようにする。 　なお，溶接の外観は図10.20－1のとおりである。	図10.20－6　　仕上げビードの置き方 図10.20－7　　ウィービングによる運棒法
6	検査する	No.4.3の作業順序7参照。	

備 考	1．大きく運棒して幅の広いビードを置くよりも，小さく運棒して幅の狭いビードでパス数を多くして溶接するほうが欠陥が生じにくい。 2．ビードの表面に溶融金属のたれ下がりや，凹凸ができないよう注意する。 3．2層目以後は電流を5〜10Aずつ下げる。しかし常に120A以上とする。

		番号	No.10.21
作業名	その他の溶接方法	主眼点	装置の構成と原理

名称・図解	特徴（原理）

名称・図解

1．抵抗スポット溶接

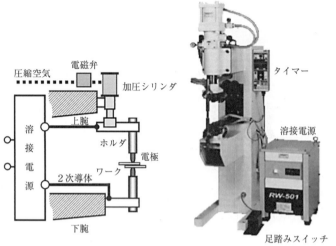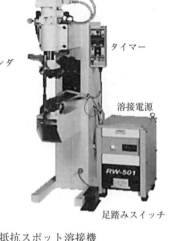

図 10.21 － 1　抵抗スポット溶接機

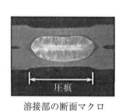

図 10.21 － 2　抵抗スポット溶接の原理

2．電子ビーム溶接（EBW）

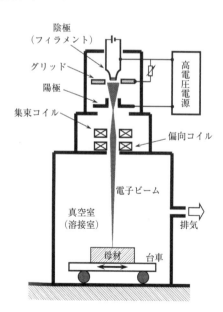

図 10.21 － 3　電子ビーム溶接機の構成

特徴（原理）

抵抗スポット溶接は，図 10.21 － 1 のように上部電極は圧縮空気で駆動され，加圧シリンダーで上下に駆動する。下部シリンダーは固定である。

上下電極には水冷銅電極が取り付けられており，その間に重ねた板（母材）を挟み，加圧しながら大電流を短時間通電する。その時に発生する抵抗熱で，母材間に図 10.21 － 2 のように「ナゲット」を形成して接合する溶接方法である。

［関連知識］

抵抗スポット溶接は，ほとんどの金属に適用できるが，特に軟鋼，高張力鋼，低合金鋼，ステンレス鋼，アルミニウム合金などに適用されることが多い。

電子ビーム溶接は，図 10.21 － 3 のように，加熱された陰極から放出された電子を高電圧により加速し，電磁コイルで収束させて高エネルギー密度とし，これを母材へ入射して，真空中で母材を溶融する溶接法である。

表 10.21 － 1 はティグ溶接と比較した電子ビーム溶接の溶込み形状の例であるが，極めて溶込み幅が狭く，深い溶込みが得られることが分かる。

名称・図解	特徴（原理）

表10.21－1　溶接特性の比較

	ティグ溶接	電子ビーム溶接
加熱の原理	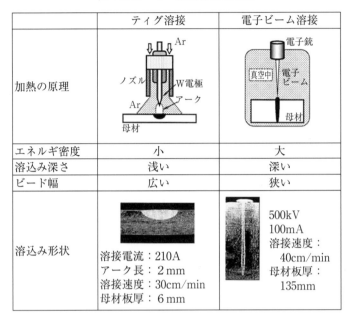 Ar　ノズル　W電極　Ar　アーク　母材	電子銃　真空中　電子ビーム　母材
エネルギ密度	小	大
溶込み深さ	浅い	深い
ビード幅	広い	狭い
溶込み形状	溶接電流：210A アーク長：2mm 溶接速度：30cm/min 母材板厚：6mm	500kV 100mA 溶接速度：40cm/min 母材板厚：135mm

3．レーザ溶接

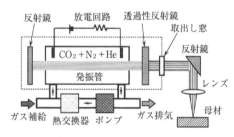

（a）炭酸ガスレーザ（波長：10.6μm）

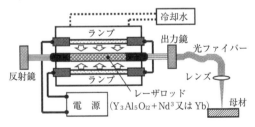

（b）YAGレーザ（波長：1.06μm／1.08μm）

図10.21－4　レーザ溶接装置の構成

レーザ溶接は，図10.21－4に示すように，炭酸ガスレーザ（波長：10.6μm），YAGレーザ（波長：1.06μm）が広範囲な産業分野で実用化している。

レーザ溶接は位相のそろった波長の光を，レンズにより細く絞って母材に照射し，加熱溶融する接合方法である。

［関連知識］
大気中での溶接が可能で，磁場の影響を受けずに非金属材料へ適用することも可能である。

名称・図解	特徴（原理）
4．スタッド溶接 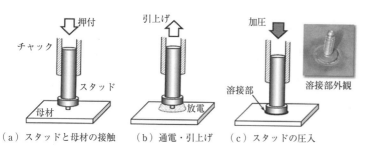 （a）スタッドと母材の接触　（b）通電・引上げ　（c）スタッドの圧入 図 10.21－5　スタッド溶接の原理	スタッド溶接は，図 10.21－5 のように金属ボルト，丸棒，鉄筋などの部品を電極（スタッド）として母材との間に放電を発生させ，電極スタッドを母材に溶融させる溶接方法である。 ［関連知識］ 　スタッド溶接の用途は多岐にわたる。 　建設鉄骨梁や床板，海洋構造物，船舶の断熱材，車両のバンパー，計器内装材（配電盤，家電製品フレーム）等々がある。
5．摩擦圧接 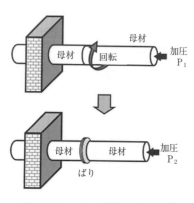 図 10.21－6　摩擦圧接の原理	摩擦圧接は，図 10.21－6 のように突合せた 2 つの部材間に所定の力を加えながら，その一方を回転させ，両者の接触部に摩擦熱を発生させて溶接する方法である。 ［関連知識］ 　摩擦溶接は，異材の継手や鋼とアルミニウム合金やチタンなど，アーク溶接では困難な金属の接合も可能である。 　ただし，原理上，継手形状は丸棒や円筒状部品に限られる。
6．摩擦撹拌接合  図 10.21－7　摩擦撹拌接合（FSW） 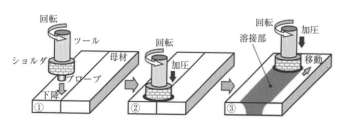 図 10.21－8　摩擦撹拌接合の原理	摩擦撹拌接合(FSW：Friction Stir Welding)は，スピンドルに固定されたツールを回転させながら母材に挿入し，その時の摩擦熱により母材を半溶融状態（塑性流動可能）にし，左右の母材を接合する溶接方法である（図 10.21－7 参照）。 　完全な溶融状態での接合ではないので，アーク溶接では凝固割れが問題となるアルミニウム合金 2000 系などの接合が可能であり，低歪な継手が得られる。また，適正な接合条件を入力することにより，誰にでも再現性のよい良好な接合結果が得られる。 ［関連知識］ 　摩擦撹拌接合の用途には，鉄道車両構体，船舶部品，橋梁の床板，自動車部品，半導体部品等々がある。

（出所）
図 10.21－1～－8／表 10.21－1：（社）軽金属溶接構造協会「溶接法及び溶接機器」2009，p50，図 2.84／p50，図 2.83／p53，図 2.89／p54，図 2.90／p58，図 2.99／p56，図 2.94／p57，図 2.96／p56，図 2.95／p53，表 2.20

作業名	突合せ溶接の曲げ試験方法	主眼点	被覆アーク溶接中板試験片の作製及び曲げ試験

図 11. 1－1　曲げ試験機

材料及び器工具など

鋼板〔JIS 規格品〕
　裏当て金なしの場合
　　〔t 9.0 × 125 × 150 （2 枚)〕
　裏当て金ありの場合
　　〔t 9.0 × 125 × 150 （2 枚)〕
　　〔t 6.0 × 25 × 180 （1 枚)〕
溶接棒〔JIS 規格品〕
被覆アーク溶接装置一式
平やすり
溶接用保護具一式
グラインダ
溶接用清掃工具一式

番号	作業順序	要　　　　点	図　　　解
1	溶接する	1．開先加工をする。 2．タック溶接後，本溶接を行い試験材を作製する。 　　溶接方法については，No. 10. 5，10. 6，10. 9，10.10，10.14，10.16 を参照。また試験材は逆ひずみ，拘束などの方法により，原則として溶接後の角変形が 5°を超えないように作製し，立向及び横向の姿勢では溶接を開始してから終了するまで，試験材の上下，左右の方向を変えてはならない。	［mm］ 圧延方向　最終ビード始端の位置 10以下 削除部 表曲げ　試験片　40 削除部　約150 裏曲げ　試験片　40 刻印の位置 削除部 最終ビード終端の位置 約250　9 （呼び） 図 11. 1－2　中板の試験材
2	試験片の板取りをする	1．表曲げは「1」，裏曲げは「2」の刻印を試験材の表面に打つ。 2．図 11. 1－2 により試験材に切断線のけがきを行う。 3．シャーリングマシン又はガス切断により切断する。 　　熱切断によって試験片を採取する場合は，切断しろを残し，3 mm 以上機械仕上げを行えるようにけがく。	溶接部 $R=\dfrac{t}{6}$以下 40 板の表面まで仕上げる。　t 約250mm R：面取り，t：板厚 図 11. 1－3　試験片仕上がり形状
3	仕上げる	採取した試験片は，図 11. 1－3 に示すような寸法に加工する。 　表曲げの試験片は表ビードを，裏曲げの試験片は裏ビードをそれぞれグラインダ等により板表面近くまで除去した後，平やすり及び布やすり等で板の面まで仕上げる。 　このとき，板表面にきずをつけないようにするとともに，仕上げの程度は中仕上げ以上とし，やすりの目は溶接線に対して直角となるようにする（図 11. 1－4）。 　また，試験片の溶接部の厚さは，板厚から 0.3mm を引いた値よりも薄くなってはならない。	
4	曲げ試験を行う	1．曲げ試験片用のジグを準備する。 　　曲げ用ジグは JIS Z 3122：2013「突合せ溶接継手の曲げ試験方法」に規定しているものを使用する（図 11. 1－1）。	やすりの目の方向 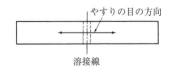 溶接線 図 11. 1－4　やすりの目の方向

番号	作業順序	要　　　　　点	図　　　　解
4		2．表曲げ（刻印 1）の場合は，試験片の表を雌型に，裏曲げ（刻印 2）の場合は，試験片の裏を雌型に向けて，図 11. 1 - 5 に示すように溶接部が正確に雌型の中央に位置するように置き，試験片が完全に U 字形になるように曲げを行う。	 表曲げ　　　雌型　　　裏曲げ 図 11. 1 - 5　試験片の置き方
5	検査する	図 11. 1 - 6 の状態に曲げた後，次のことについて調べる。 　なお，一つでも該当するものがあった場合は不合格となる。 （1）3 mm を超える割れがある場合。 （2）3 mm 以下の割れの合計の長さが 7 mm を超える場合，あるいはブローホール及び割れの合計個数が 10 個を超える場合。 （3）アンダカット，溶込み不良及びスラグ巻込みの著しいもの。	 表ビード　　　　裏ビード 表曲げ　　　　　裏曲げ 図 11. 1 - 6　曲げ後の試験片

1．溶接上の主な注意点
（1）試験材は，すべての溶接の前後を通じて各種の処理（熱処理，ピーニングなど）を行ってはならない。
（2）第 1 層目の溶接を除いて同一試験材の溶接では，同一銘柄の溶接棒を使用しなければならない。
（3）ビードの重ね方及び層数は自由とする。
2．その他の溶接法を用いた試験片の作製及び曲げ試験については以下を参照すること。
（1）薄板及び中板材の半自動溶接による突合せ溶接部の曲げ試験
　　（JIS Z 3841：2018「半自動溶接技術検定における試験法及び判定基準」）
（2）ティグ溶接及びマグ溶接によるステンレス鋼の平板突合せ溶接部の曲げ試験
　　（JIS Z 3821：2018「ステンレス鋼溶接技術検定における試験方法及び判定基準」）
（3）ティグ溶接及びミグ溶接によるアルミニウム合金の平板突合せ溶接部の曲げ試験
　　（JIS Z 3811：2000「アルミニウム溶接技術検定における試験方法及び判定基準」）
　　外観試験の項目と合否判定指針を表 11. 1 - 1 に示す。

備

考

表 11. 1 − 1　外観試験の合否判定指針

(a)　中間部（欠陥が最も密に存在する連続した100mmの範囲の欠陥を対象として評価する）

欠陥の種類	試験面	薄板・薄肉管		中板・中肉管		厚板・厚肉管	
		評価の対象となる欠陥	不合格基準	評価の対象となる欠陥	不合格基準	評価の対象となる欠陥	不合格基準
①余盛高さ	表	$H > 3.0$mm	L total > 25mm	$H > 5.0$mm	L total > 25mm	$H > 8.0$mm	L total > 25mm
	裏	$H > 4.0$mm	L total > 25mm	$H > 5.0$mm	L total > 25mm	$H > 5.0$mm	L total > 25mm
②のど厚不足（開先埋めの不足）	表	GⅠ：$0.5 \leqq D < 1.0$mm GⅡ：$D \geqq 1.0$mm	L total > 20mm L total > 10mm	GⅠ：$0.5 \leqq D < 1.0$mm GⅡ：$D \geqq 1.0$mm	L total > 20mm L total > 10mm	GⅠ：$0.5 \leqq D < 1.0$mm GⅡ：$D \geqq 1.0$mm	L total > 20mm L total > 10mm
ビードの不整　③表裏ビードの凹凸	表 裏	$(H_{max} - H_{min}) > 3.0$mm （任意の25mm間）	$N > 3$か所	$(H_{max} - H_{min}) > 3.0$mm （任意の25mm間）	$N > 3$か所	$(H_{max} - H_{min}) > 3.0$mm （任意の25mm間）	$N > 3$か所
④ビード幅のふぞろい	表	$(W_{max} - W_{min}) > 3.0$mm （任意の50mm間）	$N > 1$か所	$(W_{max} - W_{min}) > 5.0$mm （任意の50mm間）	$N > 1$か所	$(W_{max} - W_{min}) > 5.0$mm （任意の50mm間）	$N > 1$か所
⑤アンダカット	表	深さ0.3mm以上の部分を評価の対象とする。 GⅠ：$0.4 \leqq D_{max} < 0.8$mm GⅡ：$D_{max} \geqq 0.8$mm	L total > 20mm L total > 10mm	深さ0.3mm以上の部分を評価の対象とする。 GⅠ：$0.5 \leqq D_{max} < 1.0$mm GⅡ：$D_{max} \geqq 1.0$mm	L total > 20mm L total > 10mm	深さ0.3mm以上の部分を評価の対象とする。 GⅠ：$0.5 \leqq D_{max} < 1.0$mm GⅡ：$D_{max} \geqq 1.0$mm	L total > 20mm L total > 10mm
	裏						
⑥オーバラップ（オーバーハング）	表	フランク角$(\theta) < 90°$	L total > 20mm	フランク角$(\theta) < 90°$	L total > 20mm	フランク角$(\theta) < 90°$	L total > 20mm
裏ビードの凹み　⑦連続的凹み	裏	GⅠ：$0.5 \leqq D < 1.0$mm GⅡ：$D \geqq 1.0$mm	L total > 20mm L total > 10mm	GⅠ：$0.5 \leqq D < 1.0$mm GⅡ：$D \geqq 1.0$mm	L total > 20mm L total > 10mm	GⅠ：$0.5 \leqq D < 1.0$mm GⅡ：$D \geqq 1.0$mm	L total > 20mm L total > 10mm
⑧局部的凹み	裏	GⅡ：$D_{max} \geqq 1.5$mm	$N > 2$か所	GⅡ：$D_{max} \geqq 1.5$mm	$N > 2$か所	GⅡ：$D_{max} \geqq 1.5$mm	$N > 2$か所
⑨溶込み不良	裏	深さに関係なく扱う	L total > 20mm	深さに関係なく扱う	L total > 20mm	深さに関係なく扱う	L total > 20mm
⑩割れ	表 裏	クレータ割れ以外の割れ クレータ割れ	あってはならない L total > 5.0mm	クレータ割れ以外の割れ クレータ割れ	あってはならない L total > 5.0mm	クレータ割れ以外の割れ クレータ割れ	あってはならない L total > 5.0mm
⑪貫通孔	表	大きさに関係なく扱う	あってはならない	大きさに関係なく扱う	あってはならない	大きさに関係なく扱う	あってはならない
⑫角変形	−	中央部で測定した角変形	$A > 5$度	中央部で測定した角変形	$A > 5$度	中央部で測定した角変形	$A > 5$度
⑬目違い	−	$M > 0.5$mm	L total > 20mm	$M \geqq 1.0$mm	L total > 20mm	$M \geqq 1.0$mm	L total > 20mm

(b)　始・終端部（始端部及び終端部各々15mmを合わせた範囲の欠陥を対象として評価する）

欠陥の種類	試験面	薄板・薄肉管		中板・中肉管		厚板・厚肉管	
		評価の対象となる欠陥	不合格基準	評価の対象となる欠陥	不合格基準	評価の対象となる欠陥	不合格基準
⑭開先面の残存	表	深さに関係なく扱う	両端部の合計長さ L total > 10mm	深さに関係なく扱う	両端部の合計長さ L total > 10mm	深さに関係なく扱う	両端部の合計長さ L total > 10mm
⑮のど厚不足（クレータ処理の不良を含む）	表	$D \geqq 1.0$mm	両端部の合計長さ L total > 10mm	$D \geqq 1.5$mm	両端部の合計長さ L total > 10mm	$D \geqq 1.5$mm	両端部の合計長さ L total > 10mm
⑯クレータ割れ	表	クレータ割れ	両端部の合計長さ L total > 5.0mm	クレータ割れ	両端部の合計長さ L total > 5.0mm	クレータ割れ	両端部の合計長さ L total > 5.0mm
⑰端部の欠落	−	端部の欠落長さ	両端部の合計長さ L total > 10mm	端部の欠落長さ	両端部の合計長さ L total > 10mm	端部の欠落長さ	両端部の合計長さ L total > 10mm

（出所）：（一社）軽金属溶接協会「アルミニウム（合金）のイナートガスアーク溶接入門講座」2012, p170～171, 表2

番号	No. 11. 2

作業名	パイプ溶接材の曲げ試験方法	主眼点	中肉パイプ半自動溶接試験片の作製及び曲げ試験

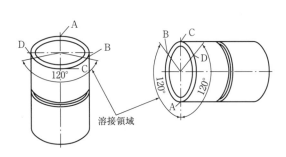

（a）鉛直固定　　　　（b）水平固定

図11.2-1　各溶接姿勢における溶接領域

材料及び器工具など

鋼パイプ〔JIS 規格品〕
　裏当て金なしの場合
　〔φ150 × 125（t = 11）〕（2個）
溶接棒〔JIS 規格品〕
半自動溶接装置一式
平やすり・布やすり
溶接用保護具一式
グラインダ
溶接用清掃工具一式

番号	作業順序	要　　点	図　　解
1	溶接する	1．開先加工をする。 2．タック溶接後，本溶接を行い試験材を作製する。 　（1）溶接方法については，No.10.16 を参照。なお，溶接は水平，鉛直固定のどちらから行っても構わないが，鉛直固定の場合は図11.2-1（a）に示すBCD間を溶接し，水平固定の場合は同図（b）に示すAB及びAD間を溶接する。このとき，A点は水平軸に対して真下の位置にする。 　（2）その他については JIS Z 3801：2018「手溶接技術検定における試験方法及び判定基準」に準じて溶接を行う。	表曲げ試験片／裏曲げ試験片／表曲げ試験片／裏曲げ試験片 約250mm 呼び径　150A スケジュール80 裏曲げ試験片／表曲げ試験片 35° 以下 N-2P及び C-2Pの場合　任意　ルート面3以下 備考　開先形状は，V形とする。 図11.2-2　中肉管の試験材 （JIS Z 3801：2018）
2	試験片の板取りをする	1．表曲げは表面に「1」，裏曲げは端面に「2」の刻印を打つ。 2．図11.2-2により試験材に切断線のけがきを行う。 　熱切断によって試験片を採取する場合は，切断しろを残し，3mm 以上機械仕上げを行えるようけがく。 3．ガス切断等により切断する。	
3	仕上げる	採取した試験片は，図11.2-3に示すような寸法に加工する。 　表曲げの試験片は表ビードを，裏曲げの試験片は裏ビードをそれぞれグラインダ等により管表面近くまで除去した後，平やすり及び布やすり等で管の面まで仕上げる。 　このとき，管表面にきずをつけないようにするとともに，仕上げの程度は中仕上げ以上とし，やすりの目は溶接線に対して直角となるようにする。 　また，試験片の溶接部の厚さは，管の厚さが10mm未満の場合は板厚 ± 0.3mm に，それ以外は10.0 ± 0.3mm に仕上げる。	［mm］ 10 R=1.5以下 40 管の面まで仕上げる。 t=管の厚さ 裏面から削り仕上げる。 約250 （a）表曲げ試験片 10 R=1.5以下 40 表面から削り仕上げる。 t=管の厚さ 管の面まで仕上げる。 約250 （b）裏曲げ試験片
4	曲げ試験を行う	曲げ試験用ジグを準備し，曲げ試験を行う。 No.11.1 の作業順序4参照。	
5	検査する	No.11.1 の作業順序5参照。	図11.2-3　試験片（中肉管）仕上がり形状 （JIS Z 3801：2018）

	その他の溶接法を用いた試験片の作製及び曲げ試験については以下を参照すること。 （1）半自動溶接による薄肉及び中肉管溶接部の曲げ試験 　　（JIS Z 3841：2018「半自動溶接技術検定における試験法及び判定基準」） （2）ティグ溶接によるステンレス鋼管溶接部の曲げ試験 　　（JIS Z 3821：2018「ステンレス鋼溶接技術検定における試験方法及び判定基準」） （3）ティグ溶接及びミグ溶接によるアルミニウム合金管溶接部の曲げ試験 　　（JIS Z 3811：2000「アルミニウム溶接技術検定における試験方法及び判定基準」） 　　外観試験の項目と合否判定指針は表11.1-1を参照。
備 考	

作業名	浸透探傷試験方法	主眼点	試験方法

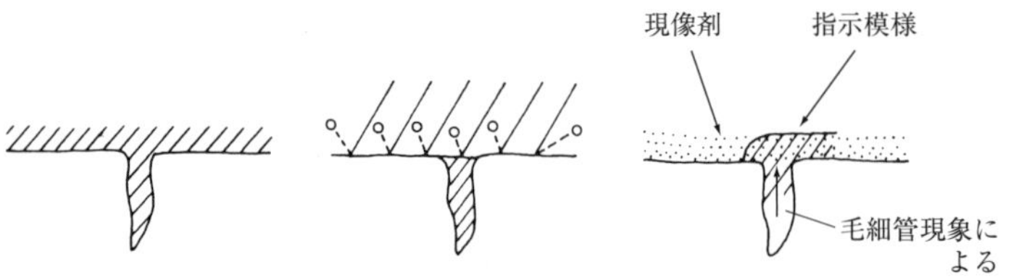

材料及び器工具など

浸透探傷試験片
洗浄剤
浸透液
速乾式現像剤
ウエス又はペーパータオル
ゴム手袋
たわし

（a）浸　透　　　　（b）洗　浄　　　　（c）現　像

図 11. 3－1　試験の順序

番号	作業順序	要　　点	図　解
1	前処理をする	1．試験材を作業台に置く。 2．油脂類を試験面上から除去するため，洗浄剤を至近距離からスプレーする（図 11. 3－2）。 　　十分な量の洗浄剤を用い，油脂類を溶解除去するようにする。 3．表面又はきず内部に付着していた油脂類が溶け込んだ溶剤を，ウエス又はペーパータオルでよく拭き取り，表面を乾燥させる。	 図 11. 3－2　洗浄剤をかける
2	浸透処理をする	1．必要とする対象領域に限定して，できるだけ容器ノズルを試験面に近づけ，軽くボタンを押して，浸透液を必要以上に飛散させないように塗布する（図 11. 3－1，－3）。 　　スプレーのほか，はけ塗りで適用することや，また小形部品などの場合は浸漬して適用することもある。 2．浸透液が表面きずの中に浸透するのに必要な時間を確保する。 　　浸透時間は，材質，温度，浸透液の種類，またどのようなきずを見つけ出そうとするかなどにより異なる。 3．表面の浸透液が乾くようであれば，追加して浸透液を吹き付ける。	 図 11. 3－3　浸透液の塗布 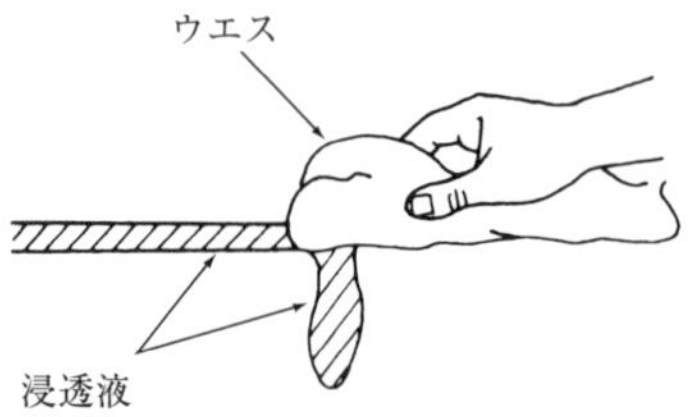 図 11. 3－4　浸透液の除去
3	洗浄処理をする	1．ウエスなどで表面に付着している大部分の浸透液を拭き取り，除去する（図 11. 3－1，－4）。 2．表面のくぼみや凹凸の中に付着していて，十分に除去できないものについては，図 11. 3－5 に示すように洗浄剤をわずかに湿らせたウエスを用いて，さらに丁寧に拭き取る。 　　この処理で余剰浸透液は，拭き取って除去するのであって洗浄液で洗い流すのではない。 　　多量に洗浄剤を用いて浸透液を洗い流すように除去すれば，きずの内部に浸透している浸透液までも洗い流すおそれがある。	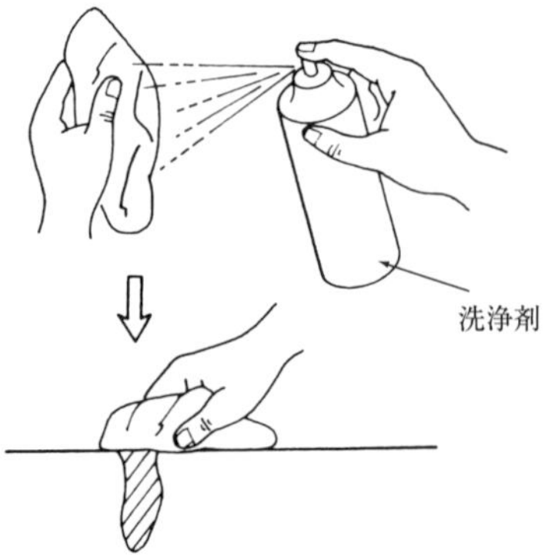 図 11. 3－5　洗浄剤による洗浄

番号	作業順序	要　　　点	図　　　解
4	現像処理をする	約30cm離し現像剤を均一に塗布する（図11.3-1，-6）。 　この場合，塗布される被膜の厚さは浸透指示模様の形成に密接に関係するので，適切な被膜の厚さとはどの程度かを知り，常に一定の厚さの被膜ができるようにする必要がある。	強く押し勢いよく噴出 現像剤 現像剤被膜 図11.3-6　現像剤の塗布
5	観察する	1．試験面の明るさ，現像開始後観察開始までの時間，現像被膜の濃度，観察対象面内での現像被膜の均一性コントラスト及び疑似模様の分布状況等が満足されているか調べる。 2．指示模様の有無の観察を行い，きずによる浸透指示模様の分類を行う。 　分類方法については，JIS Z 2343-1，-2，-3：2017，JIS Z 2343-4：2001「非破壊試験—浸透探傷試験」（第1～第4部）を参照。	
6	後処理を行う	1．試験体表面に付着している現像剤はたわしでこすり落とすか，又は乾いたウエスでよく拭き取り，十分に除去する。 2．溶剤あるいは水等で洗浄し，必要に応じて防錆処理を行う。	

備考

1．探傷剤の組合せは，表11.3-1に示すように，浸透液，余剰浸透液の除去剤及び現像剤で構成される。溶剤除去性浸透探傷試験において形式試験がJIS Z 2343-2：2017に基づく場合は，浸透液と除去剤は同一製造業者の製品を使用すること。

表11.3-1　探傷剤（JIS Z 2343-1：2017）

浸透液		余剰浸透液の除去剤		現像剤	
タイプ	呼　称	方法	呼　称	フォーム	呼　称
Ⅰ	蛍光浸透液	A	水	a	乾式
Ⅱ	染色浸透液	B	後乳化 油ベース乳化剤	b	水溶性湿式
Ⅲ	二元性浸透液 （蛍光浸透液と染色浸透液の両者を含有）	C	有機溶剤（除去材）[a] －クラス1　ハロゲン化 －クラス2　非ハロゲン化 －クラス3　特殊用途用	c	水懸濁性湿式
		D	後乳化 水ベース乳化剤	d	有機溶剤ベース（タイプⅠ用速乾式）
		E	水及び有機溶剤	e	有機溶剤ベース（タイプⅡ及びタイプⅢ用速乾式）
				f	特殊用途用

備考　特別な用途については，引火性，硫黄，ハロゲン，ナトリウム含有量及び他の汚染物に関する特別要求事項を満たす探傷剤を使用する必要がある（JIS Z 2343-2を参照）。
注[a]：方法Cのクラスは，方法を分類したものではない。

2．浸透探傷試験法は，原理及び試験装置は比較的簡単であるが，表面きずの検出しかできない。また試験方法及び指示模様の判定には相当の熟練を要する。

【安全衛生】
1．探傷剤は，ほとんどが油性の可燃性物質によって構成されているため，一般的な油類あるいは溶剤類の取扱いと同様に，火災予防に対する注意が必要である（探傷剤の蒸気は空気より重く，底部に溜まりやすいので狭あいな箇所では，特に注意が必要である）。
2．浸透液，洗浄剤，速乾式現像剤などを直接身体内に吸引したり，蒸気噴霧状のものを多量に吸入しないようにする。
3．皮膚の弱い人は，かぶれるおそれがある。保護手袋を使用すること。
4．必要に応じて，防毒マスク，保護めがね等の保護具を着用する。

作業名	超音波探傷試験方法	主眼点	垂直探傷試験方法

図11.4－1　超音波探傷器のパネル部

材料及び器工具など

探傷試験体（内部欠陥のあるもの）
ワイヤブラシ
紙やすり
接触媒質（マシン油，グリセリン）
防錆材
ウエス
超音波探傷器
スケール（150mm）
垂直探触子（5Z20N）
STB-A1 標準試験片

番号	作業順序	要　　　点	図　　　解
1	準備する	1．探傷試験体の探傷面に付着している異物やスパッタなどを除去し，ワイヤブラシ，紙やすりなどで清掃する。 　探傷面の粗さの程度，スケールなどの状況は，探傷感度に大きく影響するため，丁寧に清掃する。 2．STB-A1試験片（図11.4－2）及び垂直探触子（図11.4－4）をウエスで丁寧に清掃する。 3．電源を入れ，一探法にセットする。 4．送信用接栓に垂直探触子の端子を取り付ける。	図11.4－2　STB－A1 試験片 図11.4－3　探傷面から底面までの厚さの測定 図11.4－4　垂直探触子の保持
2	測定範囲の調整をする	1．探傷試験体の探傷面から底面までの厚さ（ℓ）を測定し，測定範囲を決める（図11.4－3）。 　測定範囲は一般に50, 100, 125, 200, 250, 500（mm）が用いられる。厚さ（ℓ）＜測定範囲となる中で必要な測定範囲を設定する。 　図11.4－3の場合，ℓ＝110mmなので測定範囲は125mmとする。 2．超音波探傷器のパネル部にある測定範囲切替えスイッチを125mmにセットする（図11.4－1）。 3．STB-A1試験片の厚さ25mmの面が，水平になるように置く（図11.4－4）。 4．接触媒質を塗り，垂直探触子を当てる。 　垂直探触子は，やみくもに力を加えて固定を図るのではなく，保持する手の薬指と手のひらの一部を試験片にあてがうようにする（図11.4－4）。 5．音速ダイヤル及びパルス位置調整ダイヤルで図11.4－5のように5本の底面のエコーが画面に現れるように，そしてB$_2$エコーとB$_4$エコーがそれぞれ横軸の目盛の20，40の位置になるよう調整する。 　横軸からエコーの位置を読み取るには，原則としてエコーの立上りの左端位置で読み取る。エコーの立上りが図11.4－6（b）のように2段になっている場合は，破線で示したように，2段めの立上り位置で読み取る。 　B$_2$エコーを20にB$_4$エコーを40に合わせたことで，横軸の1目盛は2.5mmを表す。	T：送信パルス B$_1$, B$_2$, B$_3$, B$_4$, B$_5$：底面エコー 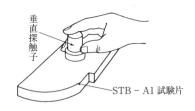 図11.4－5　測定範囲の調整 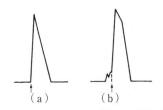 （a）　　　　　（b） 図11.4－6　エコー位置の読取り点

番号	作業順序	要　点	図　解
2		6．垂直探触子を滑らせながら試験片から離す。 　標準試験片のように探傷面が平滑な場合，探触子を固定すると試験片から離れにくくなることがあり，はがすようにして無理に離すと探触子を傷める原因になる。	 図11.4-7　探傷
3	探傷する	1．探傷試験体の探傷面に垂直探触子を当て，底面エコー（B）を確認する（図11.4-7）。 　$\ell = 110$ ならば横軸44目盛の位置に底面エコー（B）が現れる（図11.4-8）。 2．初めは探触子を大きく動かし，きずエコーを見つけたら細かく動かしてピークを求める。 （1）ピークはゲイン調整ダイヤルで80％以上にして走査して求める（図11.4-9）。 （2）きずエコーが底面エコーに比べて高いか低いかを記録する。 3．ピーク位置で探触子を動かさないようにし，エコー高さを50％になるようゲイン調整する。 　探触子を固定する力も一定に保ち，エコー高さが変動しないように注意する。 4．きずエコーの位置の目盛（W）とエコー高さ50％のdB値（F）を読む。 5．探触子を動かさないまま底面エコーを50％に下げ，そのときのdB値（B_F）を読む。 6．探触子を探傷試験体から離す。	 図11.4-8　底面エコー（B）
4	きず位置（深さ）ときずエコー高さ（きずの大きさ）を計算する	1．きずの位置（深さ）はきずエコー位置の目盛（W）×2.5（mm）で算出する。 2．きずの大きさはきずエコー高さ（F/B_F）で表し，｜$F-B_F$｜（dB）で算出する。 　なお，3の2の（2）より，きずエコーが底面エコーより高い場合は"＋"を，低い場合は"－"の符号を求めたdB値につける。 　F/B_F値が大きいほど，きずも大きいと考えられる。	
5	終了する	1．電源を切る。 2．垂直探触子を外し，ウエスで接触媒質を拭き取る。 3．STB-A1試験片及び探傷試験体の接触媒質をウエスで丁寧に拭き取り，防錆材を塗布した上で保管する。	図11.4-9　きずエコー（F）
備 考		1．超音波探傷には垂直探傷法のほか，斜角探傷法もある。 2．粗い面での探傷には接触媒質としてグリセリンの使用が望まれるが，そのまま放置しておくと発錆の原因となるため，標準試験片などの接触媒質としては使用を避けるようにする。 3．きずの大きさを表すものとして健全部の底面エコー高さを基準にして，きずエコー高さを表示する方法もある。 4．超音波探傷試験は，超音波の進行方向に垂直な方向にあるきずや，進行方向に直角に広がりのあるきずは検出しやすい（例：板の二枚割れ）。	

			番号	No. 11. 5
作業名	X線透過試験方法	主眼点		試験方法

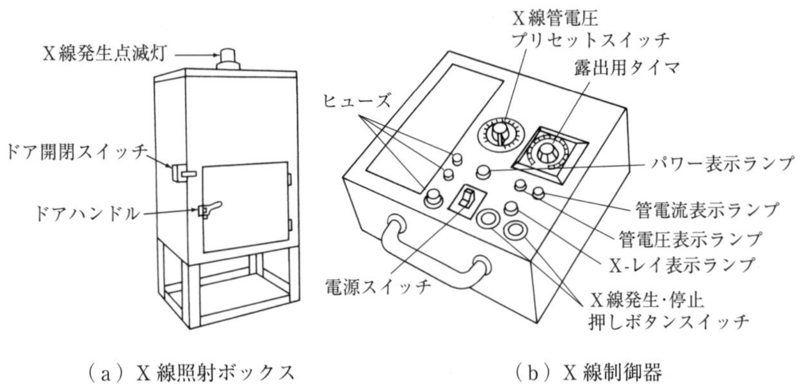

（a）X線照射ボックス　　　　（b）X線制御器

図11.5-1　X線透過装置

材料及び器工具など

軟鋼突合せ溶接試験片（t＝9mm）
X線フィルム
写真処理剤（現像液，定着液）
X線透過装置
増感紙
フィルムホルダ（カセット）
透過度計
階調計
フィルムマーク
フィルム乾燥器
X線フィルム観察器

番号	作業順序	要　点	図　解
1	X線透過装置の準備をする	1．X線透過装置の電源を入れ，パワー表示ランプが点灯するのを確認する（図11.5-1）。 2．X線透過装置を5時間以上休止している場合は，エージング操作を行う。 　エージングとは低い電圧から数分かけて徐々に使用する電圧まで上昇させ，X線管に事前のウォーミングアップをさせる操作をいう。 　またエージングを必要としない場合でも保護リレーが動作することがあるので，1分間待つ。	表11.5-1　X線フィルムの種類と増感紙との組合せの目安
2	X線フィルムをフィルムホルダに装てんする	1．X線フィルムと増感紙の組合せを決める（表11.5-1）。 　X線フィルムは通常増感紙と併用して，露出時間の短縮及び像質の改善を図る。 2．暗室で安全光の下で，X線フィルムと増感紙を組み合わせてフィルムホルダに装てんする。	図11.5-2　撮影配置①
3	撮影の配置をする	1．図11.5-2に示されたJIS Z 3104：1995「鋼溶接継手の放射線透過試験方法」の撮影配置に従って，JISの試験方法に定められた条件の透過度計，階調計を溶接試験片の上に置く。 2．フィルムマークを用いて必要な記号を作り，母材の上に置く。 3．照射ボックスのドアを開け，撮影台上にX線フィルムを置き，焦点とX線フィルム間の距離を600mmにセットする（図11.5-3）。 4．X線フィルムの上に1．，2．で準備した試験片を置く。 5．照射ボックスのドアを閉じる。 　ドアはしっかりと閉じる。照射ボックスのドア開閉スイッチは，装置と連動している場合が多く，開いていると装置は作動しない。	図11.5-3　撮影配置②

表11.5-1　X線フィルムの種類と増感紙との組合せの目安

種類	性　能	増感紙	選定の根拠	
			感度	像質
Ⅰ	超微粒子,高コントラスト	直接,鉛箔		改善
Ⅱ	微粒子,高コントラスト	直接,鉛箔		
Ⅲ	高感度	直接,鉛箔		
Ⅳ	高感度	けい光		
	低コントラスト	直接,鉛箔	増加	

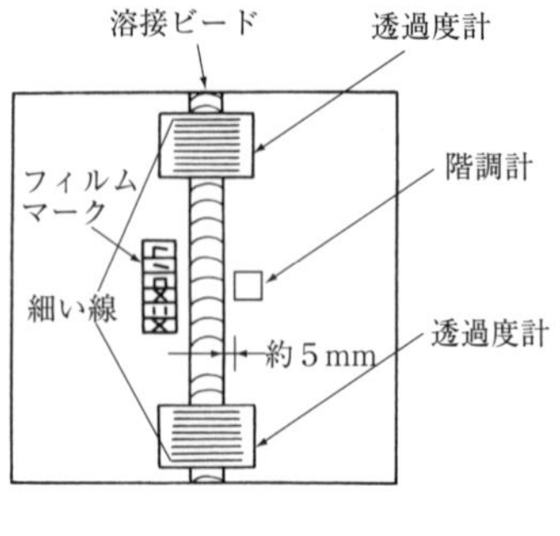

図11.5-2　撮影配置①

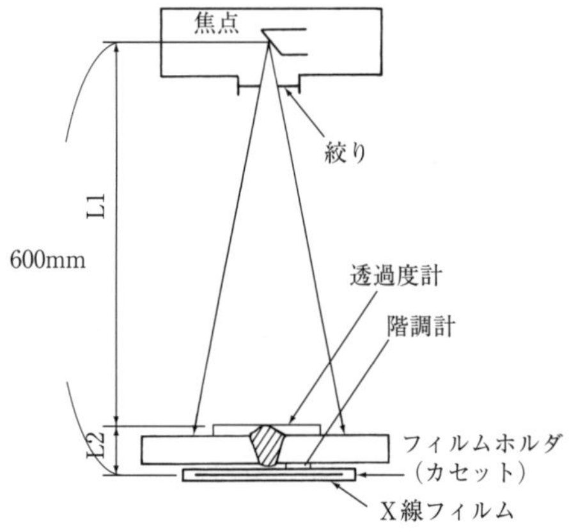

図11.5-3　撮影配置②

番号	作業順序	要　　点	図　　解
4	撮影する	1．露出線図により露出条件（管電圧，管電流，露出時間）を決める（図11.5－4）。 2．管電圧（kV値）を目的の値にセットする。 　制御器のX線管電圧，管電流は自動制御調整されるので，管電圧のみセットする。 3．露出用タイマを希望する時間にセットする。 4．X線発生ボタンを押す。このとき制御器の操作パネル上のX－レイ表示ランプが点灯し，そして2～3秒後に管電流表示ランプが点灯し，次に管電圧表示ランプが点灯するのを確認する。 　X線の発生を中止したい場合は，X線停止ボタンを押し，X－レイ，管電流，管電圧の表示ランプが消灯し，パワーランプのみが点灯しているのを確認し安全性を確かめてから，次の作業に移る。 5．撮影が終了したら照射ボックスのドアを開け，フィルムホルダを取り出し，電源スイッチを切る。 　撮影又はエージングのための動作運転をした後は，電源スイッチをすぐには切らないで，必ず動作運転と同じ時間又はそれ以上の時間休止させた後，スイッチを切る。	 図11.5－4　露出線図
5	X線フィルムの写真処理を行う	1．フィルムホルダ中のX線フィルムを暗室内で取り出す。 2．現像，停止，定着，水洗の順で処理を行う。 3．水洗完了後のX線フィルムを乾燥器で乾燥する。	
6	観察する	1．X線フィルム観察器にX線フィルムを取り付ける（図11.5－5）。 　X線フィルム寸法に適合した固定マスクを観察器に取り付け，暗室などできるだけ暗い場所で透過写真を観察する。 2．具備すべき条件（透過度計の識別最小線径，試験部の濃度，階調計の値）について確認を行う。 3．条件が満足していれば，透過写真の等級分類を行う。不合格の場合は撮影条件を検討して再撮影を行う。 　条件の確認及びきずの像の分類についてはJIS Z 3104：1995を参照。	図11.5－5　X線フィルム観察器

備考

1．X線透過試験は，きずの中でもブローホール，スラグ巻込み，砂かみ，介在物及び引け巣などのように放射線の透過方向に対する厚さの差があるきずについては検出しやすく，割れのように厚さの極めて薄いきずは検出困難となる。

2．1枚だけの透過写真では，きずの厚さや，表面からの位置を知ることはできないが，照射方向を変えた2枚の透過写真を使うと厚さ方向の情報も得られる。

3．大型の溶接構造物では照射方向を変えることが不可であり，このような場合は超音波探傷試験との併用により，深さ方向のきずの確認をするとよい。

【安全衛生】

1．撮影時においては，X線被ばく防止の観点からより安全を保つため，X線制御器は照射ボックスからできるだけ離して設置する。

2．X線制御器はできる限り操作パネルを上に向け，周囲には物を置かないようにする。

3．X線管理区域内では，サーベメータにより放射線量や，フィルムバッジにより被ばく線量の測定を行うのが望ましい。

12. 溶接ロボット作業		番号	No. 12. 1
作業名	ロボット溶接作業の準備	主眼点	溶接作業前の準備と安全点検

材料及び器工具など

6軸多関節溶接ロボット装置一式
溶接用保護具一式
容器弁開閉レンチ
モンキレンチ

図12.1-1 溶接ロボット装置

番号	作業順序	要　　点	図　　解
1	準備する	1．作業者は作業服を正しく着用するとともに，安全帽（ヘルメット）をかぶる。また，保護めがねなどの溶接用保護具を準備する。 2．必要な工具類を準備する。 3．作業表示札を準備し，柵などに設置する。 　作業表示札は，現在行っている作業状況を第三者に知らせるためのものである（図12.1-2）。 4．作業監視者を配置する。 　作業監視者の配置の目的には，異常時に非常停止ボタンを押す，関係者以外の人の立入りを防止するなどがある。	教示作業中　自動運転中　点検作業中　運転休止中 図12.1-2　作業表示札の例
2	溶接ロボット周辺の環境を点検する	安全柵の損傷はないか，床面が滑りやすい状態ではないか，周辺に燃えやすいものはないかについて点検する（図12.1-1）。	
3	二次側溶接回路を点検する	コンタクトチップやノズルの状態，母材接続ケーブルの接続状態について点検する。 　これらの点検は，炭酸ガスアーク溶接機の取扱いの場合と同様である。No.7.1参照。	
4	各器機の電源を入れる	1．制御装置，炭酸ガスアーク溶接機の配電盤開閉器のスイッチを入れる。 2．溶接機の電源を入れた後，制御装置の電源を入れる。 （1）制御装置の電源表示灯で確認をする。 （2）制御装置の電源を入れると初期診断が行われる。 3．制御装置前面についている操作パネルもしくはティーチペンダント（図12.1-3）からサーボ電源のスイッチを入れる。 （1）サーボ電源を入れることは，マニピュレータ（ロボット本体）の電源を入れることである。したがって，電源を入れる前にはマニピュレータの動作領域内に人はいないか，障害物はないか，安全柵は閉まっているかについて必ず確認する。	図12.1-3　ティーチペンダント

番号	作業順序	要　　　　　点	図　　　　　解
4		（2）非常停止ボタンが入っている場合には，これを解除してからスイッチを入れる。非常停止ボタンは，ティーチペンダントや操作パネルに設けられている。	
5	原点復帰をする（必要のあるロボットの場合）	ティーチペンダントの原点復帰ボタンを押し，マニピュレータを原点位置に戻す。	図12.1－4　D社ロボットの関節動作におけるマニピュレータの動作方向
6	マニピュレータの動作の確認をする	1．マニピュレータの動作が，関節動作になっているかをティーチペンダントで確認する。 （1）手動運転では，マニピュレータの動作は関節動作と直角動作とに分けられ，関節動作ではマニピュレータは指令によって図12.1－4に示す動きをする。 （2）マニピュレータへの指令は，主としてティーチペンダントから行う。 2．マニピュレータの移動速度を指定する。 　作業に慣れない間は，低速にして移動を行うことが望ましい。 3．ティーチペンダントによりマニピュレータの各軸を手動で動作させ，動きに異常がないかを確認する。 （1）マニピュレータは，動作可能ボタン（メーカーによって呼び方が異なる）を押しながら，各軸の可動ボタンを押さなければ移動できない。 （2）マニピュレータの可動軸と移動方向をよく理解する。	
7	非常停止機能の確認をする	非常停止ボタンを押した後，マニピュレータの動作指令を行い，マニピュレータが移動しないことを確認する。 　非常停止の状態は，非常停止ボタンを解除した後，サーボ電源を入れることで解除することができる。	
8	安全プラグの動作状態を確認する	安全プラグを抜き，マニピュレータが可動できないことを確認する。 （1）安全プラグ（安全柵の扉についている鍵）が抜き取られると，マニピュレータは可動できない。 （2）作業者は安全プラグを抜いたら必ず携帯する。	

【安全衛生】
　ここでは一般的な作業の流れを示したが，ペンダントなどの各部名称や機能，操作方法はメーカーごとに異なっている。したがって，その操作に当たってはロボットに付属する取扱説明書をよく読んだ上で行うことが必要となる。

1．産業用ロボットの種類
　産業用ロボットには，その動作形態から直角座標ロボット（図12.1－5），円筒座標ロボット，極座標ロボット，関節ロボットがある。
　一般に，アーク溶接ロボットには直角座標ロボットや関節ロボットが利用されるが，関節ロボットでは6つの関節を持つ6軸のものが一般的である。

2．手動運転時の動作方法
　手動運転時のマニピュレータの動作には関節動作と直角動作の2種類があるが，直角動作では選択した座標系によりマニピュレータの動作方向は異なる。図12.1－6に直角動作における座標系の種類を，図12.1－7に機械座標系におけるマニピュレータの動作方向を示す。

図12.1－5　直角座標ロボット

図12.1－6　手動運転における動作方法

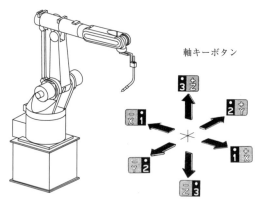

図12.1－7　D社ロボットの機械座標系による
　　　　　　マニピュレータの動作方向

| 作業名 | 溶接ロボットによるティーチング基本操作 | 主眼点 | ティーチングの基本操作と安全 |

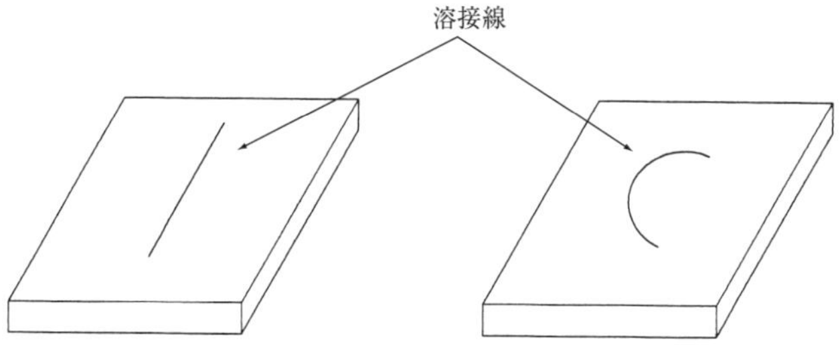

（a）直線補間による溶接　　　　（b）円弧補間による溶接

図 12. 2-1　溶接課題

		材料及び器工具など
		溶接材料 　軟鋼板（t 9.0 × 150 × 150） 　溶接ワイヤ（φ1.2　YGW12） 溶接ロボット装置一式 溶接用保護具一式

番号	作業順序	要　　　点	図　　　解
1	準備をする	1．ロボット溶接作業のための準備をする。 （1）No. 12. 1参照。 （2）主となる作業者はティーチペンダントを持っている者であり，監視者はその者の指示に従って作業を進めなければならない。 2．溶接材料を準備する。	
2	ティーチング工程を考える	図12. 2-1に示す溶接を行う上で，マニピュレータが溶接物やジグ等に干渉することがないよう，その移動点を検討するとともに，良好な溶接結果が得られるような溶接条件（溶接電流やアーク電圧，溶接速度，溶接姿勢など）を考える。 　溶接条件は条件データ集などを参考にする。	 クランプジグ 図12. 2-2　母材の固定
3	ティーチング作業をする	1．運転モードを「ティーチング」にする。 　　モードには，そのほかにティーチングチェックモード，プレイバックモードがある。 2．母材の位置がずれないようにクランプジグなどで固定する（図12. 2-2）。 3．プログラム番号を入力する。 （1）これから教示するロボットの動作や溶接条件の集まりをプログラム，その名前をプログラム番号という（図12. 2-3）。 （2）既に使用されているプログラム番号はそれを削除しない限り使用できない。 4．図12. 2-4，-5に示す順序に従いティーチングを行う。 （1）ティーチング作業では，作業者は安全柵の中に入り作業をしなければならず，事故が起きた場合には重大な結果となる可能性が高い。作業者は特に操作ミスには注意をする。また，監視者は常に非常停止ボタンを押せる態勢をとっておくこと。	001　P 75%　→位置決め指令 002　P 75% 003　P 20% 　　AS 180A 22. 0V 60cm 004　*L 60cm　→直線補間指令　溶接開始・終了指令 　　AE 160A 21. 0V 1. 0S　0. 0S 005　P 20% 　　└ END 　　シーケンス番号（命令実行順序） 図12. 2-3　プログラム

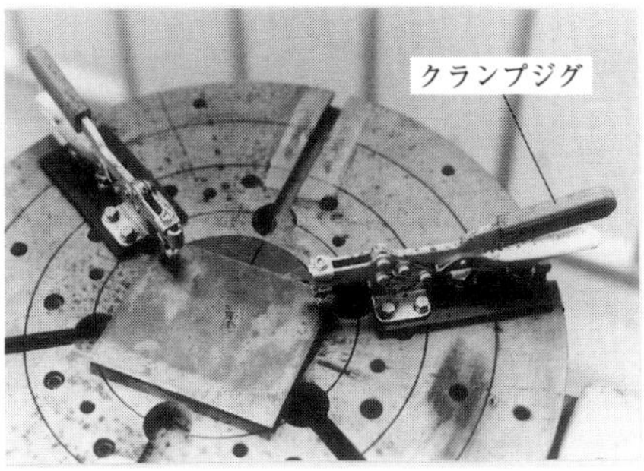

番号	作業順序	要　　点	図　　解
3		（2）ティーチングには動作指令と作業指令とがあり，前者にはマニピュレータの位置決め，直線及び円弧の補間指令がある。また，後者には溶接の開始や終了指令と溶接に必要な条件の設定がある。 （3）マニピュレータを手動で移動させる際，溶接物と離れているときは高速で，溶接物に接近するに従い低速で行うとよい。	<table><tr><td colspan="2" align="center">溶接条件</td></tr><tr><td align="center">開始部</td><td align="center">終了部</td></tr><tr><td>160A</td><td>電流</td><td>130A</td></tr><tr><td>22V</td><td>電圧</td><td>20V</td></tr><tr><td>33cm/min</td><td>速度</td><td>——</td></tr><tr><td>——</td><td>時間</td><td>1.5s</td></tr></table>　時間はクレータ処理時間 溶接トーチ 1,6は始動開始領域 3は溶接開始点 4は溶接終了点 - - - 早送り - · - 低速送り → 溶接 番号は位置決め順序 図12.2−4　ティーチング例①
4	ティーチングデータの確認をする	1．ティーチングチェックモードを選択する。 　装置によっては，ティーチングモードでデータの確認ができるものもある。付属の取扱説明書で確認をする。 2．動作確認をするプログラム番号を入力する。 3．一動作ずつマニピュレータを動作させ，プログラムを確認する。 （1）この確認では，教示した位置やその位置同士を結ぶ軌跡，溶接トーチの姿勢，ワイヤねらい位置，溶接物やジグとの干渉の有無について調べる。 （2）プログラム中のアークスタートやアークエンドの指令は，無効となるように設定する。 （3）ティーチングチェックを行った結果，修正しなければならない箇所があった場合には速やかに行う。	
5	プレイバックをする	1．プレイバックモードにする。 　装置によっては，プレイバックするプログラムの番号を入力しなければならない。 2．操作パネルより自動運転起動ボタンを押し，プログラムを実行する。 （1）緊急にマニピュレータを停止させる場合には，非常停止ボタンを押す。 （2）プレイバックでは，教示した内容が一連の動作で確認でき，マニピュレータは実際の速度で動作する。この動きを確認し，ティーチングの修正を行う必要がある場合にはモードを変更してから行う。	溶接トーチ 1,7は始動開始領域 3は溶接開始点 5は溶接終了点 溶接条件は図12.2−4参照。 - - - 早送り - · - 低速送り → 溶接 番号は位置決め順序 図12.2−5　ティーチング例②

【安全衛生】
1．ロボットの教示操作などは各メーカーによって異なっており，作業はロボットに付属する取扱説明書をよく読んだ上で行う必要がある。
2．プログラムは動作指令と作業指令からなっているが，空間上のどの位置でマニピュレータが位置決めされるか等はプログラムを見ただけでは分からず，誤って異なるプログラムを実行すると重大な事故にもつながりかねない。したがって，このような事故を未然に防ぐには，プログラムごとにその内容を記載したメモを作っておくことや，必要がなくなったプログラムは，こまめに消去することが必要である。

備

考

作業名	溶接ロボットによる溶接	主眼点	自動運転と安全

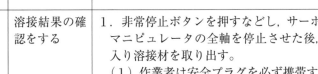

（a）タック溶接　　　（b）溶接記号

図12. 3－1　溶接部材

材料及び器工具など

溶接材料
　水平すみ肉溶接材（t = 3.2mm）
　溶接ワイヤ（φ1.2　YGW12）
ロボット溶接装置一式
溶接用保護具一式
溶接用清掃工具一式

番号	作業順序	要　　　　点	図　　解
1	準備をする	1．ロボット溶接作業のための準備をする。 　　No. 12. 1参照。 2．図12. 3－1に示すタック溶接を行った溶接材を 　準備し，作業台に固定する。 　（1）ロボット溶接では，特に継手の精度が重要で 　　あり，タック溶接は正確に行う。 　（2）同じ形状のものを複数溶接する場合には，位 　　置決め用のジグを製作するとよい（図12. 3－2）。 3．ティーチング作業を行う。 　（1）課題のティーチング工程を検討する（図12. 3 　　－3）。 　（2）No. 12. 2参照。	溶接部材 位置決め用ジグ 図12. 3－2　位置決め用ジグの例
2	自動運転による溶接をする	1．プレイバックモードにする。 2．操作パネルの自動運転起動ボタンを押し，自動溶 　接を行う。 　（1）運転中は安全柵内には絶対に入らない。 　（2）溶接実行中はハンドシールドなどでアーク光 　　から目を保護する。また，必要に応じてつい立 　　などにより周囲の人への安全を図る。 　（3）プログラムの中に外部信号の入力待ちや時間 　　待ちの命令を入れている場合，運転中，マニピュ 　　レータの動作が止まる。しかし，一定時間経過 　　するなどにより動き出すので，安全柵内には絶 　　対に入ってはならない。	
3	溶接結果の確認をする	1．非常停止ボタンを押すなどし，サーボ電源を切り， 　マニピュレータの全軸を停止させた後，安全柵内に 　入り溶接材を取り出す。 　（1）作業者は安全プラグを必ず携帯する。 　（2）溶接材は熱いので，やけどなどには注意をする。 2．溶接部にアンダカットやオーバラップなどの溶接 　欠陥がないかどうか調べる。 　　欠陥の発生には，溶接姿勢や溶接条件などの 　ティーチング不良や溶接材の取付け不良などが考え 　られる。ティーチング不良の場合は，ティーチング 　モードに切り替えて修正をする。	

溶接条件

開始部		終了部
150A	電流	120A
21V	電圧	20V
44cm/min	速度	——
——	時間	1.5s

時間はクレータ処理時間

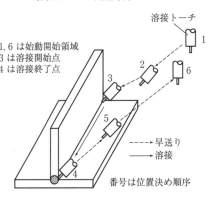

溶接トーチ

1, 6は始動開始領域
3は溶接開始点
4は溶接終了点

- - - - 早送り
―――　溶接

番号は位置決め順序

図12. 3－3　ティーチング例

番号	作業順序	要　　点	図　　解
4	再び溶接を行う	1．新たに溶接する部材をセットする。 　　溶接中のワイヤ先端ねらい位置の精度を確保するために，溶接材の位置決め及びその固定には注意をする。 2．非常停止ボタンを解除し，サーボ電源を入れる。 　　安全柵を閉め，マニピュレータ動作領域内に人がいないことを確認する。 3．自動運転による溶接を行う。 　　以後，作業順序2と3を繰り返す。	
5	作業を終了する	1．マニピュレータを原点復帰させる。 　　原点復帰の必要がない機器の場合は，次の作業時にすぐに始動できる位置にする。 2．サーボ電源を切る。 3．溶接機や制御装置の電源を切る。 4．外部配電盤の電源を切る。 5．マニピュレータやジグ，作業台，床などを清掃し，工具類を片付ける。 　　溶接後のトーチ部は熱いので注意する。	
備考			

○**使用 JIS 一覧**（発行元 一般財団法人 日本規格協会）─────────────

（　）内は本教科書の該当ページ

1．JIS B 6801：2003「手動ガス溶接器，切断器及び加熱器」(20，29)　（発行元　一般財団法人日本規格協会（以下同))
2．JIS B 7510：1993「精密水準器」(9)
3．JIS T 8141：2016「遮光保護具」(24，72)
4．JIS Z 2343 − 1：2017「非破壊試験−浸透探傷試験−第1部：一般通則：浸透探傷試験方法及び浸透指示模様の分類」(173)
5．JIS Z 3604：2016「アルミニウムのイナートガスアーク溶接作業標準」(60)
6．JIS Z 3801：2018「手溶接技術検定における試験方法及び判定基準」(171)

○**参考 JIS 一覧**（発行元 一般財団法人 日本規格協会）─────────────

（　）内は本教科書の該当ページ

1．JIS B 6803：2015「溶断器用圧力調整器及び流量計付き圧力調整器」(19)
2．JIS Z 2343 − 1〜− 3：2017「非破壊試験―浸透探傷試験―第1〜3部」(173)
3．JIS Z 2343 − 4：2001「非破壊試験―浸透探傷試験―第4部」(173)
4．JIS Z 3001 − 1：2018「溶接用語−第1部：一般」(全体)
5．JIS Z 3001 − 2：2018「溶接用語−第2部：溶接方法」(全体)
6．JIS Z 3001 − 3：2008「溶接用語−第3部：ろう接」(全体)
7．JIS Z 3001 − 4：2013「溶接用語−第4部：溶接不完全部」(全体)
8．JIS Z 3001 − 5：2013「溶接用語−第5部：レーザ溶接」(全体)
9．JIS Z 3001 − 6：2013「溶接用語−第6部：抵抗溶接」(全体)
10．JIS Z 3001 − 7：2018「溶接用語−第7部：アーク溶接」(全体)
11．JIS Z 3104：1995「鋼溶接継手の放射線透過試験方法」(176，177)
12．JIS Z 3122：2013「突合せ溶接継手の曲げ試験方法」(167)
13．JIS Z 3233：2001「イナートガスアーク溶接並びにプラズマ切断及び溶接用タングステン電極」(42)
14．JIS Z 3604：2016「アルミニウムのイナートガスアーク溶接作業標準」(62)
15．JIS Z 3811：2000「アルミニウム溶接技術検定における試験方法及び判定基準」(168，171)
16．JIS Z 3821：2018「ステンレス鋼溶接技術検定における試験方法及び判定基準」(168，171)
17．JIS Z 3841：2018「半自動溶接技術検定における試験方法及び判定基準」(168，171)

○**引用文献・協力企業等一覧**（五十音順）─────────────

（　）内は本教科書の該当ページ

・「アルミニウム合金薄板における交流ティグ溶接及び直流パルスミグ溶接の基礎的技法」(一社) 軽金属溶接構造協会，2013 (57，122，124，126〜128)
・「アルミニウム（合金）のイナートガスアーク溶接入門講座」(一社) 軽金属溶接構造協会，2012 (44，45，56，57，62，125，164〜166，169)
・「溶接法及び溶接機器」(社) 軽金属溶接構造協会，2009 (62，63，121，123)

・(株) タイムケミカル (14)
・新潟精機 (株) (9)
・日酸 TANAKA (株) (29)
・パナソニック (株) (121)
・山本光学 (株) (22)

溶接実技教科書

	厚生労働省認定教材	
	認定番号	第58857号
	改定承認年月日	令和2年2月4日
	訓練の種類	普通職業訓練
	訓練課程名	普通課程

昭和51年3月　　初版発行
平成2年3月　　改定初版1刷発行
平成9年3月　　改定2版1刷発行
平成19年3月　　改定3版1刷発行
令和2年3月　　改定4版1刷発行
令和5年4月　　改定4版2刷発行

編　集　　独立行政法人 高齢・障害・求職者雇用支援機構
　　　　　職業能力開発総合大学校 基盤整備センター

発行所　　一般社団法人 雇用問題研究会
　　　　　〒103-0002 東京都中央区日本橋馬喰町1-14-5 日本橋Kビル2階
　　　　　電話 03(5651)7071（代表）　FAX 03(5651)7077
　　　　　URL　http://www.koyoerc.or.jp/

印刷所　　株式会社 ワイズ